高职高专物流专业系列精品课程规划教材

# 物流信息与物联网技术
## (第 2 版)

黄　莉　王雅蕾　宋伦斌　主　编

清华大学出版社
北京

## 内 容 简 介

物流信息与物联网技术是现代物流管理运作的重要技术基础，本书的编写原则是结合高等职业院校对应用人才培养的特点，以理论为基础，注重实用性。全书共分 10 章，内容包括物流信息与物流信息技术识别、自动识别与采集技术、物联网技术、物流动态跟踪技术、物流信息存储与交换技术、第三方物流管理信息系统、企业物流信息管理系统、商业零售商物流信息管理系统、物流公共信息平台、智慧物流新技术。本书提供了大量不同类型企业的信息管理案例、丰富的知识资料，以及形式多样的思考与练习题，以供读者阅读、训练或操作使用。

本书既可作为高等职业院校物流管理、电子商务及其相关专业的教材，也可作为企业和社会培训人员的参考用书。

本书封面贴有清华大学出版社防伪标签，无标签者不得销售。
版权所有，侵权必究。举报：010-62782989，beiqinquan@tup.tsinghua.edu.cn。

图书在版编目(CIP)数据

物流信息与物联网技术/黄莉，王雅蕾，宋伦斌主编. —2 版. —北京：清华大学出版社，2020.1(2022.8 重印)

高职高专物流专业系列精品课程规划教材

ISBN 978-7-302-54643-6

Ⅰ.①物… Ⅱ.①黄… ②王… ③宋… Ⅲ.①互联网络—应用—物流—信息技术—高等职业教育—教材 Ⅳ.①TP393.4 ②F253.9

中国版本图书馆 CIP 数据核字(2019)第 292697 号

**责任编辑**：汤涌涛
**装帧设计**：刘孝琼
**责任校对**：王明明
**责任印制**：刘海龙

**出版发行**：清华大学出版社
　　　　　**网　址**：http://www.tup.com.cn, http://www.wqbook.com
　　　　　**地　址**：北京清华大学学研大厦 A 座　　**邮　编**：100084
　　　　　**社 总 机**：010-83470000　　**邮　购**：010-62786544
　　　　　**投稿与读者服务**：010-62776969, c-service@tup.tsinghua.edu.cn
　　　　　**质量反馈**：010-62772015, zhiliang@tup.tsinghua.edu.cn
　　　　　**课件下载**：http://www.tup.com.cn, 010-62791865
**印 装 者**：三河市金元印装有限公司
**经　销**：全国新华书店
**开　本**：185mm×260mm　　**印　张**：17　　**字　数**：413 千字
**版　次**：2013 年 7 月第 1 版　2020 年 3 月第 2 版　　**印　次**：2022 年 8 月第 4 次印刷
**定　价**：49.00 元

产品编号：077411-01

# 第 2 版前言

现代物流作为一种先进的组织方式和管理技术,在国民经济和社会发展中发挥着重要作用。而现代物流的快速发展又离不开信息技术的支持,现代物流业的发展与信息技术有着非常紧密的联系,因此物流信息技术已经成为推动物流产业发展的重要条件。

本书全面阐述了物流信息技术以及物联网技术、智慧物流技术及其应用。全书共分 10 章,内容包括物流信息与物流信息技术识别、自动识别与采集技术、物联网技术、物流动态跟踪技术、物流信息存储与交换技术、第三方物流管理信息系统、企业物流信息管理系统、商业零售商物流信息管理系统、物流公共信息平台以及智慧物流新技术,力图使读者能够了解现代化物流信息技术,并充分发挥其在整个物流系统中的作用。

本书是为满足高职院校物流信息技术的新型人才培养的需求,为培养既掌握物流信息技术的基础知识,又具有解决实际问题能力的物流人才而编写。全书实例精彩、丰富,具有很强的实用价值,不仅适用于学习这门课程的高职院校学生,也适用于从事类似工作的初学者。随着物流技术越来越智能化、无人化,本书相较于第一版相应增加了智慧物流的内容,如物流大数据应用、无人机、无人车技术、增强虚拟现实技术在物流中的应用,同时本书所有章节的案例均紧跟物流信息技术最新发展的动态与趋势。本书的主要特色体现在以下几个方面。

(1) 既注重物流信息技术基础理论的介绍,又注重物流信息技术的实践与应用。本书理论部分首先给出导入案例,让读者初步了解即将学习的物流信息技术的实际应用,并带着问题进行学习;在每章最后都精心编写了综合应用案例,以扩展读者的视野,并设计了各种类型的思考题,便于教学参考和读者自学、自我检查学习效果之用。

(2) 为了提高教学效果,本书在写作时除了在理论上论述深入浅出外,还引用了大量的插图,以求图文并茂并激发读者的阅读兴趣。

(3) 针对关键的物流信息技术,安排了较容易实现的实训。在理论学习后,可进行实践操作,以更好地帮助读者掌握物流信息技术的实际应用。

本书由黄莉、王雅蕾、宋伦斌担任主编,在编写中组织物流行业有实践经验的专家、企业高管参与审稿、定稿,力求内容丰富,理论联系实际,突出重点。具体写作分工如下:黄莉(重庆城市管理职业学院)与田耕(重庆优品每家电子商务有限公司)负责编写第一章、第二章、第六章、第七章、第八章、第十章中的任务一与任务四,宋伦斌(重庆城市管理职业学院)编写第三章与第十章任务三,王雅蕾(重庆城市管理职业学院)与朱天舟(长安民生物流有限公司)负责编写第四章和第十章任务二,岳　姬(重庆城市管理职业学院)负责编写第九章,黄曦涟(重庆城市管理职业学院)负责编写第五章任务一,刘柳(重庆财经职业学院)负责编写第五章任务三,王瑜(重庆城市管理职业学院)负责编写第五章任务二。全书由黄莉负责结构框架设计,王雅蕾和宋伦斌负责统稿,由丛连钢(重庆城市管理职业学院)担任主审,参编的各位老师和企业的专家在修改定稿上付出了大量的精力。

本书在编写过程中浏览和援引了中国物流与采购联合会、中华物流网、百度等网络上的相关资料，此外还参考了大量有关的书籍及文献，引用了许多专家学者的资料，这些已在参考文献中详细注明，在此对他们表示衷心的感谢！

由于编者水平有限，书中难免存在不妥之处，恳请各位专家和读者批评指正。

编　者

# 第 1 版前言

随着市场经济的发展，现代物流作为一种先进的组织方式和管理技术，在国民经济和社会发展中发挥着重要作用。而现代物流的快速发展又离不开信息技术的发展，现代物流业的发展与信息技术有着非常紧密的联系，因此物流信息技术已经成为推动物流产业发展的重要条件。

本书全面阐述了物流信息技术以及目前很热门的物联网技术及其应用。全书共分为 10 章，内容包括物流信息与物流信息技术识别、自动识别与采集技术、物联网技术、物流动态跟踪技术、物流信息存储与交换技术、第三方物流管理信息系统、企业物流信息管理系统、商业零售商物流信息管理系统、物流公共信息平台以及物流信息技术未来展望。让读者能够使用现代化物流信息技术，并充分发挥其在整个物流系统中的作用。

本书是为满足高职院校物流信息技术的新型人才培养的需求，为培养既掌握物流信息技术的基础知识，又具有解决实际问题能力的物流人才而编写。全书实例精彩、丰富，具有很强的实用价值，不仅适用于学习这门课程的高职院校学生，也适用于从事类似工作的初学者。本书的主要特色体现在以下几个方面。

(1) 既注重物流信息技术基础理论的介绍，又注重物流信息技术的实践与应用。本书理论部分，首先给出导入案例，让读者初步了解即将学习的物流信息技术的实际应用，并带着问题进行学习；在每章最后都精心编写了综合应用案例，以扩展读者的视野，并设计了各种类型的思考题，便于教学参考和读者自学、自我检查学习效果之用。

(2) 为了提高教学效果，本书在写作上除了论述深入浅出外，还引用了大量的插图，图文并茂，以引起读者兴趣，也突出了职业教学特点和强化高职教育技能型人才的培养。

(3) 针对关键的物流信息技术，安排了较容易实现的实训。在理论学习后，可进行实践操作，更好地帮助读者掌握物流信息技术的实际应用。

本书由黄莉、王雅蕾、安小风担任主编，在编写中组织物流行业有实践经验的专家、企业高管参与审稿定稿。力求内容丰富，理论联系实际，突出重点。具体写作分工如下：黄莉(重庆城市管理职业学院)负责编写第一章、第六章、第十章，王雅蕾(重庆城市管理职业学院)负责编写第二章和第四章，安小风(重庆城市管理职业学院)和田注(浙江诚控电子有限公司)共同编写第三章，黄曦涟(重庆城市管理职业学院)负责编写第七章，蒋桦(重庆财经职业学院)负责编写第八章和第九章，蔺赟(青岛旅游职业技术学院)和朱天舟(长安民生物流有限公司)共同编写第五章。全书由黄莉负责结构框架设计，王雅蕾和安小风负责统稿，由朱光福(重庆城市管理职业学院)担任主审，参编的各位老师和企业专家在修改定稿上做了大量的工作。

本书在编写过程中浏览和援引了中国物流与采购联合会、中华物流网、百度等网络上的相关内容资料，此外还参考了大量有关的书籍及文献，引用了许多专家学者的资料，已在参考文献中详细注明，在此对他们表示衷心的感谢！

由于编者水平有限，书中难免存在不妥之处，恳请各位专家和读者批评指正。

编　者

# 目　　录

**第一章　物流信息与物流信息技术识别** ......... 1

　任务一　信息与物流信息 ......... 2
　　一、数据与信息 ......... 2
　　二、物流信息 ......... 4
　任务二　物流信息技术识别 ......... 8
　　一、信息技术 ......... 8
　　二、物流信息技术 ......... 14
　任务三　物流信息技术调研实训 ......... 17
　　一、实训目的 ......... 17
　　二、实训任务 ......... 17
　本章小结 ......... 18
　习题 ......... 18
　案例分析 ......... 18

**第二章　自动识别与采集技术** ......... 21

　任务一　条码技术识别 ......... 23
　　一、条码 ......... 23
　　二、条码技术 ......... 32
　任务二　条码技术应用操作实训 ......... 35
　　一、实训目的 ......... 35
　　二、实训任务 ......... 35
　任务三　无线射频技术识别 ......... 37
　　一、无线射频技术的内涵 ......... 37
　　二、无线射频技术的原理及应用 ......... 40
　任务四　无限射频技术应用操作实训 ......... 44
　　一、实训目的 ......... 44
　　二、实训设备及软件 ......... 45
　　三、实训任务 ......... 45
　本章小结 ......... 45
　习题 ......... 45
　案例分析 ......... 45

**第三章　物联网技术** ......... 49

　任务一　物联网技术概述 ......... 51
　　一、物联网的内涵 ......... 51
　　二、物联网的基本特征 ......... 55
　任务二　物联网的关键技术及架构 ......... 56
　　一、物联网的关键技术 ......... 56
　　二、物联网的架构 ......... 58
　任务三　物联网技术的应用 ......... 60
　　一、物联网对物流各环节产生的影响 ......... 60
　　二、物联网在物流领域的应用归纳 ......... 62
　　三、物联网在其他方面的应用 ......... 67
　任务四　物联网的过去与未来概述 ......... 72
　本章小结 ......... 73
　习题 ......... 73
　案例分析 ......... 74

**第四章　物流动态跟踪技术** ......... 77

　任务一　GIS 技术识别 ......... 79
　　一、GIS 技术简介 ......... 79
　　二、GIS 工作原理及功能 ......... 81
　任务二　GIS 的应用 ......... 84
　任务三　GPS 技术识别 ......... 88
　　一、GPS 简介 ......... 88
　　二、GPS 的技术原理 ......... 90
　任务四　GPS 的应用 ......... 94
　　一、GPS 的应用范围 ......... 94
　　二、GPS 应用实例 ......... 95
　本章小结 ......... 97
　习题 ......... 98
　案例分析 ......... 98

## 第五章　物流信息存储与交换技术 ...... 101

### 任务一　数据库技术及其应用 ...... 103
一、数据库基础知识 ...... 103
二、数据库管理技术 ...... 108

### 任务二　计算机网络技术及其应用 ...... 109
一、计算机网络技术概述 ...... 109
二、局域网的拓扑结构 ...... 112
三、计算机网络技术对物流的影响 ...... 114

### 任务三　EDI 技术 ...... 115
一、EDI 概述 ...... 115
二、EDI 系统组成 ...... 119
三、EDI 工作原理 ...... 123
四、物流 EDI 系统功能及应用 ...... 124

本章小结 ...... 127
习题 ...... 127
案例分析 ...... 128

## 第六章　第三方物流管理信息系统 ...... 129

### 任务一　第三方物流管理信息系统的识别 ...... 131
一、第三方物流的内涵 ...... 131
二、第三方物流信息管理系统 ...... 134

### 任务二　第三方物流管理信息系统的结构功能 ...... 139
一、第三方物流运作流程 ...... 139
二、第三方物流管理信息系统的构成 ...... 144

### 任务三　云服务模式的第三方物流信息系统 ...... 150
一、物流云服务的内涵 ...... 150
二、物流云服务模式的体系架构 ...... 151

### 任务四　第三方物流管理信息系统实训操作 ...... 154
一、实训目的 ...... 154
二、实训设备 ...... 154
三、实训任务 ...... 154

本章小结 ...... 155
习题 ...... 155
案例分析 ...... 155

## 第七章　企业物流信息管理系统 ...... 157

### 任务一　企业物流概述 ...... 160
一、企业物流的内涵 ...... 160
二、企业物流的分类 ...... 161
三、企业物流的特点 ...... 162

### 任务二　企业物流管理信息系统的结构功能 ...... 165
一、企业物流业务流程分析 ...... 165
二、企业物流管理信息系统的构成 ...... 172

### 任务三　企业物流管理信息系统实训 ...... 176
一、实训目的 ...... 176
二、实训设备 ...... 176
三、实训任务 ...... 176

本章小结 ...... 176
习题 ...... 177
案例分析 ...... 177

## 第八章　商业零售商物流信息管理系统 ...... 179

### 任务一　商业零售商物流信息管理系统概述 ...... 183
一、零售商物流管理信息系统的功能及分类 ...... 183
二、零售商物流管理信息系统的特点 ...... 184
三、零售商物流管理信息系统的功能 ...... 185

### 任务二　电子订货系统 ...... 186
一、EOS 的组成 ...... 187
二、EOS 的特点 ...... 187
三、EOS 的结构和配置 ...... 188
四、EOS 的操作流程 ...... 189

任务三 销售时点信息管理系统 .......... 190
    一、POS 概述 ................................. 190
    二、POS 的组成和功能 ................ 192
    三、常见的 POS 品牌及型号 ....... 194
任务四 自助收银系统 ........................... 197
    一、自助收银终端介绍 ................. 197
    二、自助收银终端的需求分析 ..... 198
    四、自助收银终端的各区功能
        介绍 .......................................... 199
本章小结 ................................................. 199
习题 ......................................................... 199
案例分析 ................................................. 200

## 第九章 物流公共信息平台 ...................... 203

任务一 物流公共信息平台概述 .......... 204
    一、物流公共信息平台系统的服务
        对象分析 .................................. 205
    二、信息需求分析 ........................ 205
    三、信息需求特点 ........................ 206
    四、物流公共信息平台系统的
        总体定位 .................................. 206
任务二 物流公共信息平台的功能 ...... 207
    一、物流公共信息平台系统的
        功能需求分析 .......................... 207
    二、物流公共信息平台具备的
        功能 .......................................... 208
    三、物流公共信息平台系统的功能
        设计 .......................................... 209
任务三 物流公共信息平台的应用 ...... 210
    一、商业模式概述 ........................ 210
    二、物流公共信息平台的商业模式
        分析 .......................................... 211
    三、物流公共信息平台应用的影响
        因素 .......................................... 212
任务四 基于 SOA 的物流公共信息
        平台 .......................................... 216
    一、SOA 物流公共平台的内涵 ..... 216
    二、基于 SOA 的物流公共信息
        平台结构 .................................. 216
本章小结 ................................................. 218
习题 ......................................................... 218
案例分析 ................................................. 219

## 第十章 智慧物流新技术 .......................... 229

任务一 智慧物流技术应用方向
        及趋势 ...................................... 231
    一、智慧物流技术的内涵 ............ 231
    二、智慧物流技术应用方向 ........ 231
任务二 物流中的增强现实技术 .......... 234
    一、AR 增强现实技术 .................. 234
    二、AR 增强现实系统组成 .......... 236
    三、AR 增强现实技术原理 .......... 237
    四、AR 增强现实的应用领域 ...... 238
    五、AR 增强现实在物流中的
        应用 .......................................... 239
任务三 物流机器人 ............................... 240
    一、物流机器人 ............................ 240
    二、物流机器人的组成部分 ........ 241
    三、物流机器人工作原理 ............ 243
    四、物流机器人的应用 ................ 245
任务四 物流大数据技术 ...................... 250
    一、大数据技术的内涵 ................ 250
    二、大数据关键技术分析 ............ 252
    三、基于大数据的智慧云物流
        信息系统 .................................. 254
本章小结 ................................................. 256
习题 ......................................................... 256
案例分析 ................................................. 257

**参考文献** ............................................................. 260

# 第一章　物流信息与物流信息技术识别

## 【知识目标】

信息与物流信息、信息技术、物流信息技术、物流信息系统的含义，以及它们的分类与特点。

## 【能力目标】

- 能识别、分类、收集、筛选物流信息元素，促进物流整体功能的发挥。
- 提高信息搜索能力。

## 【素质目标】

表达沟通、信息检索。

## 引导案例

### 物流仓储解决方案助力仓储中心提升效率

随着国内电子商务的快速增长，消费者对服务质量和交货时间等的要求不断提升，电子商务厂商面临着巨大的挑战。仓储作为配送中心的重要角色，建立起一套中央技术和终端物流配送支撑体系势在必行，以便提升整体效率。实践证明，使用仓储解决方案可以带来如下几个方面的提升。

(1) 显著提升存货准确度：可以及时追踪货物运输，在收货入库时，仓库员工可以直接用 RFID 手持终端扫描条码收货，相关数据会被输入仓储设备控制系统，用于执行货物上架操作，存货准确率得到大幅提高。

(2) 满足电商销售中的快速拣选需求：在生产装箱环节，使用 RFID 手持终端的外接蓝牙打印机批量生成派箱条码标签，让每箱拥有唯一标签。当货物进入拣货流程时，输送线会对标签进行自动识别，解放了仓库员工的双手，节省货物搬运的时间和拣货路径操作，实现拣货、出库作业的高效和精准。

(3) 保证货物提取精确性，改善库存管理：在提货过程中，当工作人员用 RFID 手持终端扫描货物包装上的条码，直接进行货物信息的核对、检查和标记，实现货物提取准确性和效率提升。不断缩短客户下单与收货的时间，提高订单履约率，缩短订单循环时间。

(4) 优化供应链管理：通过网络实现仓储管理完整的可视化，提高供应链管理的透明度、运转效率和存货周转率，节约了近一半的劳动力，降低了运营成本。

配备 RFID 手持终端的物流仓储解决方案为仓储物流包括仓储信息化管理、货物提取、物流配送、售后服务等在内的各个环节带来了效率的显著提升，这将助力企业提高在运营中追踪关键资产的能力，更好地履行完美货物交付的承诺，从容应对挑战，以作出更智能、更快速的商业决策，并提高盈利能力。

(资料来源：http://www.kesum.com/Article/ltcyyj/wlyyj/201005/112703.html)

讨论：

物流仓储的信息化解决方案如何帮助仓储中心提高效率？

# 任务一　信息与物流信息

## 一、数据与信息

### (一) 数据

数据是人们用来反映客观事物而记录下来的可以鉴别的符号，是客观事物的基本表达。注意：数据的本质是可以鉴别的符号，而不仅仅是数。数据是对客观现象的记录，数据本身并没有意义。数据的格式往往和具体的计算机系统有关，随载荷它的物理设备的形式而改变。

## (二)信息

信息是现实世界在人们头脑中的反映。它以文字、数据、符号、声音、图像等形式被记录下来，并进行传递和处理，接收者对所接收的信息要进行分析和过滤，以达到对事物了解认识的目的，为人们的生产、建设、管理等提供依据。

信息是由客观事物发生的能被接收者接收的数据，在这些数据被接收的过程中，从抽象概念的角度看，信息的概念为由实体、属性、值所构成的三元组。其具体形式为：

实体(属性 1，值 1；……属性 $n$，值 $n$)

例如：卡车(品牌，"东风"；载重："10t")。

## (三)信息的特性

一般来说，信息具有以下特性。

### 1. 价值性

信息在使用过程中会产生价值。

### 2. 适用性

问题不同，影响因素不同，需要的信息种类也是不同的。信息系统将地理空间的巨大数据流收集、组织和管理起来，经过处理、转换和分析变为对生产、管理和决策具有重要意义的有用信息，这是由建立信息系统的明确目的性所决定的。

如股市信息，对不会炒股的人来说毫无用处，而股民们会根据它进行股票的买进或抛出，以达到股票增值的目的。

### 3. 传输性

信息可在信息发送者和接收者之间进行传输，信息的传输网络被形象地称为"信息高速公路"。

### 4. 共享性

信息与实物不同，信息可传输给多个用户，为用户共享，而其本身并无损失，这为信息的并发应用提供了可能性。

### 5. 时效性

信息的时效性就是信息在一定时间范围内的效力，在特定的时间跨度内，信息是有效的，超过这一跨度，信息有可能会失去其原有的价值。

### 6. 不对称性

信息的不对称性是指针对同一组信息，一方获得的该信息完整性与其他方获得的信息完整性不一致，各方有多有少。这是由于人们的认知程度受文化水平、实践经验、获得途径等原因的限制，造成了对事物认识的不对称性。例如，在市场交易中，产品的卖方和买方对产品的质量、性能等所拥有的信息是不对称的，通常产品的卖方对自己所生产或提供的产品拥有更多的信息，而产品的买方对所要购买的产品拥有更少的信息，如汽车市场、劳动力市场。信息的不对称性会造成市场的失灵，即在同一价格标准上低质量产品排挤高质量产品，减少高质量产品的消费甚至将高质量产品排挤出市场，这在经济学中被称为"柠檬问题"。

### 7. 可加工性

信息可以经过加工提炼变成新的信息。比如，零售商可以将商品的条码信息加工成与商品销售有关的信息。

### (四)两者的关系

数据与信息的关系为：数据是信息的一种表现形式，数据通过能书写的信息编码表示信息。信息有多种表现形式，它通过手势、眼神、声音或图形等方式表达，但是数据是信息的最佳表现形式。由于数据能够书写，因而它能够被记录、存储和处理，从中挖掘出更深层的信息。但是，数据不等于信息，数据只是信息表达方式中的一种。正确的数据可以表达信息，而虚假、错误的数据所表达的谬误则不是信息。

有人认为，输入的都叫数据，输出的都叫信息，其实不然。数据是信息的表达、载体，信息是数据的内涵，是形与质的关系。只有数据对实体行为产生影响才能成为信息，数据只有经过解释才有意义，才能成为信息。例如"1""0"，独立的1、0均无意义。当它表示某实体在某个地域内存在与否时，它就提供了"有""无"的信息；当用它来标识某种实体的类别时，它就提供了特征码信息。

## 二、物流信息

### (一)物流信息的定义

物流信息是反映物流各种活动内容的知识、资料、图像、数据和文件的总称。物流信息是物流活动中各个环节生成的信息，一般是随着从生产到消费的物流活动的发生而产生的信息流，与物流过程中的运输、保管、装卸、包装等各种功能有机结合在一起，是整个物流活动顺利进行所不可缺少的物流资源。

现代物流的重要特征是物流的信息化，现代物流也可看作是物资实体流通与信息流通的结合。在现代物流运作过程中，通过使用计算机技术、通信技术、网络技术等手段，大大加快了物流信息的处理和传递速度，从而使物流活动的效率和快速反应能力得到提高。建立和完善物流信息系统，对于构筑物流系统、开展现代物流活动是极其重要的一项工作内容。物流信息在物流系统中既如同其他物流功能一样表现，是其子系统，但又不同于其他物流功能，它总是伴随其他物流功能的运行而产生，又不断对其他物流以及整个物流起支持保障作用。

物流信息不仅指与物流活动有关的信息，而且包含与其他流通活动有关的信息，如商品交易信息和市场信息等。除狭义功能外，还具有连接整合整个供应链和使整个供应链活动效率化的功能。

### (二)物流信息在物流中的地位

物流的首要目的是向顾客提供满意的服务；第二个目的是实现物流总成本的最低化，也就是要消除物流活动各个环节的浪费，通过顺畅高效的物流系统实现物流作业的成本最优化。这些目的的实现离不开物流信息的支持。由于物流信息贯穿于物流活动的整个过程中，并通过其自身对整体物流活动进行有效的控制，因此，我们称物流信息是物流的中枢神经。具体来说，物流作业活动的效率化离不开物流信息的支持，工具的选择、运输线路的确定、在途货物的跟踪、订单的处理、库存控制、配送计划的制订等都需要详细和准确的物流信息。

### (三)物流信息的特征

物流信息除了具有信息的一般属性外，还具有以下特点。

#### 1. 广泛性

由于物流是一个大范围内的活动，物流信息源也分布于一个大范围内，信息源点多、信息量大，涉及从生产到消费、从国民经济到财政信贷各个方面。物流信息来源的广泛性决定了它的影响也是广泛的，涉及国民经济的各个部门、物流活动的各环节等。

#### 2. 联系性

物流活动是多环节、多因素、多角色共同参与的活动，目的就是实现产品从产地到消费地的顺利移动，因此在该活动中所产生的各种物流信息必然存在十分密切的联系，如生产信息、运输信息、储存信息、装卸信息之间都是相互关联、相互影响的关系。这种相互联系的特性是保证物流各子系统、供应链各环节以及物流内部系统与物流外部系统相互协调运作的重要因素。

#### 3. 多样性

物流信息种类繁多，从其作用的范围来看，本系统内部各个环节都有不同种类的信息，如流转信息、作业信息、控制信息、管理信息等，物流系统外也存在各种不同种类的信息，如市场信息、政策信息、区域信息等；从其稳定程度来看，有固定信息、流动信息与偶然信息等；从其加工程度来看，有原始信息与加工信息等；从其发生时间来看，有滞后信息、实时信息和预测信息等。在进行物流系统的研究时，应根据不同种类的信息进行分类收集和整理。

#### 4. 动态性

多品种、小批量、多频度的配送技术与POS、EOS、EDI数据收集技术的不断应用促使各种物流作业频繁发生，加快了物流信息的价值衰减速度，这就要求物流信息必须不断更新。物流信息的及时收集、快速响应和动态处理已成为主宰现代物流经营活动成败的关键。

**5. 复杂性**

物流信息的广泛性、联系性、多样性和动态性带来了物流信息的复杂性。在物流活动中，必须对不同来源、不同种类、不同时间和相互联系的物流信息进行反复研究和处理，才能得到有实际应用价值的信息，才能指导物流活动。

### (四)物流信息的作用

在物流活动中，只有通过收集、传递、存储、处理、输出的物流信息，才能成为决策依据，其对整个物流活动的主要作用如下所述。

**1. 沟通联系的作用**

物流系统是由许多行业、部门以及众多企业群体构成的经济大系统，系统内部正是通过各种指令、计划、文件、数据、报表、凭证、广告、商情等物流信息，建立起各种纵向和横向的联系，沟通生产厂商、批发商、零售商、物流服务商和消费者，以满足各方的需要。因此，物流信息是沟通物流活动各环节之间联系的桥梁。

**2. 引导和协调的作用**

物流信息随着物资、货币及物流当事人的行为等信息载体进入物流供应链中，同时信息的反馈也随着信息载体反馈给供应链上的各个环节，依靠物流信息及其反馈可以引导供应链结构的变动和物流布局的优化；协调物资结构，使供需之间平衡；协调人、财、物等物流资源的配置，促进物流资源的整合和合理使用等。

**3. 管理控制的作用**

通过移动通信、计算机信息网、电子数据交换(EDI)、全球定位系统(GPS)等技术实现物流活动的电子化，如货物实时跟踪、车辆实时跟踪、库存自动补货等，用信息化代替传统的手工作业，可以实现物流运行、服务质量和成本等的管理控制。

**4. 缩短物流管道的作用**

为了应对需求波动，在物流供应链的不同节点上通常设有库存，包括中间库存和最终库存，如零部件、在制品、制成品的库存等，这些库存增加了供应链的长度，从而也增加了供应链成本。但是，如果能够实时地掌握供应链上不同节点的信息，如知道在供应管道中，什么时候、什么地方、多少数量的货物可以到达目的地，那么就可以发现供应链上的过多库存并进行缩减，从而缩短物流链，提高物流服务水平。

**5. 辅助决策分析的作用**

物流信息是制定决策方案的重要基础和关键依据，物流管理决策过程的本身就是对物流信息进行深加工的过程，是对物流活动的发展变化规律性认识的过程。物流信息可以协助物流管理者鉴别、评估经比较物流战略和策略后的可选方案，如车辆调度、库存管理、设施选址、资源选择、流程设计以及有关作业比较和安排的成本—收益分析等均可在物流信息的帮助下作出科学决策。

**6. 支持战略计划的作用**

作为决策分析的延伸，物流战略计划涉及物流活动的长期发展方向和经营方针的制定，如企业战略联盟的形成、以利润为基础的顾客服务分析以及能力和机会的开发和提炼等，作为一种更加抽象、松散的决策，它是对物流信息进一步提炼和开发的结果。

**7. 价值增值的作用**

一方面，物流信息本身是有价值的，而在物流领域中，流通信息在实现其使用价值的同时，其自身的价值又呈现增长的趋势，即物流信息本身具有增值特征。另一方面，物流信息是影响物流的重要因素，它把物流的各个要素以及有关因素有机地组合并连接起来，以形成现实的生产力和创造出更高的社会生产力。同时，在社会化大生产条件下，生产过程日益复杂，物流诸要素都渗透着知识形态的信息，信息真正起着影响生产力的现实作用。企业只有有效地利用物流信息，投入生产和经营活动后，才能使生产力中的劳动者、劳动手段和劳动对象最佳结合，产生放大效应，使经济效益出现增值。物流系统的优化和各个物流环节的优化所采取的办法、措施，如选用合适的设备、设计最合理路线、决定最佳库存储备等，都要切合系统实际，也即都要依靠准确反映实际的物流信息。否则，任何行动都不免带有盲目性。所以，物流信息对提高经济效益也起着非常重要的作用。

### (五) 物流信息分类

物流的分类有很多种，物流信息的分类更是有很多种，主要的分类方法如下所述。

**1. 按不同物流功能分类**

按信息产生和作用所涉及的不同功能领域分类，物流信息包括仓储信息、运输信息、加工信息、包装信息、装卸信息等。对于某个功能领域还可以进行进一步细化，如仓储信息可分成入库信息、出库信息、库存信息、搬运信息等。

**2. 按信息环节分类**

根据信息产生和作用的环节，物流信息可分为输入物流活动的信息和物流活动产生的信息。

**3. 按信息的作用层次分类**

根据信息作用的层次，物流信息可分为基础信息、作业信息、协调控制信息和决策支持信息。基础信息是物流活动的基础，是最初的信息源，如物品基本信息、货位基本信息等。作业信息是物流作业过程中发生的信息，其波动性较大，具有动态性，如库存信息、到货信息等。协调控制信息主要是指物流活动的调度信息和计划信息。决策支持信息是指能对物流计划、决策、战略具有影响或有关的统计信息、宏观信息等，如科技、产品、法律等方面的信息。

#### 4. 按信息加工程度的不同分类

按信息加工程度的不同，物流信息可以分为原始信息和加工信息。原始信息是指未加工的信息，是信息工作的基础，也是最有权威性的凭证性信息。加工信息是对原始信息经过各种方式和各个层次处理后的信息，这种信息是对原始信息的提炼、简化和综合，是利用各种分析工具在海量数据中发现潜在的、有用的信息和知识。

## 任务二　物流信息技术识别

## 一、信息技术

信息技术(Information Technology，IT)，是主要用于管理和处理信息所采用的各种技术的总称。它主要是应用计算机科学和通信技术来设计、开发、安装和实施的信息系统及应用软件。它也常被称为信息和通信技术(Information and Communications Technology，ICT)，主要包括传感技术、计算机技术和通信技术。

### (一)信息技术的内涵

人们对信息技术的定义，因其使用的目的、范围、层次不同而有不同的表述，具体如下所述。

(1) 信息技术就是"获取、存储、传递、处理分析以及使信息标准化的技术"。

(2) 信息技术"包含通信、计算机与计算机语言、计算机游戏、电子技术、光纤技术等"。

(3) 现代信息技术是"以计算机技术、微电子技术和通信技术为特征"。

(4) 信息技术是指在计算机和通信技术支持下用以获取、加工、存储、变换、显示和传输文字、数值、图像以及声音信息，包括提供设备和提供信息服务两大方面的方法与设备的总称。

(5) 信息技术是人类在生产斗争和科学实验中认识自然和改造自然过程中所积累起来的获取信息、传递信息、存储信息、处理信息，以及使信息标准化的经验、知识、技能和体现这些经验、知识、技能的劳动资料有目的的结合过程。

(6) 信息技术是管理、开发和利用信息资源的有关方法、手段与操作程序的总称。

(7) 信息技术是指能够扩展人类信息器官功能的一类技术的总称。

(8) 信息技术是指"应用在信息加工和处理中的科学、技术与工程的训练方法和管理技巧；上述方法和技巧的应用；计算机及其与人、机的相互作用，与人相应的社会、经济和文化等诸种事物"。

(9) 信息技术包括信息传递过程中的各个方面，即信息的产生、收集、交换、存储、传输、显示、识别、提取、控制、加工和利用等技术。

(10) "信息技术教育"中的"信息技术"可以从广义、中义和狭义三个层面进行定义。广义而言，信息技术是指能充分利用与扩展人类信息器官功能的各种方法、工具与技能的总和。该定义强调的是从哲学上阐述信息技术与人的本质关系。中义而言，信息技术是指对信息进行采集、传输、存储、加工、表达的各种技术之和。该定义强调的是人们对信息技术功能与过程的一般理解。狭义而言，信息技术是指利用计算机、网络、广播电视等各种硬件设备及软件工具与科学方法，对文图声像各种信息进行获取、加工、存储、传输与使用的技术之和。该定义强调的是信息技术的现代化与它的高科技含量。

### (二)信息技术的特征

有人将计算机与网络技术的特征——数字化、网络化、多媒体化、智能化、信息技术、虚拟化，当作信息技术的特征。一般来说信息技术的特征应从以下两方面来理解。

(1) 信息技术具有技术的一般特征——技术性。具体表现为方法的科学性、工具设备的先进性、技能的熟练性、经验的丰富性、作用过程的快捷性、功能的高效性等。

(2) 信息技术具有区别于其他技术的特征——信息性。具体表现为信息技术的服务主体是信息，核心功能是提高信息处理与利用的效率、效益。由信息的秉性决定信息技术还具有普遍性、客观性、相对性、动态性、共享性、可变换性等特性。

### (三)信息技术的分类

信息技术可以按照表现形态、工作流程、使用信息设备、信息技术功能层次的不同分为如下四类。

(1) 按表现形态的不同，信息技术可分为硬技术(物化技术)与软技术(非物化技术)。前者指各种信息设备及其功能，如显微镜、电话机、通信卫星、多媒体电脑。后者指有关信息获取与处理的各种知识、方法与技能，如语言文字技术、数据统计分析技术、规划决策技术、计算机软件技术等。

(2) 按工作流程中基本环节的不同，信息技术可分为信息获取技术、信息传递技术、信息存储技术、信息加工技术及信息标准化技术。信息获取技术包括信息的搜索、感知、接收、过滤等，如显微镜、望远镜、气象卫星、温度计、钟表、互联网搜索器中的技术等。信息传递技术指跨越空间共享信息的技术，又可分为不同类型，如单向传递与双向传递技术，单通道传递、多通道传递与广播传递技术。信息存储技术指跨越时间保存信息的技术，如印刷术、照相术、录音术、录像术、缩微术、磁盘术、光盘术等。信息加工技术是对信息进行描述、分类、排序、转换、浓缩、扩充、创新等的技术。信息加工技术的发展已有两次突破：从人脑信息加工到使用机械设备(如算盘、标尺等)进行信息加工，再发展为使用电子计算机与网络进行信息加工。信息标准化技术是指使信息的获取、传递、存储、加工各环节有机衔接，以提高信息交换共享能力的技术，如信息管理标准、字符编码标准、语言文字的规范化等。

(3) 在日常用法中，有人按使用的信息设备不同，把信息技术区分为电话技术、电报技术、广播技术、电视技术、复印技术、缩微技术、卫星技术、计算机技术、网络技术等。也有人从信息的传播模式区分，将信息技术区分为传者信息处理技术、信息通道技术、受者信息处理技术、信息抗干扰技术等。

(4) 按技术的功能层次不同，可将信息技术体系分为基础层次的信息技术(如新材料技术、新能源技术)、支撑层次的信息技术(如机械技术、电子技术、激光技术、生物技术、空间技术等)、主体层次的信息技术(如感测技术、通信技术、计算机技术、控制技术)和应用层次的信息技术(如文化教育、商业贸易、工农业生产、社会管理中用以提高效率和效益的各种自动化、智能化、信息化应用软件与设备)。

### (四)信息技术的功能

#### 1. 信息产业成为带动经济增长的引擎

随着信息化在全球的快速进展，世界对信息的需求快速增长，信息产品和信息服务对于各个国家、地区、企业、单位、家庭、个人都不可缺少。信息技术已成为支撑当今经济活动和社会生活的基石。在这种情况下，信息产业成为世界各国，特别是发达国家竞相投资、重点发展的战略性产业部门。在过去的十几年中，全世界信息设备制造业和服务业成为带动经济增长的关键产业。在 20 世纪 90 年代中期，一些发达国家信息经济领域的增长超过了 GNP 的 50%，美国则超过了 75%，2000 年全球信息产品制造业产值高达 15 000 亿美元，成为世界经济的重要支柱产业。

#### 2. 信息技术推动传统产业的技术升级

信息技术代表着当今先进生产力的发展方向，信息技术的广泛应用使信息的重要生产要素和战略资源的作用得以发挥，使人们能更高效地进行资源优化配置，从而推动传统产业不断升级，提高社会劳动生产率和社会运行效率。就传统的工业企业而言，信息技术在以下几个层面推动着企业升级。

(1) 将信息技术嵌入传统的机械、仪表产品中，促进产品"智能化""网络化"，是实现产品升级换代的重要方法；这项工作往往被称为"机电一体化"。

(2) 计算机辅助设计技术、网络设计技术可显著提高企业的技术创新能力。

(3) 利用计算机辅助制造技术或工业过程控制技术实现对产品制造过程的自动控制，可明显提高生产效率、产品质量和成品率。

(4) 利用信息系统实现企业经营管理的科学化，统一整合调配企业人力、物力和资金等资源，以实现整体优化。

(5) 利用互联网开展电子商务，进行供销链和客户关系管理，促使企业经营思想和经营方式的升级，可提高企业的市场竞争力和经济效益，以互联网为代表的信息技术也是促进农业现代化和第三产业发展的有力武器。

#### 3. 信息技术促使劳动力结构出现巨变

随着信息资源的开发利用，人们的就业结构正从以农业人口和工业人口为主向从事信息相关工作为主转变。以美国为例，1956 年，美国的"白领"人数第一次超过"蓝领"，到 1980 年，美国就业比例为：农、林、渔业从业人数占总就业人数的 3.38%，采矿业和建筑业占 7.23%，制造业占 22.09%，服务业占 67.2%。这种趋势进一步发展，到 1997 年其农、林、渔业从业人数占总就业人数的 2.63%，采矿业和建筑业占 6.88%，制造业占

16.08%，服务业扩大为 73.34%。服务业中，除了极少部分传统服务业外，绝大多数是从事与信息处理、信息服务有关的职业。对于这种趋势，美国学者总结说："从农民到工人再到职员，这就是美国的简史。""我们现在大量生产信息，就像我们过去大量生产汽车一样。"

### 4. 信息技术促进人类文明的进步

信息技术在全球的广泛使用，不仅深刻地影响着经济结构与经济效率，而且作为先进生产力的代表，对社会文化和精神文明也产生着深刻的影响。

信息技术已引起了传统教育方式发生深刻变革。计算机仿真技术、多媒体技术、虚拟现实技术和远程教育技术以及信息载体的多样性，使学习者可以克服时空障碍，更加主动地安排自己的学习时间和速度。特别是借助于互联网的远程教育，将开辟出通达全球的知识传播通道，实现不同地区的学习者、传授者之间的互相对话和交流，不仅有望大大提高教育的效率，而且也给学习者提供一个宽松的内容丰富的学习环境。远程教育的发展将在传统的教育领域引发一场革命，并促使人类知识水平得到普遍提高。

互联网已经成为科学研究和技术开发不可缺少的工具。互联网拥有的 600 多个大型图书馆、400 多个文献库和 100 万个信息源，已成为科研人员可以随时进入并从中获取最新科技动态的信息宝库，大大节约了查阅文献的时间和费用；互联网上信息传递的快捷性和交互性，使身处世界任何地方的研究者都可以成为研究伙伴，在网上进行实时讨论、协同研究，甚至使用网上的主机和软件资源来完成自己的研究工作。

信息网络为各种思想文化的传播提供了更加便捷的渠道，大量的信息通过网络渗入社会的各个角落，成为当今文化传播的重要手段。电子出版以光盘、磁盘和网络出版等多种形式，打破了以往信息媒体纸介质一统天下的局面。多媒体技术的应用和交互式界面的采用为文化、艺术、科技的普及开辟了广阔前景。网络等新型信息介质为各民族优秀文化的继承、传播，为各民族文化的交流、交融提供了崭新的可能性。网络改变着人与人之间的交往方式，改变着人们的工作方式和生活方式，也就必然会对文化的发展产生深远的影响，一种新的适应网络时代和信息经济的先进文化将逐渐形成。

知识拓展

**信息化赋能中小企业**

工信部中小企业局局长马向晖在召开的"2019 中小企业信息化服务信息发布会"上表示，2018 年中小企业信息化推进投入资金近 17 亿元，获得各级地方财政支持 6.7 亿元，与地方政府部门签署了 1911 份合作协议，以全面提升中小企业信息化应用能力。

"要通过信息化赋能中小企业，提升专业化能力和水平。把中小企业的痛点、难点和堵点问题，作为信息化服务中小企业的主攻方向。"工信部副部长王江平说。

**优化服务环境**

中共中央办公厅和国务院办公厅日前印发《关于促进中小企业健康发展的指导意见》，提出通过引导中小企业专精特新发展，为中小企业提供信息化服务等具体措施，来提升中小企业创新发展能力。

"落实《关于促进中小企业健康发展的指导意见》，要结合本地区产业发展实际，将中小企业信息化推进工程作为支持中小企业转变发展方式、提高专业化能力和水平、促进产业转型升级、构建现代化经济产业体系的重要抓手。"王江平说。

中小企业信息化推进工程已实施14年。2018年，在服务政策落地、促进融资、降本增效、推动创新创业等方面，中小企业信息化推进工程发挥了重要作用，推动中小企业不断提高发展质量。

据不完全统计，2018年全国建立了4400多个服务机构，配备了30多万名服务人员，联合了7600多家专业合作伙伴；组织开展宣传培训和信息化推广活动3万余场，参加活动达249万多人次，与地方政府部门签署了1911份合作协议。

为了落实《中小企业促进法》关于"建立跨部门的政策信息互联网发布平台"要求，国家工业信息安全发展研究中心搭建了国家中小企业政策信息互联网发布平台，已于2018年上线运行，并在工信部门户网站开通了窗口。

马向晖介绍说，这个平台构建了涵盖国家和地方的中小企业政策信息库。截至2018年底，平台汇聚近5年国家部委政策2319项；分析梳理政策干货602项，政策解读1347项，为中小企业提供形式多样、简单明了的政策信息服务；汇聚中小企业相关政策申报入口，探索推动涉企政策在线申报和跟踪监测。截至2018年底，共汇聚申报政策1224项。

"用信息化赋能中小企业，既是中小企业提升专业化能力和水平的迫切需要，也是信息通信行业拓展市场的必然选择。"王江平认为，信息通信技术发展到今天，只有与人们的生产生活密切结合，才能在服务中创造价值，在满足用户需求中发现商机。

**拓展融资渠道**

调查显示，融资难仍是中小企业发展的最大痛点。"在以信息化帮助中小企业拓展投融资渠道方面，我们一方面建设完善融资支持业务信息平台，另一方面充分发挥产融结合服务平台作用，大力发展普惠金融。"马向晖说。

据介绍，工信部信息中心升级改造了中小企业信用担保业务信息报送系统，明确地方主管部门网上审核流程，改善了用户使用体验。目前，共迁移全国担保公司及各级管理用户9000余家，已接收1860家担保机构报送的16.5万笔信用担保业务明细数据，利用信息化手段有效支撑了担保信息报送工作，助力落实国家奖补资金等政策要求。

多家互联网平台也推出了各种信息产品，为小微企业创业融资贷款、农民创业贷款提供支持和服务。这些互联网平台通过与银行系统充分对接，大大增加了贷款融资的成功率，将小微贷款融资平均周期从之前的30天降低到几天。线上高效放款，甚至达到当日申请当日放款的高效融资，极大地降低了这些企业的融资成本。

比如，目前仅在贷款、保险、"三农"服务三个方面，网商银行及前身蚂蚁小贷已累计为超过1100万家小微经营者提供超过2万亿元的贷款支持，为460万农村小微经营者提供了4100亿元贷款支持。

中企云链上线4年多来，注册企业用户超过22000家，解决供应链企业三角债1800亿元，为产业链中小微企业、民营企业实现线上应收账款融资超过310亿元。其中，100万元以下占比86%，完全符合小额高频的特点，充分体现了服务民营企业、服务中小微企业的初衷。

2018年，畅捷贷累计帮助全国3432家小微企业获得金融机构批核授信，授信额度6.24亿元。其中，助贷成功放款4.70亿元，帮助2001家小微企业成功获得贷款。

此外，提速降费专项行动持续开展，也降低了中小企业的互联网接入成本。据了解，三大运营商在2017年"提速惠企"基础上，进一步开展"升速+降费+拓展""专线直降、小微升级"等专项行动，提升中小企业客户感知，精准化实施提速降费。

其中，中国电信针对中小企业将100M以下商务专线免费提速至100M；双创示范园区覆盖中小企业给予专线8折的优惠；千兆普通宽带可享受买一年送一年。中国联通面向中小企业推出100M以下互联网专线速率免费翻倍、50M以下企业光宽带免费提速到50M等举措，惠及用户超过40万户；将互联网专线资费下调10%。中国移动将一、二类地区资费统一，目录价实际下调30%；更名"小微宽带"为"企业宽带"，并有针对性地推出50M带宽特惠款企业宽带，将原价格底线由55元/月降至32元/月，降幅达到41.8%。

**加强云化部署**

为了推动中小企业业务系统云化部署，降低中小企业信息化应用门槛和成本，工信部提出"支持广大中小企业上云，提升中小企业竞争力"，引导、鼓励信息化服务机构加快建设面向中小企业的工业互联网平台，完善标准体系，丰富云服务资源，强化云平台功能,帮助中小企业快速获取信息化资源,形成信息化能力。

通过使用浪潮的云产品,鸣谷农业云供应链项目全部采用远程交付,从启动到验收共用时18天,实现了企业从信息化基础数据的科学规范管理,到客户化销售订单、果品厂内加工流程管控、果品等级精细化管理、果品客户化定制包装出厂等全业务链的追溯平台,解决了手工状态下业务数据易错、低效、失真的问题,使企业整体信息流转顺畅、运作可控,大幅提高了工作效率,同时实现业务数据的及时展现,企业负责人通过手机就可以随时看到每天的产品交付与周转情况。

亚太经合组织中小企业信息化促进中心理事长高新民认为,中小企业信息化已进入"互联网+"新阶段,要把握泛在化、融合化、平台化和智能化4个特征。他强调,中小企业信息化要利用融合平台,并从中找到自己的位置,提升竞争力。

"要通过搭建面对中小企业的云制造平台和云服务平台,发展适合中小企业信息化需求的产品、解决方案和相应的工具包,服务中小企业开展智能化改造、管理提升、市场拓展等信息化应用。"王江平说。

实践证明,云服务平台能降低企业智能化改造成本,提升管理效率。比如,浙江省陀曼智造作为总承包商,负责为当地中小轴承企业量身定制智能化技改整体服务。经过改造,新昌县轴承行业平均设备有效利用率提高了20%左右,产品加工平均综合成本下降了12%~15%,劳动用工成本下降了50%左右。目前,已验收的企业智能化技改平均改造成本仅23万元,一年左右就可以收回投资。

马向晖表示,2019年要引导信息化服务商面向中小企业的多样性需求,实现产品向解决方案转型。推动中小企业普及业务全流程信息化应用,提高全要素生产效率。(《经济日报》·中国经济网记者 黄鑫 实习生 王晓梅)

(资料来源:中国经济网——《经济日报》)

## 二、物流信息技术

物流信息技术是现代信息技术在物流各个作业环节中的综合应用,是现代物流区别于传统物流的根本标志,也是物流技术中发展最快的领域,尤其是计算机网络技术的广泛应用使物流信息技术达到了较高的应用水平。

### (一)物流信息技术的内涵

物流信息技术是指运用于物流各环节中的信息技术。现代物流认为物流活动不是单个部门或企业的内部事务,而是包括生产商、各层销售商等多个关联企业在内的统一体的共同活动,这就势必要求有效的信息交换和传输。物流信息技术通过切入物流企业的业务流程,并提供迅速、及时、准确、全面的物流信息,以实现对物流企业的各生产要素进行合理组合与高效利用,从而降低经营成本,直接产生明显的经济效益。

物流信息技术是物流现代化的重要标志,也是物流技术中发展最快的领域,从数据采集的条形码系统,到办公自动化系统中的微机、互联网,各种终端设备等硬件以及计算机软件都在日新月异地发展。同时，随着物流信息技术的不断发展，产生了一系列新的物流理念和新的物流经营方式，推进了物流的变革。在供应链管理方面，物流信息技术的发展也改变了企业应用供应链管理获得竞争优势的方式，成功的企业通过应用信息技术来支持它的经营战略并选择它的经营业务。通过利用信息技术来提高供应链活动的效率性，以增强整个供应链的经营决策能力。

### (二)物流信息系统的内涵

#### 1. 物流信息系统的含义

随着物流供应链管理的不断发展和各种物流信息的复杂化，各企业迫切要求物流信息化，而计算机网络技术的盛行又给物流信息化提供了技术上的支持。因此，物流信息系统就在企业中扎下了根，并且为企业带来了更高的效率。

物流信息系统是指由人员、设备和程序组成的、为物流管理者执行计划、实施、控制等职能提供信息的交互系统，它与物流作业系统一样都是物流系统的子系统。

#### 2. 物流信息系统的功能

物流信息系统是物流系统的神经中枢，它作为整个物流系统的指挥和控制系统，可以分为多种子系统或者多种基本功能。通常，可以将其基本功能归纳为以下几个方面。

(1) 数据的收集和输入。物流数据的收集首先是将数据通过收集子系统从系统内部或者外部收集到预处理系统中，并整理成为系统要求的格式和形式，然后再通过输入子系统输入到物流信息系统中。这一过程是其他功能发挥作用的前提和基础，如果一开始收集和输入的信息不完全或不正确，在接下来的过程中得到的结果就可能与实际情况完全相左，这将会导致严重的后果。因此，在衡量一个信息系统的性能时，应注意收集数据的完善性、准确性，以及校验能力及预防和抵抗破坏能力等。

(2) 信息的存储。物流数据经过收集和输入阶段后，在其得到处理之前，必须在系统中存储下来。即使在处理之后，若信息还有利用价值，也要将其保存下来，以供以后使用。物流信息系统的存储功能就是要保证已得到的物流信息能够不丢失、不走样、不外泄、整理得当、随时可用。无论哪一种物流信息系统，在涉及信息的存储问题时，都要考虑到存储量、信息格式、存储方式、使用方式、存储时间和安全保密等问题。如果这些问题没有得到妥善的解决，信息系统是不可能投入使用的。

(3) 信息的传输。在物流系统中，物流信息一定要准确、及时地传输到各个职能环节，否则信息就会失去其使用价值。这就需要物流信息系统具有克服空间障碍的功能。物流信息系统在实际运行前，必须充分考虑所要传递的信息种类、数量、频率、可靠性要求等因素。只有这些因素完全符合物流系统的实际需要时，物流信息系统才具有实际使用价值。

(4) 信息的处理。物流信息系统的最根本目的就是要将输入的数据加工处理成物流系统所需要的物流信息。数据和信息是有所不同的，数据是得到信息的基础，但数据往往不能直接利用，而信息是从数据加工中得到的，它可以被直接利用。只有得到了具有实际使用价值的物流信息，物流信息系统的功能才算得到发挥。

(5) 信息的输出。信息的输出是物流信息系统的最后一项功能，也只有在实现了这个功能后，物流信息系统的任务才算完成。信息的输出必须采用便于人或计算机理解的形式，在输出形式上力求易读易懂，直观醒目。

以上五项功能是物流信息系统的基本功能，缺一不可。而且，只有这整个过程都没有出错，最后得到的物流信息才具有实际使用价值，否则会造成严重的后果。

### (三)物流信息技术的组成

#### 1. 条码技术

条码技术是在计算机的应用实践中产生和发展起来的一种自动识别技术，它为我们提供了一种对物流中的货物进行标识和描述的方法。

条码是实现 POS 系统、EDI、电子商务、供应链管理的技术基础，是物流管理现代化以及提高企业管理水平和竞争能力的重要技术手段。

#### 2. EDI 技术

EDI (Electronic Data Interchange，电子数据交换)是指通过电子方式，采用标准化的格式，利用计算机网络进行结构化数据的传输和交换。构成 EDI 系统的三个要素是 EDI 软硬件、通信网络以及数据标准化。

#### 3. 射频识别技术

射频识别技术(Radio Frequency Identification，RFID)是一种非接触式的自动识别技术，它通过射频信号自动识别目标对象来获取相关数据。识别工作无须人工干预，可工作于各种恶劣环境。短距离射频产品不怕油渍、灰尘污染等恶劣的环境，可以替代条码，例如，用在工厂的流水线上跟踪物体。长距离射频产品多用于交通上，识别距离可达几十米，如自动收费或识别车辆身份等。

#### 4. 物联网技术

物联网是一个基于互联网、传统电信网等信息承载体，让所有能够被独立寻址的普通物理对象实现互联互通的网络。它具有普通对象设备化、自治终端互联化和普适服务智能化三个重要特征。物联网的本质概括起来主要体现在三个方面：一是互联网特征，即对需要联网的物一定要能够实现互联互通的互联网络；二是识别与通信特征，即纳入物联网的"物"一定要具备自动识别与物物通信(M2M)的功能；三是智能化特征，即网络系统应具有自动化、自我反馈与智能控制的特点。

业内专家认为，物联网一方面可以提高经济效益，大大节约成本；另一方面可以为全球经济的复苏提供技术动力。目前，美国、欧盟等都在投入巨资深入研究探索物联网。我国也正在高度关注、重视物联网的研究，工业和信息化部会同有关部门，在新一代信息技术方面正在开展研究，以形成支持新一代信息技术发展的政策措施。

#### 5. GIS 技术

GIS(Geographical Information System，地理信息系统)是多种学科交叉的产物，它以地理空间数据为基础，采用地理模型分析方法，适时地提供多种空间和动态的地理信息，是一种为地理研究和地理决策服务的计算机技术系统。其基本功能是将表格型数据(无论它来自数据库、电子表格文件或直接在程序中输入)转换为地理图形显示,然后对显示结果浏览、操作和分析。其显示范围可以从洲际地图到非常详细的街区地图,显示对象包括人口、销售情况、运输线路和其他内容。

#### 6. GPS 技术

GPS (Global Positioning System,全球定位系统)具有在海、陆、空进行全方位实时三维导航与定位能力。GPS 在物流领域可以应用于汽车自定位及跟踪调度,也可以应用于铁路运输管理,还可以应用于军事物流。

#### 7. 物流管理信息系统

物流管理信息系统包括第三方物流管理信息系统、企业资源计划系统(ERP)、仓储管理系统(WMS)、销售时点系统(POS)、电子订货系统(EOS)、货运物流货代管理系统(FMS)和供应链管理系统(SCM)等。

## 任务三　物流信息技术调研实训

### 一、实训目的

该实训主要是通过调研的形式来进行的,可以通过调研走访企业,结合网上信息收集的形式来进行。主要让学生理解物流管理信息技术的概念,并了解它在企业中的应用情况,为以后学习几种物流管理信息技术打下基础。

### 二、实训任务

#### 1. 任务实施准备

(1) 确定调研的内容。主要是围绕企业物流管理信息化建设、物流信息技术应用状况和物流管理信息系统的维护措施进行确认。

(2) 制订调查计划。围绕调查目标,明确调查主题,确定调查的对象、地点、时间、方式,并确定要收集哪些相关资料。

(3) 调查以小组为单位,根据班级情况,每组五人,设一名组长,并带上调查工具。

(4) 调查之前,进行相关资料的收集并做好知识准备。

#### 2. 实训任务安排

(1) 撰写物流管理信息技术调查报告。

(2) 说明一家物流企业物流信息技术的应用情况。

(3) 了解企业是如何进行物流信息技术的应用的。

(4) 分析我国物流管理信息技术应用的现状、原因和发展趋势。

## 本 章 小 结

通过本章的学习，可以识别什么是物流信息，什么是物流信息技术。通过最后的调研实训让学生了解物流信息技术的重要性，能够通过查阅相关资料和信息加深对物流信息与物流信息技术的理解。

## 习 题

### 一、填空题

1. 物流信息不仅指与物流活动有关的信息，而且包含与其他流通活动有关的信息，如_____和市场信息等。
2. 物流信息除了具有信息的一般属性外，还具有自己的一些特点，如_____，_____，_____，_____。

### 二、简答题

1. 简述物流信息的作用。
2. 简述物流信息技术的组成。

## 案 例 分 析

**1. 海尔"人单合一"信息化变革实践**

海尔集团是全球领先的智慧家庭解决方案提供商和虚实融合通路商，海尔连续四年蝉联全球大型家用电器第一品牌；并入选美国波士顿管理咨询公司发布的2012年度"全球最具创新力企业50强"，是唯一进入前十的来自中国的企业。没有成功的企业，只有时代的企业。创业28年，海尔始终以用户为中心踏准时代节拍，历经了名牌战略、多元化战略、国际化战略、全球化品牌战略和网络化战略五个发展阶段。

海尔信息化变革：从"企业的信息化"转变为"信息化的企业"。海尔信息化发展基于企业战略，变中求胜，从以企业为中心的"企业的信息化"，转变成以用户为中心的"信息化的企业"。海尔的信息化发展先后经历了以下几个阶段。

1) 信息化建设起步阶段(1995—1998)

海尔真诚到永远。1995年，海尔在国内家电行业率先推出国际级星级服务体系，建立了售后服务系统，并通过内部办公自动化(OA)、电算化及基础网络的建设和应用，大幅提升企业内部管理效率和响应用户需求的速度。

2) 企业基础管理信息化阶段(1998—2006)

1998年，海尔实施国际化战略，启动了以市场链为纽带的业务流程再造。海尔建设SCM、物流配送、资金流管理结算及客户关系管理等系统。通过整合全球用户资源和全球供应链资源，以订单信息流为中心，带动物流和资金流的同步运行，逐步实现零库存、零营运资本和与用户零距离的目标。

3) 人单合一转型阶段(2007年至今)

(1) 信息化再造构建卓越运营的海尔。

2007年4月26日，海尔启动了1000天信息化再造。这其中最具代表意义的便是2008年海尔全球信息化增值系统(HGVS)的上线，完成了核心业务流程的梳理和主要信息系统的重建，标志着在SAP中国实施历史上涉及上线法人最多、流程涵盖最广、业务最为复杂的家电ERP上线成功。

目前，海尔已建立了集订单信息流、物流、资金流"三流合一"的BI、GVS、LES、PLM、CRM、B2B、B2C等系统，实现了全集团业务统一营销、采购、结算，并利用全球供应链资源搭建起全球采购配送网络，辅以支持流程和管理流程，以人单合一为主线实现了企业内外信息系统的集成和并发同步执行，实现内外协同——端到端流程可视化、从提供产品到提供服务，形成核心价值链的整合和高效运作模式。

(2) 互联网时代，大数据驱动人单合一。

随着大数据技术的应用，传统企业的以产品为中心模式变为以用户需求为中心模式，海尔再一次走在制造业数据应用的前列，将数据定义为能够为企业创造价值的资产，通过数据分析输出企业的"危"和"机"。

在大数据平台建设方面，已建立云识云图、虚实互动平台等大数据云平台，企业内各业务流程节点通过大数据平台全方位了解用户需求，通过互动转化为各业务节点执行的工作，驱动员工自创新、自驱动、自运转，创造用户价值。

**2. 海尔信息化延续性创新，从内部驱动到用户体验驱动**

1) 虚实互动平台

海尔通过互联网为用户提供了与海尔虚实互动的平台，通过海尔官网、facebook及海尔虚拟展厅等网络工具，吸引粉丝，在线体验、互动设计等，获取用户碎片化需求和创意，并通过业务分析与优化技术，准确洞察市场，把握需求，使前台和用户的交互平台与企业后台的研发系统、营销系统、供应链系统能够形成无缝对接。

2) 开放式创新虚网平台

海尔搭建开放式创新虚网平台满足用户需求，对接全球专家和解决方案资源，建立了一流资源超市，支持集团开放式创新战略。建立全球第三方专利、专家、解决方案资源网络，提高寻源广度、质量和效率，实现全球200多万专家资源信息的对接，并通过第三方寻源平台发布课题和获取解决方案。

3) PLM创新

继一期建立了一个集成的产品生命周期的数据平台之后，完成了以产品模块化(MPA)能力建设为核心的研发管理体系优化：结合PLM的先进管理理念和方法、行业最佳实践——CMII，建立一个支持"即需即制的、集中统一管理"信息系统平台，端到端满足用户需求。

4) 信息化的供应链

海尔建立了端到端的供应链信息化平台，对订单进行全流程优化，通过实时的信息共享及全流程订单可视，数据分析提前预警，提升生产效率，避免生产损失。研发、营销、供应链三方协同，快速响应用户需求，实现零库存下即需即供。

5) 四网融合平台

海尔基于 E-Store 建立面向客户的经营管理私有云，将支持虚网、营销网、物流网、服务网的信息平台打通，实现信息的同步送达以及效率提升。E-Store 是海尔在零售领域的一个新的突破，造就了海尔零售渠道信息化管理新的里程碑，E-Store 带给海尔的是活生生的用户资源，这就是自有渠道的核心竞争力。

海尔的虚实网融合的优势保障了企业与用户的零距离，不但有效支持海尔产品的营销，还成为国际家电品牌在中国市场的首选渠道。海尔已构筑了全流程用户体验驱动的虚实网融合竞争优势。

(资料来源：http://bbs.haier.com/forum/food/133428.shtml)

## 思考题

(1) 信息技术在海尔集团的信息化变革起到了什么作用？

(2) 什么是人单合一？

# 第二章　自动识别与采集技术

## 【知识目标】

- 了解条码的概念、特点、分类、构成及编制条码的原则。
- 掌握 GIS 与 GPS 的功能、特点及组成。

## 【能力目标】

- 能识别常见的不同码制的商品条码。
- 能用 GIS 与 GPS 进行物流信息的查询与分析。

## 【素质目标】

表达沟通、实训操作、团队协作。

> **引导案例**

### 从时尚到普及 二维码如何走进人们的生活

如果现在说起二维码相信即使是中年人也不会陌生了，它现在已经成为人们日常生活中随处可见的符号。公交、地铁、食品饮料、饭店、超市、微信、支付宝……二维码已经完成了对日常生活的彻底渗透。但倒退七八年，别说扫描二维码，很多人连什么叫二维码都不清楚。笔者算是较早接触二维码的群体中的一员，今天我们就来闲聊一下二维码是如何"占领"人们的日常生活的。

二维码走进人们的生活

所谓二维码是相对于条形码(一维条形码)而言的，一维条形码诞生已经有数十年，我们小时候能见到的大多数商品就已经印上了一维条形码——也就是超市收银结账时扫描的条码。从一维条形码下面的数字中我们可以获知这件物品的生产国、制造厂家、商品名称、生产日期甚至图书分类号、邮件起止地点等信息，因而它在商品流通、图书管理、邮政管理、银行系统等许多领域都得到了广泛的应用。

而二维条形码(以下简称二维码)是在一维条形码基础上扩展出另一维具有可读性的条码，通常来说用黑白矩形图案表示二进制数据，被特定设备扫描后可获取其中所包含的信息。一维条码的宽度记载着数据，而其长度没有记载数据。二维条码的长度、宽度均记载着数据。二维条码有一维条码没有的"定位点"和"容错机制"。容错机制在即使没有辨识到全部的条码或者条码有污损时，也可以正确地还原条码上的信息。这就是为什么我们用手机扫描的时候即使没拍全也能马上识别的原因。

二维码的好处在哪儿呢？首先就是容量大，如果你愿意，你可以将一条140字的微博甚至更多的内容放在一张二维码图片里。当然文字内容越多二维码就越复杂，识别速度就越慢，但相比一维条形码而言信息容量已经扩容了数十倍。其次二维码的编码范围广泛，除了文字，音频、图片等信息都可以编成二维码，这比一维条形码强大很多。

第二章 自动识别与采集技术

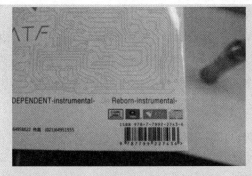

随处可见的一维条形码(出版物/食品)

如果不查询相关资料，笔者都不敢相信其实二维码在 20 多年前就已经现身国内了，不过当时二维码的适用范围基本局限在科研院所，基本上不涉及民用领域。真正令二维码在国内被公众了解和认知还是在 2008 年北京奥运会之后，笔者记得 2009 年当时互联网上已经出现了一些二维码生成器，输入文本内容就可以生成对应的二维码。当时笔者曾经玩过一段时间的二维码设计并将其视为一种时尚，并没有想到后来二维码如此普及。真正令二维码火起来的恐怕还是移动支付，自从支付宝、微信开通二维码支付功能后，在全国各地的商超饭馆，越来越多的人不使用现金而开始掏出手机打开付款二维码付账。同时，二维码也开始成为广告主们的新舞台，公交地铁上越来越多的广告添加了对应 APP 下载的二维码，公众只要扫描便可以轻松下载应用，这让二维码更加普及。不过二维码大肆普及的同时危机也是并存的。正因为生成二维码的门槛实在太低，只要懂电脑，所有人都可以自创二维码，这就给了一些不法分子以可乘之机。比如前几年危害不小的手机病毒，其传播方式已经从下载 APP 转移到了二维码这个领域。2019 年 "3·15" 晚会上现场演示的"街头扫码送礼品"骗局就是很典型的例子，一旦扫描这种二维码，用户手机内的重要信息就有被盗用的风险，危害不小。

(资料来源：http://mobile.zol.com.cn/583/5838028.html)

讨论：

1. 条码技术给我们的生活带来了哪些便利？
2. 一维码与二维码有什么不同？

# 任务一　条码技术识别

## 一、条码

### (一)条码的含义及历史

#### 1. 条码的含义

条形码(Barcode)是将宽度不等的多个黑条和空白按照一定的编码规则排列，人们根据其形状称之为条码，隐含某些信息，利用黑白条纹的不同反射效果转换为可传输的电子信息。

常见的条码是由相差很大的黑条(简称条)和白条(简称空)排成的图案。条码可以标出物品的生产国、制造厂家、商品名称、生产日期、图书分类号、邮件起止、类别、日期等许多信息,因而在图书管理、邮政管理、银行系统等许多领域都得到了广泛的应用。

### 2. 条码技术发展历史

条码最早出现在 20 世纪 40 年代,但得到实际应用和发展还是在 70 年代左右。现在条码技术在世界各国和各地区都已得到普遍使用,并逐步渗透到许多技术领域。早在 40 年代,美国乔·伍德兰德(Joe Wood Land)和伯尼·西尔沃(Berny Silver)两位工程师就开始研究用代码表示食品项目及相应的自动识别设备,于 1949 年获得了美国专利。

1970 年美国超级市场 Ad Hoc 委员会制定出通用商品代码 UPC 码,许多团体也提出了各种条码符号方案。UPC 码首先在杂货零售业中试用,这为以后条码的统一和广泛采用奠定了基础。次年布莱西公司研制出布莱西码及相应的自动识别系统,用于库存验算。这是条码技术第一次在仓库管理系统中的实际应用。1972 年蒙那奇·马金(Monarch Marking)等人研制出库德巴(Code Bar)码,至此美国的条码技术进入新的发展阶段。

1973 年美国统一编码协会(简称 UCC)建立了 UPC 条码系统,实现了该码制的标准化。同年,食品杂货业把 UPC 码作为该行业的通用标准码制,为条码技术在商业流通销售领域里的广泛应用起到了积极的推动作用。1974 年 Intermec 公司的戴维·阿利尔(Davide Allair)博士研制出 39 码,很快便被美国国防部采纳,作为军用条码码制。39 码是第一个字母和数字相结合的条码,后来被广泛应用于工业领域。

1976 年在美国和加拿大超级市场上,UPC 码的成功应用给人们以很大的鼓舞,尤其欧洲人对此产生了极大兴趣。次年,欧洲共同体在 UPC-A 码基础上制定出欧洲物品编码 EAN-13 和 EAN-8 码,签署了"欧洲物品编码"协议备忘录,并正式成立了欧洲物品编码协会(European Article Number,EAN)。到了 1981 年,由于 EAN 已经发展成为一个国际性组织,故改名为"国际物品编码协会",简称 IAN。但由于历史原因和习惯,至今仍称为 EAN(后改为 EAN-international)。

日本从 1974 年开始着手建立 POS 系统,研究标准化以及信息输入方式、印制技术等。并在 EAN 的基础上,于 1978 年制定出日本物品编码 JAN。同年加入了国际物品编码协会,开始进行厂家登记注册,并全面转入条码技术及其系列产品的开发工作,10 年之后成为 EAN 最大的用户。

20 世纪 80 年代中期开始,我国一些高等院校、科研部门及一些出口企业,把条码技术的研究和推广应用逐步提上议事日程。一些行业如图书、邮电、物资管理部门和外贸部门已开始使用条码技术。1988 年 12 月 28 日,经国务院批准,国家技术监督局成立了"中国物品编码中心"。该中心的任务是研究、推广条码技术;同意组织、开发、协调、管理我国的条码工作。常见的条码如图 2-1~图 2-3 所示。

图 2-1　商品条码　　　　　　　图 2-2　二维码

图 2-3　一维条码

## (二)条码的分类

条码可以按码制和条码维数的不同分成以下两个大类。

### 1. 按条码的码制不同划分

(1) UPC 码：1973 年，美国率先在国内的商业系统中应用了 UPC 码之后，加拿大也在商业系统中采用 UPC 码。UPC 码是一种长度固定的连续型数字式码制，其字符集为数字 0~9。它采用四种元素宽度，每个条或空是 1、2、3 或 4 倍单位元素宽度。UPC 码有两种类型，即 UPC-A 码和 UPC-E 码。

(2) EAN 码：1977 年，欧洲经济共同体各国按照 UPC 码的标准制定了欧洲物品编码 EAN 码，与 UPC 码兼容，而且两者具有相同的符号体系。EAN 码的字符编号结构与 UPC 码相同，也是长度固定的连续型的数字式码制，其字符集是数字 0~9。它采用四种元素宽度，每个条或空是 1、2、3 或 4 倍单位元素宽度。EAN 码有两种类型，即 EAN-13 码和 EAN-8 码。

(3) 交叉 25 码：交叉 25 码是一种长度可变的连续型自校验数字式码制，其字符集为数字 0~9。采用两种元素宽度，每个条和空是宽或窄元素。编码字符个数为偶数，所有奇数位置上的数据以条编码，偶数位置上的数据以空编码。如果为奇数个数据编码，则在数据前补一位 0，以使数据为偶数个数位。

(4) 39 码：39 码是第一个字母数字式码制。1974 年由 Intermec 公司推出。它是长度可比的离散型自校验字母数字式码制。其字符集为数字 0~9、26 个大写字母和 7 个特殊字符(-、。、Space、/、+、%、¥)，共 43 个字符。每个字符由 9 个元素组成，其中有 5 个条(2 个宽条、3 个窄条)和 4 个空(1 个宽空、3 个窄空)，是一种离散码。

(5) 库德巴码：库德巴码(Code Bar)出现于 1972 年，是一种长度可变的连续型自校验数字式码制。其字符集为数字 0~9 和 6 个特殊字符(-、:、/、。、+、¥)，共 16 个字符。常用于仓库、血库和航空快递包裹中。

(6) 128 码：128 码出现于 1981 年，是一种长度可变的连续型自校验数字式码制。它采用四种元素宽度，每个字符有 3 个条和 3 个空，共 11 个单元元素宽度，又称(11，3)码。它有 106 个不同条码字符，每个条码字符有三种含义不同的字符集，分别为 A、B、C。它使用这 3 个交替的字符集可将 128 个 ASCII 码编码。

(7) 93 码：93 码是一种长度可变的连续型字母数字式码制。其字符集为数字 0~9、26 个大写字母和 7 个特殊字符(-、。、Space、/、+、%、¥)以及 4 个控制字符。每个字符有 3 个条和 3 个空，共 9 个元素宽度。

(8) 49 码：49 码是一种多行的连续型、长度可变的字母数字式码制，出现于 1987 年，主要用于小物品标签上的符号。采用多种元素宽度。其字符集为数字 0~9、26 个大写字母和 7 个特殊字符(-、。、Space、%、/、+、%、¥)、3 个功能键(F1、F2、F3)和 3 个变换字符，共 49 个字符。

(9) 其他码制：除上述码外，还有其他的码制，例如，25 码出现于 1977 年，主要用于电子元器件标签；矩阵 25 码是 11 码的变形；Nixdorf 码已被 EAN 码所取代；Plessey 码出现于 1971 年 5 月，主要用于图书馆等。

**2. 按条码的维数划分**

按条码的维数划分，可分为一维条码、二维条码、混合码等。

1) 一维条码

一维条码仅在一个方向(一般是水平方向)表达信息，而在垂直方向则不表达任何信息，其一定的高度通常是为了便于阅读器对准阅读。一维条码的应用可以提高信息录入的速度，减少差错率。其不足之处有：数据容量较小，最大容量约 30 个字符；只能包含字母和数字，不能编码汉字；条码尺寸相对较大，空间利用率较低；条码遭到损坏后不能阅读。由于受信息容量的限制，一维条码只能充当物品的代码，而不能含有更多的物品信息，所以一维条码的使用不得不依赖数据库的存在。在没有数据库和不便联网的地方，一维条码的使用受到了较多的限制，有时甚至变得毫无意义。另外，用一维条码表示汉字信息几乎是不可能的，这在某些应用汉字的场合显得十分不便，效率极低。

2) 二维条码

现代高新技术的发展迫切要求在有限的几何空间内用条码表示更多的信息，从而满足各种信息的需求。二维条码正是为了解决一维条码无法解决的问题而诞生的。

二维条码具有密度高、容量大等特点，所以可以用它表示数据文件(包括汉字文件)和图片等。它是各种证件及卡片等大容量、高可靠性信息实现存储、携带并自动识别的最理想的方法。

(1) 二维条码的特性。

① 高密度。一维条码因密度较低，故仅作为一种标识数据，不能对产品进行描述，必须以条码所表示的代码为索引字段建立产品信息数据库。而二维条码密度通常情况下是一维条码的几十到几百倍，有可能把产品信息全部存储在一个二维条码中，不需要另外建立数据库，真正实现了用条码对"物品"的描述。

② 具有纠错功能。一维条码没有考虑到条码本身的纠错功能，尽管引入了校验字符的概念，但仅限于防止读错；而二维条码可以表示数以千计字节的数据，通常情况下，所表示的信息不可能与条码符号一同印刷出来。如果没有纠错功能，当二维条码的某部分损坏时，该条码便变得毫无意义，因此二维条码引入了错误纠正机制。这种纠错机制使二维条码因穿孔、污损等引起局部损坏时，照样可以得到正确识读。二维条码的纠错机制使其成为一种安全可靠的信息存储和识别的方法，这是一维条码无法相比的。

③ 可以表示多种语言文字。多数一维条码所能表示的字符集不过是 10 个数字、26 个英文字母及一些特殊字符。一维条码字符集最大的 Code 128 条码所能表示的字符个数也不过是 128 个 ASCII 符。用一维条码表示其他语言文字(如汉字、日文等)是不可能的；而多数二维条码都具有字节表示模式，即提供了一种表示字节流的机制。由于各种语言文字在计算机中存储时都以机内码的形式表现，而内部码都是字节码，就可以将各种语言文字信息转换成字节流，然后再将字节流用二维条码表示，从而为多种语言文字的条码表示提供新途径。

④ 可表示图像数据。既然二维条码可以表示字节数据，而图像多以字节形式存储，因此使图像(如照片、指纹等)的条码表示成为可能。二维条码编码范围较广，可以将照片、指纹、掌纹、签字、声音和文字等可数字化的信息进行编码。

⑤ 引入加密机制。加密机制的引入是二维条码的又一优点。如利用二维条码表示照片时，可以用一定的加密算法将图像信息加密，再用二维条码表示。在识别二维条码时，通过一定的解密算法可以恢复所表示的照片，从而防止各种证件、卡片等的伪造，因此二维条码具有极强的保密防伪性能。

⑥ 容易制作且成本低。利用现有的点阵、激光、喷墨、热敏/热转印、制卡机等打印技术，即可在纸张、卡片、PVC 甚至金属表面上印出二维条码。

(2) 二维条码的类型。

根据二维条码的编码原理和结构形状的差异，可将其分为行排式或堆积式二维条码和矩阵式二维条码两大类型。

① 行排式二维条码。行排式二维条码的编码原理建立在一维条码的基础之上，按需要堆积成两行或多行。它在编码设计、检验原理、识读方式等方面继承了一维条码的

特点，识读设备、条码印刷与一维条码技术兼容。但由于行数的增加，行的鉴别、译码算法及软件与一维条码不完全相同。有代表性的二维条码有 Code 49、Code 16K、PDF 417 等。

② 矩阵式二维条码。矩阵式二维条码以矩阵的形式组成。在矩阵相应元素位置上，用点(方点、圆点或其他形状的点)的出现表示二进制的"1"，点的不出现表示二进制的"0"，点的排列组合确定了矩阵码所代表的意义。矩阵码是建立在计算机图像处理技术、组合编码原理等基础上的一种新型图形符号自动识读处理码制。具有代表性的矩阵码有 Data Matrix、Maxi Code、Code One、QR Code、龙贝码、矽感 GM、CM 二维条码等。

(3) 国际通行的二维条码码制简单介绍。

① Code 49 码(行排式)。Code 49 码是一种多层、连续型、可变长度的条码符号，它可以表示全部的 128 个 ASCII 字符。每个 Code 49 码符号可由 2～8 层组成，每层有 18 个条、17 个空。层与层之间由一个层分隔条分开。每层包含一个层标识符，最后一层包含表示符号层数的信息。

② Code 16K 码(行排式)。Code 16K 码是一种多层、连续型、可变长度的条码符号，可以表示 ASCII 字符集所有的 128 个字符及扩展 ASCII 字符。它采用 UPC 及 Code 128 字符。一个 16 层的 Code 16K 符号可以表示 77 个 ASCII 字符或 154 个数字字符。Code 16K 通过唯一的起始符或终止符标识层号，便于自动识别与自动处理，通过字符自校验及两个模为 107 的校验字符进行错误校验。

③ PDF 417 码(行排式)。PDF 417 码是一种多层、可变长度、具有高容量和错误纠正能力的连续型二维条码。每个 PDF 417 码符号可以表示超过 1100 个字节、1800 个 ASCII 字符或 2700 个数字的数据，具体数量取决于所表示数据的种类及表示模式。PDF 417 可通过线性扫描器、光栅激光扫描器或二维成像设备识读。

④ Code One 码(矩阵式)。Code One 码是一种由成像设备识别的矩阵式二维条码。Code One 码符号中包含可由快速线性探测器识别的图案。Code One 符号共有 10 种版本及 14 种尺寸。最大的符号，即版本 H，可以表示 2218 个数字、字母型字符或 3550 个数字，以及 560 个错误纠正符号字符。

⑤ Data Matrix 码(矩阵式)。Data Matrix 码是矩阵式二维条码符号。它有两种类型，即 ECC 000-140 和 ECC 200。ECC 000-140 具有几种不同等级的卷积错误纠正功能，而 ECC 200 则通过 Reed-Solomon 算法利用生成多项式计算错误纠正码词。不同尺寸的 ECC 200 符号应有不同数量的错误纠正码词。

⑥ Maxi Code 码(矩阵式)。Maxi Code 码是一种固定长度(尺寸)的矩阵式二维条码，它由紧密相连的多行六边形模块和位于符号中央位置的定位图形组成。Maxi Code 符号共有七种模式(包括两种作废模式)，可表示全部 ASCII 字符和扩展 ASCII 字符。

⑦ QR 码(矩阵式)。QR 码是日本电装公司在 1994 年向世界公布的快速响应矩阵码的简称。QR 码能容纳大量信息，可表示数字数据 7089 个字符；密度高，是普通条码的约 100 倍，可节省印刷空间，几毫米的空间就可容纳信息；可对英文、数字、汉字进行编码。360° 全方位高速读取，即使被损坏或污损也可以读取。具有识读速度快、数据密

度大、占用空间小的优点。

⑧ Vericode 码(矩阵式)。Vericode 码是由美国 Veritec 公司推出的二维条码，是在矩阵图形里载有数据的条码，称之为矩阵符号码，其矩阵符号格式和图像处理系统已经获得美国专利。该符号是一种用于微小型产品上的二进制数据编码系统，便于机器书写和阅读，准确性和可重复性达到最佳水平，具有扩大和缩小数据单元而不改变其数据信息、容量奇偶校验和错误修改代码等特点。

(4) 中国研制的二维条码。

① 汉信码(矩阵式)。汉信码是中国物品编码中心承担国家重大科技专项——《二维条形码新码制开发与关键技术标准研究》课题的研究成果，该课题于 2005 年 12 月 26 日通过国家标准委组织的项目验收。汉信码是一种矩阵式二维条码，它具有汉字编码能力超强、抗污损、抗畸变识读能力、识读速度快、信息密度高、纠错能力强、图形美观等优点，是一种具有自主创新、拥有自主知识产权、适合中国应用的二维条码。汉信码的出现打破了国外公司在二维条码生成与识读核心技术上的商业垄断，对于降低中国二维条码技术的应用成本、推进二维条码技术在中国的应用进程具有重大意义。

② CM 码(矩阵式)。CM 码是中国自主知识产权的紧密矩阵型二维条码，可表示各种文字符号。该码制于 2004 年 9 月通过了信息产业部组织的技术鉴定，是一种高容量接触式识读的二维条码，具有低误码率、编码信息广泛、支持用户自定义信息、支持隐形防伪印刷等优点。CM 码长宽比可任意调整，具备第 1～8 共八个纠错等级可供选择，极大地提高了条码自身的纠错能力，采用了先进的结构设计和数据压缩模式，其编码数据容量有了质的飞跃，在第 6 级纠错的情况下仍可达到 32KB 的容量(约合 15 000 个汉字的存储空间)；同时，CM 码还设计有 256 块的宏(Macro)模式结构链接功能，因此可满足达到 8MB 的特殊容量需求。

图 2-4 列出了各类二维条码。

(a) Data Matrix　　(b) Maxi Code　　(c) Aztec Code　　(d) QR Code　　(e) Vericode

(f) PDF417　　(g) Ultracode　　(h) Code 49　　(i) Code 16K

图 2-4　各类二维条码

3) 混合码

所谓混合码，即同时使用两种或两种以上的编码方法进行编码的过程。试想如果同时结合波形编码方法和参量编码方法，则可得到集合了两者优势的编码。这种方法克服了原有波形编码与参数编码的弱点，并且结合了波形编码的高质量和参数编码的低数据率,取得了比较好的效果。表 2-1 所示为混合码的应用。

表 2-1 混合码的应用

| 算 法 | 名 称 | 码率/(kb/s) | 标准 | 制定组织 | 制定时间 | 应用领域 | 质 量 |
|---|---|---|---|---|---|---|---|
| CELPC | 码激励 LPC | 4.8 | | NSA | 1989 | 保密语音 | 3.2 |
| VSELPC | 矢量和激励 LPC | 8 | GIA | GTIA | 1989 | 移动通信 | 3.8 |
| RPE-LTP | 长时预测规则激励 | 13.2 | GSM | GSM | 1983 | 语音信箱 | 3.8 |
| LD-CELP | 低延时码激励 LPC | 16 | G728 | ITU | 1992 | ISDN | 4.1 |
| MPEG | 多子带感知编码 | 128 | MPEG | ISO | 1992 | CD | 5.0 |

### (三)物流领域中常用的条码

物流领域中常用的条码简称物流条码,是供应链中用以标识物流领域中具体实物的一种特殊代码,是整个供应链过程,包括生产厂家、物流业、运输业、消费者等环节的共享数据。它贯穿于整个贸易过程,并通过物流条码数据的采集、反馈,提高整个物流系统的经济效益。

**1. 物流条码标识的内容**

物流条码标识的内容主要有项目标识(货运包装箱代码 SCC-14)、动态项目标识(系列货运包装箱代码 SSCC-18)、日期、数量、参考项目(客户购货订单代码)、位置码、特殊应用(医疗保健业)及内部使用,具体规定见相关国家标准。

**2. 物流条码符号码制选择**

目前,现存的物流条码码制很多,但国际上通用和公认的物流码制只有 ITF-14 条码、UCC/EAN-128 条码和 EAN-13 条码三种。选用条码时,要根据货物和产品包装的不同,采用不同的条码码制。单个大件商品,如电视机、电冰箱、洗衣机等商品的包装箱往往采用 EAN-13 条码。储运包装箱常常采用 ITF-14 条码或 UCC/EAN-128 应用标识条码,包装箱内可以是单一商品,也可以是不同的商品或多件商品的小包装。

(1) EAN-13 条码(标准版商品条码)为 European Article Number(欧洲物品编码的缩写),其中共计 13 位代码的 EAN-13 是比较通用的一般终端产品的条码协议和标准,主要应用于超级市场和其他零售业。

(2) ITF 条码是一种连续型、定长、具有自校验功能,并且条、空都表示信息的双向条码。ITF-14 条码的条码字符集、条码字符的组成与交叉 25 码相同。它由矩形保护框、左侧空白区、条码字符和右侧空白区组成。

(3) UCC/EAN-128 应用标识条码是一种连续型、非定长条码,能更多地标识贸易单元中需表示的信息,如产品批号、数量、规格、生产日期、有效期、交货地点等。

UCC/EAN-128 应用标识条码由应用标识符和数据两部分组成,每个应用标识符由 2～4 位数字组成。条码应用标识的数据长度取决于应用标识符。条码应用标识采用 UCC/EAN-128 码表示，并且多个条码应用标识可由一个条码符号表示。UCC/EAN-128 条码是由双字符起始符号、数据符、校验符、终止符及左、右侧空白区组成。

UCC/EAN-128 应用标识条码是使信息伴随货物流动的全面、系统、通用的重要商业手段。

### 3. 物流条码的特点

与商品条码相比较，物流条码具有如下特点。

(1) 它是储运单元的唯一标识。商品条码是最终消费品、通常是单个商品的唯一标识，用于零售业现代化的管理；物流条码是储运单元的唯一标识，通常标识多个或多种商品的集合，用于物流的现代化管理。

(2) 服务于供应链全过程。商品条码服务于消费环节：商品一经出售到最终用户手里，商品条码就完成了其存在的价值，商品条码在零售业的 POS 系统中起到了单个商品的自动识别、自动寻址、自动结账等作用，是零售业现代化、信息化管理的基础。物流条码服务于供应链全过程：生产厂家生产出产品，经过包装、运输、仓储、分拣、配送，直到零售商店，中间经过若干环节，物流条码是这些环节中的唯一标识，因此它涉及面更广，是多种行业共享的通用数据。

(3) 信息多。商品条码通常是一个无含义的 13 位数字条码；物流条码则是一个可变的，可表示多种含义、多种信息的条码，是无含义的货运包装的唯一标识，可表示货物的体积、重量、生产日期、批号等信息，是贸易伙伴根据在贸易过程中共同的需求，经过协商统一制定的。

(4) 可变性。商品条码是一个国际化、通用化、标准化的商品的唯一标识，是零售业的国际化语言；物流条码是随着国际贸易的不断发展以及贸易伙伴对各种信息需求的不断增加应运而生的，其应用在不断扩大，内容也在不断丰富。

(5) 维护性。物流条码的相关标准是一个需要经常维护的标准。及时沟通用户需求、传达标准化机构有关条码应用的变更内容，是确保国际贸易中物流现代化和信息化管理的重要保障之一。

物流条码示例如图 2-5 所示。

图 2-5　物流条码示例

## 二、条码技术

### (一)条码系统

条码系统是由条码符号设计、制作和扫描识读组成的系统。条码系统可以将条码识别技术和现代物流管理技术融入 ERP 系统。

条码系统由软件部分和硬件部分两部分组成。

(1) 软件部分。其包含数据采集器(手持终端)程序、后台数据交换服务,以及条码打印程序(当然部分应用并不要求三个模块都有包含,例如,一些系统就可以没有数据采集器程序,而直接用条码扫描器来完成输入程序的工作)。数据交换服务自动完成与 ERP 的数据实时交换,从 ERP 系统读取基础数据、单据数据及业务配置数据等,并从数据采集器接收实际的作业数据,检查并控制作业数据的有效性及合法性,将作业数据回写 ERP 系统,生成各类库存单据。条码打印程序从 ERP 系统读取基础数据,并根据预设的标签格式打印各类物料条码标签。

(2) 硬件部分。其包含读取条码的条码扫描设备和打印条码的条码打印机。

### (二)条码自动识别技术在物流领域中的应用

条码自动识别技术可应用在物流管理的各个方面。例如,在仓储管理中的应用、在配送中心的应用、在零售业中的应用以及在生产物流中的应用。

#### 1. 条码在仓储管理中的应用

利用条码技术,对企业的物流信息进行采集跟踪的管理信息系统,通过对生产制造业的物流跟踪,以满足企业针对仓储运输等信息管理的需求。条码的编码和识别技术的应用解决了仓库信息管理中录入和采集数据的"瓶颈"问题,为仓库信息管理系统的应用提供了有力的技术支持。

(1) 货物库存管理。仓库管理系统根据货物的品名、型号、规格、产地、品牌、包装等划分货物品种,并且分配唯一的编码,也就是"货号"。分货号管理货物库存和管理货号的单件集合,并且应用于仓库的各种操作。

(2) 仓库库位管理。仓库可分为若干个库房,每一间库房可分若干个库位。库房是仓库中独立和封闭的存货空间,库房内空间细划为库位,细分能够更加明确定义存货空间。仓库管理系统是按仓库的库位记录仓库货物库存,在产品入库时将库位条码号与产品条码号一一对应,在出库时按照库位货物的库存时间可以实现先进先出或批次管理。

(3) 货物单件管理。采用产品标识条码记录单件产品所经过的状态,可完成产品的跟踪管理。

(4) 仓库业务管理。其包括出库、入库、盘库、月盘库、移库,不同业务以各自的方式进行,可完成仓库的进、销、存管理。

(5) 更加准确地完成仓库出入库。仓库利用条形码采集货物单件信息,处理采集数据,建立仓库的入库、出库、移库、盘库数据,这样能使仓库操作完成更加准确。它能够根据货物单件库存为仓库货物出库提供库位信息，使仓库货物库存更加准确。

### 2. 条码在运输中的应用

条码在包裹、货物运输上扮演了越来越重要的角色，特别是近几年来，许多国家的运输公司纷纷采用一维条码和二维条码 PDF417 相结合的标签来实现货物运输中的条码跟踪和信息传递。PDF417 信息容量大，可以储存包裹、货物的详细信息，并且它容易打印，可以采用原来的标签打印机打印，同时可以根据需要进行加密，以防止数据的非法篡改。此外，由于 PDF417 具有很强的自动纠错能力，因此在实际的包裹运输中，即使条码标签受到一定的污损，PDF417 依然可以被正确地识读。PDF417 这些突出的特点，使它被广泛应用在各个国家的邮局、铁路、机场、码头等的包裹和货物运输上，实现了货物运输的全过程跟踪，消除了数据的重复录入，加快了货物运输的数据处理速度，降低了对计算机网络的依赖程度，从而实现了物流管理和信息流管理的完美结合。

货架上条码和快递单上条码的示例，如图 2-6 和图 2-7 所示。

图 2-6　货架上条码

图 2-7　快递单上条码

### (三)条码设备

条码设备一般包括条码标签打印机、条码扫描器和数据采集设备。

### 1. 条码标签打印机

条码打印机是一种专用的打印机。条码打印机和普通打印机最大的区别，就是条码打印机的打印是以热为基础、以碳带为打印介质(或直接使用热敏纸)完成打印的，这种打印方式相对于普通打印方式的最大优势是它可以在无人看管的情况下实现连续高速打印。它所打印的内容一般为企业的品牌标识、序列号标识、包装标识、条码标识、信封标签和服装吊牌等。

常用的条码打印机品牌有斑马、易腾迈、东芝、台半、力象等。图2-8所示为条码打印机示例图。

图2-8　条码打印机

### 2. 条码扫描器

条码扫描器，又称为条码阅读器、条码扫描枪。它是用于读取条码所包含信息的阅读设备，利用光学原理把条码的内容解码后通过数据线或者无线的方式传输到电脑或者别的设备，被广泛应用于超市、物流快递、图书馆等扫描商品、单据上的条码。

条码扫描器按照使用方式可分为手持式、二维扫描器、固定式和无线式。图2-9展示了两种条码扫描器。

图2-9　条码扫描器

### 3. 数据采集设备

数据采集是指从传感器和其他待测设备等模拟和数字被测单元中自动采集信息的过程。数据采集系统是结合基于计算机的测量软硬件产品来实现灵活的、用户自定义的测量系统。按照使用方式,可分为手持终端数据采集设备和无线网络数据采集设备。图 2-10 展示的是手持终端数据采集设备。

图 2-10　手持终端数据采集设备

# 任务二　条码技术应用操作实训

## 一、实训目的

(1) 了解条码的概念、特点、分类、构成及编制条码的原则。
(2) 掌握条码技术在物流领域中的应用。

## 二、实训任务

班级分小组,5~8 人一组,在实训室进行条码设备操作。
要求:
(1) 辨识实训室货架、物料箱、托盘上的条码。
(2) 用条码系统软件制作条码。
(3) 用条码打印机打印出相对应的条码。

### 北京华联综合超市条码应用

信息化的管理手段是连锁企业生存和发展的命脉。如何借助 IT 技术,提供全面数字化、实时化和精细化的管理,成为连锁企业运作的首要问题。正是有了强大而先进的条码信息管理系统的支持,商业巨型航母——北京华联综合超市(以下简称"华联")才得以将先进的管理思想和经营理念充分施展。条码自动识别技术的应用大大缩减了服务成本,使华联这样的连锁企业发展为高技术含量的企业。

条码技术的出现使数据尤其是连锁业的数据采集难题迎刃而解，成为迄今为止最经济实用的一种自动识别和数据采集技术，具有操作简单、信息采集速度快、采集信息量大、可靠性高等优点。随着1997年国家内贸部针对零售领域推广应用条码技术以来，我国的零售业特别是贴近消费者生活的大型卖场、连锁超市和便利店得到了极大的发展。这项技术的采用使得产品的生产、配送和销售等供应链各环节之间得到了有效的配合，逐步完善了贯通整个物流全过程的数字化、信息化建设，使得大量繁杂的商品交换实现了有序化的管理，大大提高了各环节间数据交换的准确性和可控性。

北京华联综合超市有限公司是国内贸易局"全国华联商厦集团"所属企业。自1997年在北京注册成立以来，北京华联综合超市历经多年的发展已在北京、南京、武汉、太原、合肥、兰州、西宁、南昌、南宁、大连、苏州、常州、榆次、镇江、昆山、上海、广州、杭州、哈尔滨、长春、成都、西安、呼和浩特、郑州、梧州等20多个城市，截至2012年10月，开设了120余家大型综合超市。早在2000年，北京华联综合超市开始在商品零售、出入库管理、库存盘点等环节应用条码信息管理系统。条码的使用包括：①商品流通的管理。②供应商的管理。③员工的管理。

超市中的商品流通包括：收货、入库、点仓、出库、查价、销售、盘点等，具体操作如下：①收货。收货部员工利用无线数据采集终端，通过无线网与主机连接的无线数据采集终端上已有此次要收的货品名称、数量、货号等资料，通过扫描货物自带的条码，确认货号，再输入此货物的数量，无线手提终端上便可马上显示此货物是否符合订单的要求。如果符合，便把货物送到入库步骤。②入库和出库。入库和出库其实是仓库部门重复以上的步骤，增加这一步只是为了方便管理，落实各部门的责任，也可防止有些货物收货后需直接进入商场而不入库所产生的混乱。③点仓。点仓是仓库部门最重要，也是最必要的一道工序。仓库管理人员手持无线数据终端(通过无线网与主机连接的无线手提终端上已经有各货品的货号、摆放位置、具体数量等资料)扫描货品的条码，确认货号，确认数量。所有的数据都会通过无线网实时地传送到主机。④查价。查价是超市的一项烦琐的任务。因为货品经常会有特价或调整的时候，混乱也容易发生，所以售货员携带无线数据终端及便携式条码打印机，按照无线数据终端上的主机数据检查货品的变动情况，对应变而还没变的货品，马上通过无线数据终端连接便携式条码打印机打印更改后的条码标签，贴于货架或货品上。⑤销售。销售一向是超市的命脉，主要是通过POS系统对产品条码的识别而体现等价交换，为提高效率及加快顾客结账速度，华联超市在各连锁超市选用NCR固定式扫描器代替原来的手持式条码扫描器，加快了各通道的结算速度。⑥盘点。盘点是超市收集数据的重要手段，也是超市必不可少的工作。以前的盘点，必须暂停营业来进行手工清点，盘点周期长、效率低，期间对生意的影响及对公司形象的影响之大无可估量。作为世界性大型超市的代表，其盘点方式已进行必要的完善，其主要分抽盘和整盘两部分。抽盘是指每天的抽样盘点，每天分几次，计算机主机将随意指令售货员到几号货架、清点什么货品。售货员只需手拿无线数据终端，按照通过无线网传输过来的主机指令，到几号货架扫描指定商品的条码，确认商品后对其进行清点，然后把资料通过无线手提终端传输至主机，主机再进行数据分析。整盘顾名思义就是整店盘点，是一种定期的盘点，超市分成若干区域，分别由不同的售货员负责，也是通过无线数据终端得到主机上的指令，按指定的路线、指定的顺序清点货品，然后不断把清点资料传输回主机，盘点期间根本不影响超市的正常营业。因为平时做的抽盘和定期的整盘加上所有的工作都是实时性地和主机进行数据交换，所以，主机上资料的准确性十分高，整个超市的运作也一目了然。⑦供应商管理。华联超市使用条码对供应商进行管理，主要是要求供应商的供应货物必须有条码，以便进行货物的追踪服务。供应商必须把条码的内容含义清晰地反映给超市，超市将逐渐通过货品的条码进行订货。

(资料来源：http://www.chinawuliu.com.cn/xsyj/200606/26/130800.shtml)

# 任务三　无线射频技术识别

## 一、无线射频技术的内涵

### (一)含义

无线射频技术 RFID 又称电子标签。射频识别技术是 20 世纪 90 年代开始兴起的一种自动识别技术，射频识别技术是一项利用射频信号通过空间耦合(交变磁场或电磁场)实现无接触信息传递并通过所传递的信息达到识别目的的技术。其设备如图 2-11 所示。

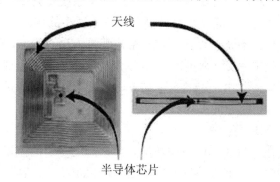

图 2-11　RFID 技术设备

射频识别技术的发展可按 10 年期进行划分，具体内容如下所述。

(1) 1940—1950 年：雷达的改进和应用催生了射频识别技术，1948 年奠定了射频识别技术的理论基础。

(2) 1950—1960 年：早期射频识别技术的探索阶段，主要处于实验室的实验研究。

(3) 1960—1970 年：射频识别技术的理论得到了发展，开始了一些应用尝试。

(4) 1970—1980 年：射频识别技术与产品研发处于一个大发展时期，各种射频识别技术测试得到加速，出现了一些最早的射频识别应用。

(5) 1980—1990 年：射频识别技术及产品进入商业应用阶段，各种规模应用开始出现。

(6) 1990—2000 年：射频识别技术标准化问题日益得到重视，射频识别产品得到广泛采用并逐渐成为人们生活中的一部分。

(7) 2000 年后：标准化问题日益为人们所重视，射频识别产品种类更加丰富，有源电子标签、无源电子标签及半无源电子标签均得到发展，电子标签成本不断降低，规模应用行业扩大。

至今，射频识别技术的理论已得到丰富和完善。单芯片电子标签、多电子标签识读、无线可读可写、无源电子标签的远距离识别、适应高速移动物体的射频识别技术与产品正在成为现实并走向应用。

## (二)RFID 系统的分类

根据 RFID 系统完成的功能不同，可以粗略地把 RFID 系统分成四种类型：EAS 系统、便携式数据采集系统、物流控制系统和定位系统。

### 1. EAS 系统

EAS (Electronic Article Surveillance，电子商品防窃系统)是一种设置在需要控制物品出入的门口的 RFID 技术。这种技术的典型应用场合是商店、图书馆、数据中心等场所，当未被授权的人从这些地方非法取走物品时，EAS 系统会发出警告。在应用 EAS 技术时，首先应在物品上黏附 EAS 标签，当物品被正常购买或者合法移出时，在结算处通过一定的装置使 EAS 标签失活，物品就可以取走。物品经过装有 EAS 系统的门口时，EAS 装置能自动检测标签的活动性，发现活动性标签，EAS 系统就会发出警告。EAS 技术的应用可以有效防止物品被盗，不管是大件的商品，还是很小的物品。应用 EAS 技术，物品不用再锁在玻璃橱柜里，而是可以让顾客自由地观看、检查商品，这在自选日益流行的今天有着非常重要的现实意义。典型的 EAS 系统一般由三部分组成：①附着在商品上的电子标签、电子传感器；②电子标签灭活装置，以便授权商品能正常出入；③监视器，在出口形成一定区域的监视空间。

EAS 系统的工作原理是：在监视区，发射器以一定的频率向接收器发射信号。发射器与接收器一般安装在零售店、图书馆的出入口，形成一定的监视空间。当具有特殊特征的标签进入该区域时，会对发射器发出的信号产生干扰，这种干扰信号也会被接收器接收，再经过微处理器的分析判断，就会控制警报器的鸣响。根据发射器所发出的信号不同以及标签对信号干扰原理的不同，EAS 可以分成许多种类型。关于 EAS 技术最新的研究方向是标签的制作，人们正在讨论 EAS 标签能不能像条码一样，在产品的制作或包装过程中加进产品中，成为产品的一部分。

### 2. 便携式数据采集系统

便携式数据采集系统是使用带有 RFID 阅读器的手持式数据采集器采集 RFID 标签上的数据。这种系统具有比较大的灵活性，适用于不宜安装固定式 RFID 系统的应用环境。手持式阅读器(数据输入终端)可以在读取数据的同时，通过无线电波数据传输方式实时地向主计算机系统传输数据，也可以暂时将数据存储在阅读器中，再一批一批地向主计算机系统传输数据。

## 3. 物流控制系统

在物流控制系统中，固定布置的 RFID 阅读器分散布置在给定的区域，并且阅读器直接与数据管理信息系统相连，信号发射机是移动的，一般安装在移动的物体、人上面。当物体、人流经阅读器时，阅读器会自动扫描标签上的信息，并把数据信息输入数据管理信息系统存储、分析、处理，以达到控制物流的目的。

## 4. 定位系统

定位系统用于自动化加工系统中的定位以及对车辆、轮船等进行运行定位支持。阅读器放置在移动的车辆、轮船上或者自动化流水线中移动的物料、半成品、成品上，信号发射机嵌入操作环境的地表下面。信号发射机上存储有位置识别信息，阅读器一般通过无线的方式或者有线的方式连接到主信息管理系统。RFID 定位系统示意图如图 2-12 所示。

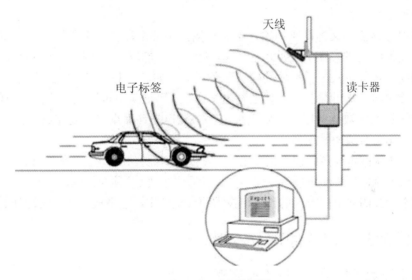

图 2-12　RFID 定位系统

## (三)RFID 标签的类别

RFID 标签可分为被动式、半主动式(也称作半被动)和主动式三类。

### 1. 被动式

被动式标签没有内部供电电源。其内部集成电路通过接收到的电磁波进行驱动，这些电磁波是由 RFID 读取器发出的。当标签接收到足够强度的信号时，可以向读取器发出数据。这些数据不仅包括 ID 号(全球唯一标识 ID)，还可以包括预先存在于标签内 EEPROM 中的数据。

由于被动式标签具有价格低廉、体积小巧、无须电源的优点，目前市场上的 RFID 标签主要是被动式的。

## 2. 半主动式

一般而言，被动式标签的天线有两个任务：①接收读取器所发出的电磁波，借以驱动标签 IC；②标签回传信号时，需要靠天线的阻抗作切换，才能产生 0 与 1 的变化。半主动式类似于被动式，不过它多了一个小型电池，电力恰好可以驱动标签 IC，使 IC 处于工作的状态。这样的好处在于，天线可以不用管接收电磁波的任务，充分作为回传信号之用。比起被动式，半主动式有更快的反应速度、更好的效率。

## 3. 主动式

与被动式和半主动式不同的是，主动式标签本身具有内部电源供应器，用以供应内部 IC 所需电源以产生对外的信号。一般来说，主动式标签拥有较长的读取距离和较大的记忆体容量，可以用来存储读取器所传送来的一些附加信息。

射频识别技术包括一整套信息技术基础设施，其中有射频识别标签、阅读器和数据交换与管理系统。

射频识别标签，又称射频标签、电子标签，主要由存有识别代码的大规模集成线路芯片和收发天线构成。目前主要为无源式，使用时电能取自天线接收到的无线电波能量、射频识别读写设备以及与其相应的信息服务系统，如进、存、销系统的联网等。

阅读器可将主机的读写命令传送到电子标签，再把从主机发往电子标签的数据加密，将电子标签返回的数据解密后送到主机。数据交换与管理系统主要完成数据信息的存储及管理、对卡进行读写控制等。

将射频识别技术与条码技术相互比较，射频类别拥有许多优点，如：可容纳较多容量，通信距离长，难以复制，对环境变化有较高的忍受能力、可同时读取多个标签。相对地也有建置成本较高的缺点。但目前透过该技术的大量使用，生产成本就可大幅降低。

# 二、无线射频技术的原理及应用

## (一)无线射频技术 RFID 工作原理及组成

### 1. 工作原理

RFID 的工作原理是标签进入磁场后，如果接收到阅读器发出的特殊射频信号，就能凭借感应电流所获得的能量发送出存储在芯片中的产品信息(即 Passive Tag，无源标签或被动标签)，或者主动发送某一频率的信号(即 Active Tag，有源标签或主动标签)，阅读器读取信息并解码后，送至中央信息系统进行有关数据处理。

RFID 工作原理示意见图 2-13。

### 2. RFID 系统的组成

(1) 电子标签。电子标签也称应答器，根据工作方式可分为主动式(有源)和被动式(无源)两大类，这里主要研究被动式 RFID 标签及系统。被动式 RFID 标签由标签芯片和标签天线或线圈组成，利用电感耦合或电磁反向散射耦合原理实现与读写器之间的通信。RFID 标签中存储一个唯一编码，通常为 64、96 甚至更高，其地址空间大大高于条码所能提供的空间，因此可以实现单品级的物品编码。当 RFID 标签进入读写器的作用区域，就可以根据电感耦合原理(近场作用范围内)或电磁反向散射耦合原理(远场作用范围内)在标签天线两端产生感应电势差，并在标签芯片通路中形成微弱电流，如果这个电流强度超过一个阈值，就将激活 RFID 标签芯片电路工作，从而对标签芯片中的存储器进行读/写操作，微控制器还可以进一步加入诸如密码或防碰撞算法等复杂功能。RFID 标签芯片的内部结构主要包括射频前端、模拟前端、数字基带处理单元和 EEPROM 储存单元四部分。

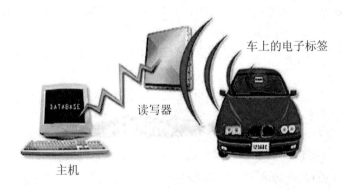

图 2-13　RFID 工作原理示意图

(2) 读写器。读写器也称阅读器、询问器，它是对 RFID 标签进行读/写操作的设备，主要包括射频模块和数字信号处理单元两部分。读写器是 RFID 系统中最重要的基础设施，一方面，RFID 标签返回的微弱电磁信号通过天线进入读写器的射频模块中转换为数字信号，再经过读写器的数字信号处理单元对其进行必要的加工整形，最后从中解调出返回的信息，完成对 RFID 标签的识别或读/写操作；另一方面，上层中间件及应用软件与读写器进行交互，实现操作指令的执行和数据汇总上传。在上传数据时，读写器会对 RFID 标签原子事件进行去重过滤或简单的条件过滤，将其加工为读写器事件后再上传，以减少与中间件及应用软件之间数据交换的流量，因此在很多读写器中还集成了微处理器和嵌入式系统，实现一部分中间件的功能，如信号状态控制、奇偶位错误校验与修正等。未来的读写器呈现出智能化、小型化和集成化趋势，还将具备更加强大的前端控制功能，例如，直接与工业现场的其他设备进行交互甚至是作为控制器进行在线调度。

(3) 天线。天线是 RFID 标签和读写器之间实现射频信号空间传播和建立无线通信连接的设备。

(4) 管理应用软件系统。它是直接面向 RFID 应用最终用户的人机交互界面，以协助使用者完成对读写器的指令操作以及对中间件的逻辑设置，逐级将 RFID 原子事件转化为使用者可以理解的业务事件，并使用可视化界面进行展示。由于应用软件需要根据不同应用领域的不同企业专门制定，因此很难具有通用性。从应用评价标准来说，使用者应用软件端的用户体验是判断一个 RFID 应用案例成功与否的决定性因素之一。

(5) 中间件。中间件是一种面向消息的、可以接受应用软件端发出的请求、对指定的一个或者多个读写器进行操作并接收、处理后向应用软件返回结果数据的特殊化软件。

中间件在 RFID 应用中除了可以屏蔽底层硬件带来的多种业务场景、硬件接口、适用标准造成的可靠性和稳定性问题外，还可以为上层应用软件提供多层、分布式、异构的信息环境下业务信息和管理信息的协同。中间件的内存数据库还可以根据一个或多个读写器的读写器事件进行过滤、聚合和计算，抽象出对应用软件有意义的业务逻辑信息构成业务事件，以满足来自多个客户端的检索、发布或订阅和控制的请求。

### (二)无线射频技术 RFID 的应用

短距离射频识别产品能够适应油渍、灰尘污染等恶劣的环境，可在这样的环境中替代条码，例如用在工厂的流水线上跟踪物体。

长距离射频识别产品多用于交通运输，识别距离可达几十米，如自动收费或识别车辆身份等。

(1) 在零售业中，条码技术的运用可使数以万计的商品种类、价格、产地、批次、货架、库存、销售等各环节被管理得井然有序。

(2) 采用车辆自动识别技术，可使路桥、停车场等收费场所避免车辆排队通关现象，减少等待时间，从而极大地提高交通运输效率及交通运输设施的通行能力。

(3) 在自动化的生产流水线上，整个产品生产流程的各个环节均被置于严密的监控和管理之下。

(4) 在粉尘、污染、寒冷、炎热等恶劣环境中，长距离射频识别的运用改善了卡车司机必须下车办理手续的不便。

(5) 在公交车的运行管理中，自动识别系统可以准确地记录车辆在沿线各站点的到发站时刻，为车辆调度及全程运行管理提供实时可靠的信息。

(6) 在设备管理中，RFID 自动识别技术可以将设备的具体位置与 RFID 读取器绑定，当设备移动给出了指定读取器的位置时，记录其过程。

RFID 电子标签的技术应用非常广泛，市场分析师估计，目前典型应用有动物晶片、门禁设置、航空包裹识别、文档追踪管理、包裹追踪识别、畜牧业、后勤管理、移动商务、产品防伪、运动计时、票证管理、汽车晶片防盗器、停车场管制、生产线自动化和物料管理等。

RFID 在物流方面也有很多应用，物流管理的本质是通过对物流全过程的管理，实现降低成本和提高服务水平这两个目的。如何以低廉的成本和优越的条件去保证正确的客户在正确的时间和正确的地点，得到正确的产品，成为物流企业追求的最高目标。为此，掌握存货的数量、形态和分布，提高存货的流动性就成为物流管理的核心内容。一般来说，企业存货的价值要占企业资产总额的 25% 左右，占企业流动资产的 50% 以上。所以物流管理工作的核心就是对供应链中存货的管理。

在运输管理方面采用射频识别技术，只需要在货物的外包装上安装电子标签，在运输检查站或中转站设置阅读器，就可以实现资产的可视化管理。在运输过程中，阅读器将电子标签的信息通过卫星或电话线传输到运输部门的数据库，电子标签每通过一个检查站，数据库的数据就得到更新，当电子标签到达终点时，数据库关闭。与此同时，货主可以根据权限访问在途可视化网页，来了解货物的具体位置，这对提高物流企业的服务水平有着重要意义。

知识拓展

### RFID 及其在仓储物流系统应用的特点

与条码技术比较，射频识别技术的优势更加出色，它几乎可以在同一时间读取非直线视距区域内的所有电子标签。所以对自动识别技术来说，条码是起点，而 RFID 不管从哪方面都有质的飞跃。同时，RFID 也是自动识别技术的重大技术难题之一。RFID 的读写器进行数据交换是通过无线射频信号和电子标签完成。它的工作模式是半双工与单频率点，如果同时和多个电子标签进行通信，就会发生数据间干扰、信道争夺和通信冲突等问题。射频识别系统在工作时，在电子标签和读写器之间关于通信冲突方面的问题，一般包括电子标签之间冲突和读写器之间冲突。由仓储物流自动化系统中的通信模式可知，在电子标签冲突方面主要包括多个标签碰撞冲突，同时，在软/硬件方面的多个标签防冲突算法的性能的好坏决定了仓储物流自动化系统性能的好坏。

目前，在仓储物流系统中，作为物流结点的大部分仓库工作主要是由电脑和人工的半自动化来完成作业。这样就需要大量的人工来完成物品位置的摆放、盘点以及它的出/入库登记等工作。为了改进人工作业的局限性，将 RFID 技术与仓储物流自动化系统结合。利用 RFID 系统中电子标签在工作中不易被污染、划伤、磨损及体积小，操作方便等优点，当贴有标签的货物经过阅读器的工作范围内，阅读器就能同时读取多个电子标签，掌握货物生产日期、原材料、产地等多个信息，这样对于仓储物流系统的工作效率、信息的追踪、信息的准确性都会有很大的提高。将 RFID 技术应用在仓储物流系统中的结点自动化立体仓库的设计中就能实现物品的出/入库控制、物品存放位置以及对于物品的数量统计、信息查询过程的自动化，以便于工作人员进行物资流动情况的统计、查询等。

(1) 系统组成。

基于 RFID 技术的系统硬件主要有主机、打印机、出/入库读写器、位置读写器、移动读写器和电动控制门等。主机安装的软件对出/入库读写器和所有读写器进行控制。

(2) 物资定位。

货物进出仓库的任何区域时都会被该区的位置读写器和移动读写器记录。由逻辑电路判断该物品的进出方向。主机接收该记录及进出标识，并对数据库进行修改。当货物进入某一区域，就将记录添加到该区的数据库，反之则删除记录。

(3) 出/入库控制。

系统中的出/入库读写器与位置读写器相似，安装了红外线接收器来判断是出库还是入库操作。另外，电动挡板是在人工指令和出/入库读写器指令控制下工作，读写器工作异常也可人为强制打开和闭合。

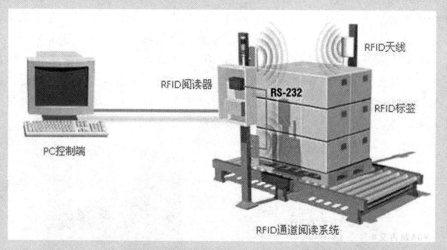

(4) 物资清点。

工作人员可以手持移动读写器在仓库完成物资清点。流程分为：一种是分区域进行，读写器读取 RFID 电子标签的信息，将记录传给主机存入新数据库；另一种是一个区域读取完毕后，主机进行该区域的新旧数据库比较并记录结果。盘点结束后，生成物资统计报表和差异报表。通常情况下，由于电子标签的读写距离较短，所以需要规范仓库管理人员的操作，以保证数据读写有效。另外，由于电子标签价格较高，仓库内的物品种类多，数量大，因此就需要合理地配置电子标签，使系统的性价比最佳。

(资料来源：www.agvsz.com 新闻资讯)

## 任务四　无限射频技术应用操作实训

### 一、实训目的

(1) 了解 RFID 的硬件与软件系统，以及与条码技术的区别。

(2) 掌握 RFID 技术在物流领域中的应用。

## 二、实训设备及软件

(1) 自动化立体仓库。
(2) 仓储管理业务管理软件。

## 三、实训任务

班级分小组，5~8 人一组，在实训室进行 RFID 设备操作。
要求：
(1) 简述实训室内 RFID 技术应用与条码应用的区别。
(2) 正确操作 RFID 技术设备。

# 本 章 小 结

通过本章的学习，可以对自动识别与采集技术有一定的了解。本章内容分为两个任务，即"条码技术识别"和"无线射频技术识别"，能够使同学们学习后通晓、识别相关设备的配置和使用；能运用条码知识判断一维、二维条码，识别常见的不同码制的商品条码；能在物流系统中运用条码及相关设备，并且能区分 RFID 技术应用与条码应用的不同；以及能够掌握两种自动识别与采集技术在物流领域中的应用。

# 习 题

**填空题**

1. 按条码的维数，条码可分为_____，_____，_____。
2. 条码设备包括_____、_____和数据采集设备。
3. 短距离射频识别产品不怕油渍、灰尘污染等恶劣的环境，可在这样的环境中替代_____。

# 案 例 分 析

**RFID 标签如何选型**

RFID 技术作为目前数据自动采集的主要手段之一，电子标签是 RFID 系统中不可或缺的组成部分，但在多数情况下，标签的通用性并不强，而是可以根据场景需求选择不同的电子标签。比如说，从频段上来说，可以分为 LF、HF、UHF、2.4G 和 5.8G 等，不同频段有各自的优势和不足——低频产品有很好的穿透性，但数据传输速率有限，就可以适用于动物管理；高频(HF)因其读距和协议的限制往往适用于支付和各种身份识别；无源超高频(UHF)可以远距离读取，最重要的特性是一次性批量读取，却容易受环境干扰，尤其是金属与液体，主要应用于服装零售与物流仓储；2.4G 和 5.8G 有源产品信号稳定，数据传输量大，读取距离非常远，但电池耐用性差和价格高是其应用的短板。

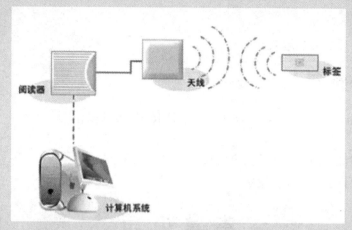

同一频段的产品，因为使用环境的不同，其封装形态，安装方式也有巨大的差异，以 HF 为例，用于支付和身份管理，往往采用 PVC 卡的形式；用于防伪溯源时，可以选用易碎纸或铜版纸的方式。同一频段产品的同一应用，因为客户所遇问题的特殊性，也呈现出一定的差异性。比如，HF 易碎标签用于奶粉的追溯时，若奶粉罐表面是塑料材质，可以直接粘贴，若是金属材质，还要考虑加上一层吸波材料。

总体而言，标签的频段特点、应用场景、性能指标和安装方式的不同要求，影响了 RFID 的标准化，因此 RFID 电子标签定制化开发是决定 RFID 系统应用能否成功的关键因素。那么如何进行标签定制？电子标签定制化开发是一项系统工程，以笔者的经验大致需要经历 6 个阶段：需求评估，初步选型，成本评估，样品开发，场景实测，选型优化，耗费的时间依项目需求的复杂程度不尽相同，短的可能只要半个月，长的或需三个月以上。

**1. 需求评估**

需求评估是最关键的步骤，我们需要根据用户的应用场景评估是否需要 RFID 技术。并不是所有的应用都适合采用 RFID 技术，比如许多初级的农业和工业产品的溯源——白菜、柚子、钢材、管件等，这类产品因为本身价值不高，成本上无法承受，在应用过程中还会因为物品的干扰而影响应用效果。因此往往选用成本更低的条码技术解决问题。

那么何时选用 RFID 技术呢？以机场行李分拣为例，首先是成本上，航空业体量大，服务价值高，对效率的要求非常高，同时对效率成本的容纳也高；其次是技术上，行李条码标识无法固定在位置上，若采用条码技术，很难进行批量的读取和处理，一对一的读取往往还需要人工协助，效率低且成本高。这就形成了对 RFID 技术的一种强需求——UHF 技术可以采用相对较低的成本，极大提高行李分拣速度，同时保证准确性。即需求评估是根据用户的应用场景确认 RFID 能否满足技术和成本两大指标的要求，若能满足，则采用此项技术。

**2. 初步选型**

在明确使用 RFID 技术可以解决需求的"痛点"后，那么下一步的关键就是标签的选型。根据需求评估的结果，选定标签频段，产品尺寸，芯片类型，封装形态和安装方式等。我们以一款易碎标签的选型为例，介绍流程：A 客户需要一款标签用于高档消费类产品的外包装纸盒，目的是防伪和溯源。为了便于消费者验证，我们建议采用高频 14443A 协议；纸盒是方形的，折口位置有一定的弹力，我们建议采用既有防撕效果，又很柔韧的铜版纸材质封装。为了便于安装，我们采用背胶粘贴的方式。在芯片选型时，客户提出采用他们提供的一款芯片，为此，我们根据芯片资料重新研发了一款选型；考虑到折口位置需要略长的标签，尺寸过大会增加成本，我们推荐给客户一款尺寸合宜的长方形标签。

**3. 成本评估**

在初步选型满足客户要求后，根据其结果，进行成本评估。影响成本的因素主要是芯片类型、封装形态、产品尺寸和数据要求，首先是芯片，根据需求的不同可以选用进口或国产的芯片，一般而言，进口芯片的价格会高一些，存储容量越大的芯片价格越高，功能越多的芯片价格越高，如加密功能、TD 功能、双频功能等。其次是封装，封装的结构越复杂，封装的难度越大，成本是越高的。尺寸也是影响因素，一般是尺寸越大价格越高，但在微型标签领域，由于加工难度变大，反而是尺寸越小价格越高。数据要求主要涉及表面打码、写入数据、提取数据和数据关联等，每一项都会增加成本。因为这些因素的影响，我们一般会提供 3~4 套方案给客户参考，让其从中选择最优的方案进行样品开发。

**4. 样品开发**

样品开发的过程，最重要的并不是研发费用的多少，而是研发周期的长短。这部分工作花费的时间越短，项目后期的应变空间越大，项目的成功率也越高。样品研发需要几个必备的步骤，包括天线设计，材料制作，天线蚀刻，手工制作，实测验证等。我们仍以 A 客户为例，天线设计 5~10 个工作日，制作和验证 10 个工作日。在这里需要强调一下，如果是常规的封装形态与工艺技术已确认的情况，主要的开发时间在天线的设计上；如果碰到一种新的封装形态需要尝试不同的工艺技术，在研发过程中的不确定因素会比较多，无法保证一次性成功，需要耗费更长的时间。样品开发速度的快慢是考验一家 RFID 电子标签企业定制化能力的关键指标。

### 5. 场景实测

样品开发出来后，如果有条件的话需要先模拟应用场景进行测试，并做相关可靠性的测试。客户收到样品后，会进行场景实测，评估效果，提出优化建议，包括性能是否达标，尺寸是否调整，印刷和数据是否变更等。

### 6. 选型优化

如果初次样品未能达到项目需求，需要分析客户测试反馈的数据，甚至有必要到现场实地调研，汇总各种信息，确认优化方案，并进行第二次打样和实测。因此，一个完整的样品研发周期，最快大约需要一个月的时间。如上所述，我们不难看出，RFID 系统方案电子标签定制化的探讨和选型需要时间，过程中的诸多因素需要逐一确认，一名合格的销售人员在接到客户询盘的初期，需要为客户提供有价值的需求分析与产品方案评估，而不只是糊里糊涂地报价，这是不负责的做法。但在实际的工作实践中，客户往往忽略了需求的本质，急急忙忙地要求供应商报价，一旦报完价格结果经常是不了了之。任何产品只有让客户的商业价值获得成功才是真正有价值的，RFID 也不例外，所以要定制化一款性价比高的 RFID 电子标签，就需要供应链的上下游相互信任，共同参与、互通有无。

(资料来源：https://baijiahao.baidu.com/s?id=1608667449921622278&wfr=spider&for=pc)

**思考题**

1. 为什么需要对 RFID 的电子标签进行定制化？
2. RFID 标签的定制要经历哪些过程？

# 第三章　物联网技术

## 【知识目标】

物联网的含义、产生背景。
物联网的技术架构。

## 【能力目标】

- 能识别物联网的含义，物联网与互联网的区别与联系。
- 能熟悉物联网技术的应用。

## 【素质目标】

理解物联网对未来生活的影响和改变。

### 引导案例

#### 以物链：一个神奇的物联网生活方式

20世纪90年代，一群卡耐基梅隆大学的程序员去楼下自动售货机买可乐时，经常会碰上缺货或可乐不是很凉的情况，这群懒家伙灵机一动，写了个程序来监控可乐的实时状态：是否有货，是否够凉，并把这台自动售货机连进网络——这台自动售货机，大概算是物联网的鼻祖之一。

可能，目前你的家用电器还不够智能；可能，你的信息数据还不能完全被收录；可能，你觉得万物互联的时代还要等到2049年才有眉目。但其实，你早已成为物联网中的一员，并且受益良久。

你网购过没有？当你下单后，产品安排出库，通过RFID技术便拥有了射频标签。这些标签上传至网络，经读取应用后就以物流信息形式出现在你的眼前。近年来，有了GPS的加入，你便可以清晰地看见货物随着卡车跑到了何地，将由哪位送货小哥亲自送到你的府上，而商家也知道何时会收到你的货款。如果从技术的角度出发，物联网就是把所有的物品通过射频等信息传感设备与互联网连接起来，实现智能化识别和管理。因此你的这次消费就是物联网中一次成功的操作。

你打过滴滴没有？那些成天被你呼来唤去滴滴用车也是物联网的一个例证。当你发布信息的一刻，手机就是镶嵌在滴滴网络上的一个传感器。在数据中心历经1000次运算后，你的信息就会推送给当前合适的司机。他对你的目的地了如指掌，你对他的行踪也尽在眼里。你不担心他放你鸽子，他也不怕你不付车费。最终，你们相视一笑，一辆别人的车就为你这件特殊的"货物"开启了在物联网信道里的行程。

正因物联网已非新事，我们以物链才有了为之再度翻新的机会。在现阶段，很多物联网消费品仍停留在感测、记录、上传的阶段，除了简单的数据与图像化显示之外没有什么智能服务，更谈不上让更多的智能设备服侍你，也就是玩得不够深，不够精，不够好！而以物链可以应用区块链技术，打开物联网存在的诸多死结，在未来让智能服务更从容，更周到，更广泛，更贴心。

我们仍以滴滴为例，滴滴每日峰值订单超过2000万单，每日处理数据达2000TB，相当于200万部电影。这些海量数据的运算与处理全赖中心化机构去操作执行与分配。滴滴每单的抽成不仅用于企业盈利，消耗在数据处理上的成本也很可观。假如，一旦数据出现了极其重大的bug就会是这样的场景：你的钱已经付过，车却无法接你出门！他们若无其事地跑单，你只能默默承受！因为没有人为你做证你叫了这辆车！而且整个过程，企业也是无辜的受害者。你怪不得滴滴，只能用真金白银慰藉一下同样身处茫然的公司了。

以物链的玩法就不同了，例如，以物链为打车系统制定一个智能合约，你在这个合约内叫车，发生了具体交易。那分散在系统内的各个运算单位，将会把此次出行交易打包成区块，并通过统一的算法构建起一个网络。每一个节点上的人都会证明你付了钱，

第三章　物联网技术

并应该享受此次某位司机为你带来的出行服务。而连接到系统内的各种智能设备都会为你开启：你希望听摇滚，音响就会为播放《一起摇摆》；你想快点去给女神买花，导航会为你检索最快的路径。如果司机在途中抽了一支令你难受的烟，他的"劣行"将会被你记录在案，并且广而告之。而你，下车后，只管潇洒离去。

如果这一系列复杂行为的产生交给传统的中心机构去处理，成本一定入不敷出。而在以物链的设计中，因为有着数以亿计的计算单位，这些成本将分散出去，降至最低。当然，以物链的物联网发展方向绝不限于现有的汽车领域。它会因智能设备的普及，延伸至生活的诸多场景。让万物为你互联。比如，临下车前，花店小妹已经根据你的数据备好你要的红色玫瑰。当你手捧鲜花走向女神时，你发现，你的女神也为你身披一袭你最喜欢的红色。然后，你们相见，开启了一瓶从智能冰箱里为你控温半晌的红酒。在浪漫的环境里，在各种智能设备的服侍下，你们将度过一个美妙的夜晚。顺便说一下，你们屋内的灯光，是由隔壁老王储蓄的太阳能通过以物链有偿提供的。

物联网的宏伟理想是树立一个重新改造世界的图景，在区块链技术的助力下，这份图景在突破安全、中心化等桎梏后徐徐展开。在不久的将来，上面的故事将真实地出现在你的生活场景中，正是由于以物链将物联网与区块链完美的融合，我们终将给你一个神奇且充满智能色彩的生活方式。

(资料来源：https://baijiahao.baidu.com/s?id=1608667449921622278&wfr=spider&for=pc)

讨论：

物联网是基于什么样的出发点而诞生的？

# 任务一　物联网技术概述

## 一、物联网的内涵

网络深刻地改变着人们的生产和生活方式。从早期的电子邮件沟通地球两端的用户，到超文本标记语言(HTML)和万维网(WWW)技术引发的信息爆炸，再到如今多媒体数据的丰富展现，互联网已不仅仅是一项通信技术，更成就了人类历史上最庞大的信息世界。在可以预见的未来，互联网上的各种应用，或者说以互联网为代表的计算模式，将持续地把人们吸引到浩瀚的信息空间中。

进入21世纪以来，随着感知识别技术的快速发展，信息从传统人工生成的单通道模式转变为人工生成和自动生成的双通道模式。以传感器和智能识别终端为代表的信息自动生成设备可以实时准确地开展对物理世界的感知、测量和监控。2008年全球RFID(Radio Frequency Identification，无线射频识别)技术市场规模达到52.5亿美元，全球共售出19.7亿个RFID标签。低成本芯片制造促使可联网终端数目激增，而网络技术使综合利用来自物理世界的信息成为可能。与此同时，互联网的触角(网络终端和接入技术)不断延伸，深入人们生产和生活的各个方面。除了传统的个人计算机，各类联网终端层出不穷，智能手机、个人数字助理(PDA)、多媒体播放器(MP4)、上网本、笔记本电脑等迅速普及。据中国互联网络信息中心统计，截止到 2009 年 12 月，手机网民规模当年增加 1.2 亿，达到 2.33 亿，占网民总数的 60.8%。以手机和笔记本电脑作为上网终端的使用率迅速攀升，其中手机年增长率为 98.5%，笔记本电脑为 42.4%，而桌面计算机仅为 5.8%。互联网随身化、便携化的趋势进一步明显。

一方面是物理世界的联网需求，另一方面是信息世界的扩展需求，来自上述两方面的需求催生出了一类新型网络——物联网(Internet of Things)。物联网最初被描述为物品通过射频识别等信息传感设备与互联网连接起来，实现智能化识别和管理。其核心在于物与物之间广泛而普遍的互联。上述特点已超越了传统互联网应用的范畴，呈现了设备多样、多网融合、感控结合等特征，具有了物联网的初步形态。物联网技术通过物理世界信息化、网络化，对传统上分离的物流世界和信息世界实现互联和整合。

目前，物联网还没有一个精确且公认的定义。这主要归因于：①物联网的理论体系没有完全建立，对其认识还不够深入，还不能够透过现象看到本质；②由于物联网和互联网、移动通信网、传感网等都有密切关系，不同领域的研究者对物联网思考所基于的出发点各异，短期内还没有达成共识。

通过传感网、互联网、泛在网等相关网络的比较分析，我们认为：物联网起源于传媒领域，是信息科学技术产业的第三次革命。物联网是基于互联网、广播电视网、传统电信网等信息承载体，让所有能够被独立寻址的普通物理对象实现互联互通的网络。

"物联网概念"是在"互联网概念"的基础上，将其用户端延伸和扩展到任何物品与物品之间，进行信息交换和通信的一种网络概念。

它具有普通对象设备化、自治终端互联化和普适服务智能化三个重要特征。

在物联网时代，每一件物体均可寻址，每一件物体均可通信，每一件物体均可控制。一个物物互联的世界如图 3-1 所示。国际电视联盟 2005 年一份报告曾描绘物联网时代的图景：当司机出现操作失误时汽车会自动报警；公文包会提醒主人忘记带了什么东西；衣服会"告诉"洗衣机对颜色和水温的要求等。毫无疑问，物联网时代的来临将会使人们的日常生活发生翻天覆地的变化。

图 3-1　物物相连的互联网

我们在理解物联网基本概念时需要注意以下几个问题。

## (一)物联网是互联网的延伸与扩展

物联网是在互联网的基础上，利用射频标签与无线传感器网络技术构建一个覆盖世界上所有人与物的网络信息系统。人与人之间的信息交互和共享是互联网最基本的功能。而在物联网中，我们更强调的是人与物、物与物之间信息的自动交互和共享。

因此，我们可以认为物联网是互联网接入方式与端系统的延伸，也是互联网功能的扩展。

## (二)物联网实现现实世界与信息世界的无缝连接

2009年9月在北京举办的"物联网与企业环境中欧研讨会"上，欧盟委员会信息和社会媒体司RFID部门负责人洛伦特(Lorent Ferderix)博士对物联网的描述是：物联网是一个动态的全球网络基础设施，它具有基于标准和互操作通信协议的自组织能力，其中物理世界和虚拟的"物"具有身份标识、物理属性、虚拟的特征和智能的接口，并与互联网无缝连接。

IBM公司也在智慧地球概念的基础上提出了其对物联网的理解。IBM的学者认为：智慧地球将感应嵌入和装备到电网、铁路、桥梁、隧道、公路、建筑、供水系统、大坝、油气管等各种物体中，并通过超级计算机和云计算组成物联网，实现人类社会与物理系统的整合。智慧地球的概念从根本上说，就是希望通过在基础设施和制造业上大量嵌入传感器，捕捉运行过程中的各种信息，然后通过无线传感器网络接入互联网，通过计算机分析处理发出指令，反馈给传感器，远程执行指令，以达到提高效率和效益的目的。这种技术控制的对象小到控制一个开关、一个可编程控制器、一台发电机，大到控制一个行业的运行过程。

因此，我们可以将物联网理解为物—物相连的互联网、一个动态的全球信息基础设施，也有的学者将它称作无处不在的"泛在网"和"传感网"。无论是叫它"物联网"，还是"泛在网"或"传感网"，这项技术的实质都是使世界上的物、人、网与社会融合为一个有机整体。物联网概念的本质就是将地球上人类的经济活动、社会活动、生产运行与个人生活都放在一个智慧的物联网基础设施之上运行。

## (三)连接到物联网上的"物"应该具备四个基本特征

连接到物联网的每个"物"应该具有四个基本特征：地址标识、感知能力、通信能力和可以控制。我们可以将这四个基本特征作如下理解。

地址标识——你是谁？你在哪里？
感知能力——你有感知周围情况的能力吗？
通信能力——你能够将你了解的情况告诉我吗？
可以控制——你能听从我的指示吗？

在组建物联网应用系统时，我们首先需要给具有感知能力的传感器或射频标签(RFID)芯片编号，将编号后的传感器安装在指定的位置；将编号和物品的基本信息写入 RFID 芯片中，再将 RFID 芯片贴到指定的物品上。在物联网系统运行过程中，当传感器或 RFID 芯片移动时，我们能够通过无线网络与互联网随时掌握不同编号的传感器或 RFID 芯片目前所处的位置，能够指示传感器或 RFID 芯片，将它们感知的周边情况通过网络传给我们，我们再利用计算机的智能决定应该做什么。因此，具有移动感知功能的物联网需要由三大关键技术来支撑，这三个关键技术是感知、传输与计算。中端感知和地址标识是物联网三大技术的基础。终端感知和地址标识主要通过 RFID 与传感器技术来实现。因此，支撑物联网中人与物、物与物之间自动信息交换的关键技术是 RFID 与 WSN 技术，它们将物理世界与信息世界整合为一个整体。对物联网中的人、设备、网络与信息进行处理、管理与控制时需要有功能强大的高性能计算机与安全的数据存储设备。

### (四)物联网可以用于公共管理和服务、企业应用、个人和家庭应用三大领域

我们知道，互联网有多种网络服务功能，如 E-mail、FTP、Web 以及 IPTV 等，很多的互联网网站购置了大量的服务器、存储设备和路由器、通信线路，提供各种网络服务功能，同时学校的校园信息服务系统、企业的电子商务系统、政府部门的电子政务系统都在互联网中运行，提供各种信息服务和信息共享功能。同样，随着物联网的广泛应用，必然出现大量的物联网应用系统，如服务于制造业、物流业以及军队后勤补给的物联网应用系统，必将在提高产业核心竞争力方面发挥重要的作用。从感知层到网络层，再到最后的应用层，物联网业务将在工业生产、精准农业、公共安全监控、城市管理、智能交通、安全生产、环境监控、远程医疗、智能家居等领域得到广泛应用。

因此物联网可以应用于三大领域，即公共管理和服务、企业应用、个人和家庭应用。物联网是由大量不同用途、符合不同协议标准的物联网应用系统所组成，物联网的功能体现在各种物联网应用系统所提供的服务上。

### (五)物联网提供服务的特点

在物联网环境中，一个合法的用户可以在任何时间、任何地点对任何资源和服务进行低成本访问。有的学者将物联网能够提供服务的特点总结为 7A 服务，即"Anyone Anytime Anywhere Affordable Access to Anything by Authorized"。

我们也可以将物联网提供服务的特点总结为：任何人(Anyone，Anybody)可以在任何时候(Anytime，Any Context)、任何地方(Any Place，Anywhere)，通过任何网络或途径(Any Path，Any Network)访问任何事(Anything，Any Device)和任何服务(Any Service，Any Business)。图 3-2 给出了物联网能够提供服务的特点示意图。

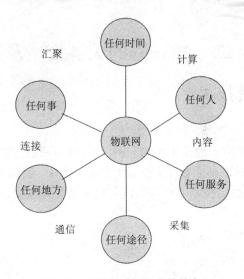

图 3-2　物联网提供服务的特点

## 二、物联网的基本特征

物联网的基本属性归根结底就是无论是人还是物品，均不受时间和地点的限制，通过各式各样的网络和途径实现与其他设备之间的联系，实现人与物、物与物之间的沟通和对话。而数据的采集、计算、分析与处理、通信乃至应用场景的连通性就构成了物联网的相关属性，这些均体现为物与物、人与物间的无缝连接。

根据物联网的特性，其主要特征有以下四点。

1. 基本功能特征

物联网的"物"，既可以是真实存在于物理世界的"物"，也可以是虚拟的"物"，均具有身份标识，遵循并使用物联网的通信协议，采用适当的信息安全保障机制，在物联网的真实与虚拟的世界中实现信息的交换。

2. 物体通用特征

物体自身带有传感器，可实时捕获数据，按照一定的周期采集信息，不断更新数据，实现与环境之间的交互。

3. 社会特征

物与物、人与物之间是可以相互通信的，同时还能彼此协作创建网络，以实现所有物品与网络之间的连接，充分达到互联互通。

4. 自治特征

物联网具有自动化、自我反馈等智能处理功能，如物体可自动完成设定的任务，具有分析推理判断能力，自动有选择性地传送信息等。

# 任务二 物联网的关键技术及架构

## 一、物联网的关键技术

物联网技术涉及多个领域,这些技术在不同的行业往往具有不同的应用需求和技术形态。根据如图 3-3 所示的关键技术对物联网涉及的核心技术进行归类和梳理,可以形成如图 3-4 所示的物联网技术体系模型。在这个技术体系中,物联网的技术构成主要包括感知与标识技术、网络与通信技术、计算与服务技术及管理与支撑技术四大体系。

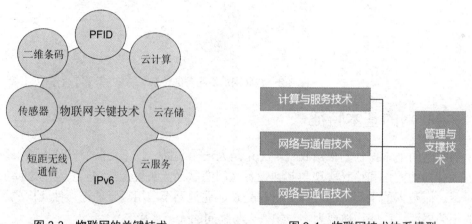

图 3-3　物联网的关键技术　　　　图 3-4　物联网技术体系模型

### (一)感知与标识技术

感知与标识技术是物联网的基础,负责采集物理世界中发生的物理事件和数据,实现外部世界信息的感知和识别,包括多种发展成熟度差异性很大的技术,如传感器、RFID、二维码等。

#### 1. 传感技术

传感技术利用传感器和多跳自组织传感器网络,协作感知、采集网络覆盖区域中被感知对象的信息。传感器技术依附于敏感机理、敏感材料、工艺设备和计测技术,对基础技术和综合技术要求非常高。目前,传感器在被检测量类型和精度、稳定性和可靠性、低成本及低功耗方面还没有达到规模应用水平,这是物联网产业化发展的重要瓶颈之一。

#### 2. 识别技术

识别技术涵盖物体识别、位置识别和地理识别,对物理世界的识别是实现全面感知的基础。物联网标识技术是以二维码、RFID 标识为基础的,对象标识体系是物联网的一个重要技术点。从应用需求的角度看,识别技术首先要解决的是对象的全局标识问题,需要研究物联网的标准化物体标识体系,进一步融合及适当兼容现有各种传感器和标识方法,并支持现有和未来的识别方案。

## (二)网络与通信技术

网络是物联网信息传递和服务支撑的基础设施,通过泛在的互联功能,可实现感知信息的高可靠性和高安全性传送。

### 1. 接入与组网

物联网的网络技术涵盖泛在接入和骨干传输等多个层面的内容。以互联网协议版本6(IPv6)为核心的下一代网络,为物联网的发展创造了良好的基础网条件。以传感器网络为代表的末梢网络在规模化应用后,面临着与骨干网络的接入问题,并且其网络技术需要与骨干网络进行充分协同,这些都将面临新的挑战,需要研究固定、无线和移动网及Ad-hoc 网技术、自治计算与联网技术等。

### 2. 通信与频管

物联网需要综合各种有线及无线通信技术,其中近距离无线通信技术将是物联网的研究重点。由于物联网终端一般使用工业科学医疗(ISM)频段进行通信(免许可证的 2.4 GHz ISM 频段全世界都可通用),频段内包括大量的物联网设备以及现有的无线保真(Wi-Fi)、超宽带(UWB)、ZigBee、蓝牙等设备,频谱空间将极其拥挤,制约物联网的实际大规模应用。为提升频谱资源的利用率,让更多物联网业务能实现空间并存,需要切实提高物联网规模化应用的频谱保障能力,保证异种物联网的共存,并实现其互联、互通和互操作。

## (三)计算与服务技术

海量感知信息的计算与处理是物联网的核心支撑,服务和应用则是物联网的最终价值体现。

### 1. 信息计算

海量感知信息计算与处理技术是物联网应用大规模发展后面临的重大挑战之一,需要研究海量感知信息的数据融合、高效存储、语义集成、并行处理、知识发现和数据挖掘等关键技术,攻克物联网"云计算"中的虚拟化、网格计算、服务化和智能化技术。核心是采用云计算技术实现信息存储资源和计算能力的分布式共享,为海量信息的高效利用提供支撑。

### 2. 服务计算

物联网的发展应以应用为导向,在"物联网"的语境下,服务的内涵将得到革命性扩展,不断涌现的新型应用将使物联网的服务模式与应用开发受到巨大挑战,如果继续沿用传统的技术路线必定束缚物联网应用的创新。从适应未来应用环境变化和服务模式变化的角度出发,需要面向物联网在典型行业中的应用需求,提炼行业普遍存在或要求的核心共性支撑技术,研究针对不同应用需求的规范化、通用化服务体系结构以及应用支撑环境、面向服务的计算技术等。

### (四)管理与支撑技术

随着物联网网络规模的扩大、承载业务的多元化和服务质量要求的提高以及影响网络正常运行因素的增多，管理与支撑技术是保证物联网实现"可运行—可管理—可控制"的关键，包括测量分析、网络管理和安全保障等方面。

#### 1. 测量分析

测量是解决网络可知性问题的基本方法，可测性是网络研究中的基本问题。随着网络复杂性的提高与新型业务的不断涌现，需研究高效的物联网测量分析关键技术，建立面向服务感知的物联网测量机制与方法。

#### 2. 网络管理

物联网具有"自治、开放、多样"的自然特性，这些自然特性与网络运行管理的基本需求存在突出矛盾，需研究新的物联网管理模型与关键技术，保证网络系统正常高效地运行。

#### 3. 安全保障

安全是基于网络各种系统运行的重要基础之一，物联网的开放性、包容性和匿名性也决定了不可避免地存在着信息安全隐患，需要研究物联网安全关键技术，满足机密性、真实性、完整性和抗抵赖性的四大要求，同时还需解决好物联网中的用户隐私保护与信任管理问题。

## 二、物联网的架构

物联网是一种非常复杂、形式多样的系统技术。根据信息生成、传输、处理和应用的原则，可以把物联网分为三层：感知识别层、网络构建层和综合应用层。图3-5 展示了物联网三层模型以及相关技术。

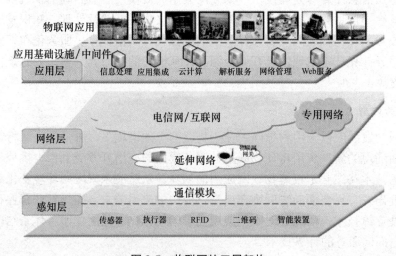

图 3-5 物联网的三层架构

## (一)感知识别层

感知识别是物联网的核心技术,是联系物理世界和信息世界的纽带。感知识别层既包括射频识别(RFID)、无线传感器等信息自动生成设备,也包括各种智能电子产品,用来人工生成信息。RFID 是能够让物品"开口说话"的技术:RFID 标签中存储着规范而具有互用性的信息,通过无线数据通信网络把它们自动采集到中央信息系统,实现物品的识别和管理。另外,作为一种新兴技术,无线传感器网络主要通过各种类型的传感器对物质性质、环境状态、行为模式等信息开展大规模、长期、实时的获取。近些年来,各类可联网电子产品层出不穷,智能手机、个人数字助理(PDA)、多媒体播放器(MP4)、上网本、笔记本电脑等迅速普及,人们可以随时随地地接入互联网分享信息。信息生成方式的多样化是物联网区别于其他网络的重要特征。

## (二)网络构建层

网络构建层的主要作用是把下层(感知层)数据接入互联网,供上层服务使用。互联网以及下一代互联网(包含 IPv6 等技术)是物联网的核心网络,处在边缘的各种无线网络则负责提供随时随地的网络接入服务。无线广域网包括现有的移动通信网络及其演进技术(包括 3G、4G 通信技术),提供广阔范围内连续的网络接入服务。无线城域网包括现有的 WiMAX 技术(802.16 系列标准),提供城域范围(100km)的高速数据传输服务。无线局域网包括现在广为流行的 Wi-Fi(802.11)系列标准,为一定区域内(家庭、校园、餐厅、机场等)的用户提供网络访问服务。无线个域网络包括蓝牙(802.15.1 标准)、ZigBee(802.15.40 标准)等通信协议。这类网络的特点是低功耗、低传输速率、短距离,可用作个人电子产品互联、工业设备控制领域。各种不同类型的无线网络适用于不同的环境,合力提供便捷的网络接入,是实现物物互联的重要基础设施。

## (三)综合应用层

### 1. 综合应用层的构成

物联网的应用层主要完成数据的管理和数据的处理,并将这些数据与各行业应用相结合。应用层包括以下三个部分。

(1) 物联网中间件。

物联网中间件是一种独立的系统软件或服务程序,中间件将许多可以公用的功能进行统一封装,提供给物联网应用使用。

(2) 物联网应用。

物联网应用就是用户直接使用的各种应用,如智能操控、安防、电力抄表、远程医疗、智能农业等。

(3) 云计算。

云计算将助力物联网数据的存储和分析,依据云计算服务类型可以将云分为 3 层:基础设施即服务(Iaas)、数据即服务(Paas)、软件即服务(Saas)。

## 2. 综合应用层的特点

相对于已有的各种通信和服务网络,物联网在技术和应用层面具有以下6个特点。

(1) 感知识别普适化。作为物联网的末梢,自动识别和传感网技术近些年来发展迅猛,应用广泛。仔细观察就会发现,人们的衣食住行都能折射出感知识别技术的发展。无所不在的感觉与识别将物理世界信息化,使传统上分离的物理世界和信息世界实现了高度融合。

(2) 异构设备互联化。尽管硬件和软件平台千差万别,各种异构设备(不同型号和类别的 RFID 标签、传感器、手机、笔记本电脑等)利用无线通信模块和标准通信协议构建成自组织网络。在此基础上,运行不同协议的异构网络之间通过"网关"互联互通,实现网际间信息的融合。

(3) 联网终端规模化。物联网时代的一个重要特征是"物品触网",每一件物品均具有通信功能,成为网络终端。据预测,未来 5~10 年内,联网终端的规模有望突破百亿大关。

(4) 管理调控智能化。物联网将大规模数据高效、可靠地组织起来,为上层行业应用提供智能的支持平台。数据存储、组织以及检索成为行业应用的重要基础设施。与此同时,各种决策手段包括运筹学理论、机器学习、数据挖掘、专家系统等广泛应用于各行各业。

(5) 应用服务链条化。链条化是物联网应用的重要特点。以供应链生产为例,物联网技术覆盖从原材料引进、生产调度、节能减排、仓储物流到产品销售、售后服务等环节,成为提高企业整体信息化程度的有效途径。更进一步,物联网技术在一个行业的应用也将带动相关上下游产业,最终服务于整个产业链。

(6) 经济发展跨越化。经历过 2008 年金融危机的冲击,越来越多的人认识到转变发展方式、调整经济结构的重要性。国民经济必须从劳动密集型向知识密集型转变,从资源浪费型向环境友好型转变。在这样的大背景下,物联网技术有望成为引领经济跨越化发展的重要动力。

# 任务三 物联网技术的应用

物联网技术已经从实验室阶段走向实际应用,且应用范围广泛,涉及社会生活的各个方面,具体而言,包括智能家居、智能医疗、智能城市、智能环保、智能交通、智能司法、智能农业、智能物流和智能校园等多个方面。物联网的应用将使我们的地球变成一个智慧的地球。下面将重点介绍物联网技术在物流、智能交通、安全监控、军事领域和农业生产领域的应用情况。

## 一、物联网对物流各环节产生的影响

物联网带来技术的创新和业务模式的创新,势必为传统的物流业务流程带来新的变化。下面我们来了解物联网对物流各环节产生了哪些影响。

1. 运输环节

这一环节牵涉的因素很多,例如人、货、运输工具以及路径等。这些因素其实是物流环节中最为复杂的因素,比如说人,在运输环节中很重要的人就是司机,司机可以说是物流环节中最难管理的一部分。所谓"将在外,军令有所不受",从目前的状况来看,物流公司很难去监管司机的行为,只能使用比较粗放的方式去管理。举个简单的例子,有一笔货按要求需要经过高速公路发往客户所在地,可是司机为了省钱走了国道,这就造成了货物的交付时间被延迟,但是这样的行为却很难取证与监管。除了司机外,货、运输工具和运输路径同样也存在监管难的问题。货的状况如何、一些药品是否按照规定的温度来存放,这些都得不到有效的管理,由此将会造成很多不必要的损失,甚至带来安全性问题。

物联网技术的引入将在一定程度上改善以上的这些问题。例如,我们可以在车辆上配备 GPS 定位装置,安装各种各样的传感器,这些标签和传感器可以在运输途中将相关信息传回数据中心,数据中心就可以根据这些信息来判断整个运输过程是否正常。

2. 库存环节

货的存放保管也是物流过程中很重要的一个环节。大量的物流公司、生产企业都有自己的仓储中心来存放货物。但有一些货物的存放条件比较苛刻,例如,药品对温度和湿度有要求,而玻璃制品则对防挤压有相关要求。在物联网时代,我们可以通过一些传感芯片来感知这些信息,例如,在货物上贴上电子标签,当物品在入库的时候,货架上的识读设备会自动地将出入库信息传送到数据中心;在货物存放的时候,传感器和电子芯片就负责将各种中心关注的货物的状态和数据上传,如货物的温度、货物的有效期等。而这些信息都可以通过数据中心进行处理,从而实现智能管控,也可以作为一种信息服务,帮助将货物托放在仓库的商户更为准确地了解货物的相关信息。

3. 装卸环节

传统的装卸环节往往是通过人工的方式去清点货物的装卸数量与种类,效率比较低。而通过电子标签的方式则可以实现装卸的自动化,例如,当货物从流水线送到车辆上时,流水线上的识读设备可以实时地记录相关货物的装卸信息。而这些信息又会实时地汇总到数据中心,管理者就能利用这些信息实现更好的管理,同时掌握库存的情况。

4. 产品增值环节

产品增值环节通常包括包装、加工和信息服务等。

有些货物具有特殊的属性,如易爆、易燃等;有些货物对存放环境的要求较高,如冷冻食品等。这些产品在流通和加工过程中如果处理不当,往往会发生巨大的安全事故,造成人员伤亡与财产损失,同时也会影响到环境。目前国内在这方面的监管措施还比较单一,通过引进物联网技术可以有效地改善这些问题,装配工人可以通过物联网获取产品的相关属性以及安装和加工的注意事项,以减少安全事故的发生。例如,在封装易爆品时,流水线上的设备会检测出易爆品的相关属性,进而通知安装工人要小心该易爆品。

对于那些特殊的产品，甚至可以采用自动加工的方式，通过物联网芯片实时地把情况反馈上来。可见，针对包装和加工环节，物联网技术可以有效地防止安全事故的发生，同时提高工作效率。

#### 5. 配送环节

配送环节主要包括两项工作：配货和送达，在物联网技术的支持下，通过数据中心获取货物的信息可以实现更加合理的配货，包括订单的整合。这里举个例子，如经常网购的朋友，有时会发现一人要签收3～4次货物，这就给客户带来了许多不便。通过物联网技术我们可以在配货环节将相关的信息进行梳理，如发现收件人是同一个人的，系统可以将这些订单整合在一起统一配送，这样就能提高效率、节约成本。货物的送达在物流环节也非常关键，通过物联网技术可以实时地将相关的节点信息采集至数据中心，管理者或者客户就可以很简单地监控整个货物的送达过程。

## 二、物联网在物流领域的应用归纳

智能物流领域中物联网的主要功能可以概括为四项，如表3-1所示。

表3-1 物联网在物流领域应用归纳

| 主要功能 | 应用环节 | 功能简介 |
| --- | --- | --- |
| 质量控制 | 生产环节 | 将原材料、零部件及时、准确地送到生产线上 |
| 物品拣选 | 配送或分销环节 | 将数量庞大、种类繁多的物品分门别类 |
| 物品信息跟踪 | 运输环节 | 追踪在途产品的位置信息和存储状态等 |
| 库存智能管理 | 仓储环节、分销环节 | 货物存取、库存盘点和适时补货 |

下面对这四项主要功能进行分述。

#### 1. 质量控制

质量控制主要是针对生产环节来说的。生产商在自动化生产线上利用RFID技术可以实现对原材料、零部件、半成品、成品的跟踪与识别，以降低人工识别成本，减少出错率，进而提高效率和效益。尤其是在准时制生产方式(JIT)的生产流水线上，原材料和零部件要求必须准时送达工位，物联网中的RFID技术通过识别电子标签，能够迅速从数量庞大、种类繁多的库存中精确找到工位上所需要的原材料和零配件，用以保障流水线的正常生产作业，使产品质量得到控制。

#### 2. 物品拣选

在物流的配送和分销环节，物品需要多次经历被分拆重组、拣选分发的过程，如何提高这个过程的效率和准确率，同时又减少人工费用并降低配送成本对一个物流企业来说至关重要。如果所有的物品都贴有电子标签，则物品在进行拣选时，只需要在托盘上安装阅读器便可以读取所有物品的标签信息。然后阅读器将读取的信息传送到信息中心，信息中心系统再将这些信息与发货清单进行核对，如果全部吻合便可以发货。

## 3. 物品信息跟踪

在运输环节，如果在途的车辆和物品贴有电子标签，运输线路上的一些检查点装有阅读器，当物品到达某个检查点时，阅读器就可将电子标签的信息和其地理位置信息一同传至通信卫星，由通信卫星传送至信息中心，送入数据库中。

## 4. 库存智能管理

库存智能管理主要体现在货物存取、库存盘点和适时补货三个环节。货物入库或出库时，利用带有阅读器的拖车即可分门别类地送入指定仓库；物联网的设计就是让物品登记自动化，盘点时不需要人工扫描条码或检查，快速准确，并减少人力成本支出；当零售商的货架上商品缺货时，货架会自动通知仓库，仓库管理人员会及时补货，商品库存信息也会自动更改，从而保证商品的及时供应。

知识拓展

### 物联网时代已经到来

伴随云计算日益普及，以及人工智能技术日益成熟，推动着信息科技向物联网时代快速转变，特别在 IoT+AI 融合条件下，万物都被赋予感知能力，物理设备不再冷冰冰，而是具有了生命力，让物理世界和数字世界深度融合，继此行业边界越来越模糊，人类进入全新的智能社会。

**智慧城市**

物联网技术开创了一个智慧城市的新时代。从智能摄像头到部署各种传感器，以此对城市的各种数据进行收集，并经云端 AI 技术处理后，有助于提高对交通和街道等城市公共管理能力。全球越来越多的城市都在积极拥抱物联网，以此提升城市精细化管理能力，英特尔就给出了一个美国城市应用案例，圣地亚哥在全市部署智能网络，以优化交通和停车系统，并改进能源管理体系，对此圣地亚哥市长 Kevin Faulconer 表示，新技术将使城市和开发商有机会把我们的社区建设得更安全、更智能。

**智能家居**

消费电子产品近年来发展迅猛，并已经大规模升级，智能化成为消费科技方向，智能家电、智能音箱、智能摄像头以及传统门锁在智能化大趋势下，已成为智能家居的一部分，通过物联网技术，人们能享受到更加智慧的家庭生活。

在美国，物联网资深人士杨剑勇表示："亚马逊和谷歌智能音箱进入了千家万户，以语音作为交互手段，以智能音箱作为中枢控制家庭场景下其他智能家居设备，且还是一位家庭好管家，从打电话到读取邮件和新闻、播放天气和交通状况，甚至可完成购物，早前亚马逊智能音箱的初衷就是利用智能音箱实现一键下单，这一智能化的生活正逐渐在美国普及。"

在国内，有互联网阿里巴巴和百度等公司，也有华为和小米等手机厂商参与，物联网企业海尔的布局以及传统家电巨头美的等向智能化转型，这股智能化浪潮第一推动力是消费升级，人们的购买力越来越强，对生活品质的追求也越来越高，智慧家庭则是人们向往的生活之一。

就在近日，百度AI开发者大会受到各界关注，作为all in AI的百度，无人驾驶和智能生活则是AI落地的核心方向，面向智能生活的DuerOS的生态初具规模，提供了超过20个跨场景、跨设备的解决方案，DuerOSIoT设备广泛覆盖家庭场景，百度给出的受控设备数量达6000万台。

海尔今年发布了"4+7+N"全场景定制化智慧成套方案，基于智慧厨房、智慧客厅等4大物理空间和全屋空气、用水、安防等7大全屋解决方案，用户家庭内衣食住娱等各种智慧生活需求均可一站满足，且智慧场景可无限定制。同时海尔智慧家庭积极探索生态品牌建设，通过整合数百万生态资源构建生态圈，提供丰富的生态场景体验，如在食联网中，馨厨冰箱作为场景核心，连接了几百家有机食材供应商、500W+的娱乐和视频等生态资源，可以让用户通过智慧大屏一键下单所需食材，还能在做饭时欣赏精彩的球赛及各种影音视频。这种全场景智慧生态体验的优势，让海尔智慧家庭成套方案的落地入户走在行业前列，赢得了众多消费者的青睐。目前，海尔智慧家庭成套最大单金额高达85万，10万元以上成套订单成为常态。

小米作为国内最早发展智能家居的手机厂商之一，根据小米公布的数据，2017年IoT消费营收超过200亿元，连接了1亿用户，其培育的生态链体系中，有超过90家公司专注于发展和生产智能硬件产品，生产了覆盖百姓日常生活的各种智能设备，包含家电、安防、照明、安防等多个品类，只要愿意，完全可以基于小米平台DIY一个智能家庭生活。

基础电器一直是智能家居系统的核心，国内物联网创新企业ORVIBO欧瑞博以创新的技术与设计美学，实现了对照明、安全、舒适等居住空间基础电器的智能化。欧瑞博推出过的智能门锁T1，超级智能面板MixPad都以很强的产品力在行业内备受关注。除了极致品质的产品以及智能化的系统，欧瑞博还提供更多更完善的智能化应用解决方案来满足各种应用场景的需求，并率先实现了大规模批量化落地使用。过去数年欧瑞博已经在全国开设几百家线下店，拥有过百万家庭用户，同时拥有在数百个地产、酒店、办公、公寓、养老院等实战项目的智能化落地经验。

**智慧零售**

互联网的诞生，改变了人们的生活方式，人们在家可以购物，催生了亚马逊、阿里巴巴和京东这样的电商巨头，传统零售业受到电商的巨大冲击。然而，随着新零售时代到来，结合物联网和人工智能等技术，将再次重塑全球零售格局，这一次传统零售业积极拥抱，并向新零售发力。

早在2017年10月，京东就携手英特尔在软硬件与生态系统上全方位合作，打造了全球首个低造价、可模块化组装的智能门店解决方案D-MART。2018年开年，英特尔与京东再度联手推动智能零售时代的全速前进。英特尔提供的边缘计算与人工智能相结合的技术，被京东在各种零售场景中加以使用，形成一套完整的解决方案，可以全面覆盖多种智能设备，涉及人脸识别、物品识别、自助收银机、柜员机、数字标牌等应用。同时，复杂零散的业务场景也得到了再次统一，无论是无人售货机、小型无人店还是大型生鲜超市,英特尔和京东携手打造的智能零售整体解决方案都可以进行匹配。

就在 7 月初深圳会展中心举行的国际品牌服装服饰展会上,看到了更多科技因素,在市场和科技的融合下,让我们看到了科技能改变时尚圈的可能,同时也能看出科技与时尚的跨界,将成为时尚行业发展的风向标。卡汶时尚集团就在展会上打造了"KAVON HOME 新零售时尚体验馆",看到了时尚与人工智能技术完美融合,其中场馆内智慧魔镜吸引了众多时尚女性,高颜值与炫酷科技结合下,引领着消费新风尚,纷纷体验这个具有 AI 能力的智能导购,让时尚女性切身体验了一番科技魅力生活。

科技正在改变着时尚圈,不仅卡汶时尚集团,还有众多品牌已经利用科技手段,将科技融入设计当中,当时尚和科技联姻,便会呈现无限的可能性,当然,科技只是手段,但科技可以让时尚界走得更远,特别是 AI 技术和时尚产生碰撞后,能更敏锐地发觉消费者喜好,利用各种数据让时尚设计更精准。

### 智能制造

在制造业,围绕工业 4.0、工业互联网和智能制造在全球推动了制造业转型升级,特别是工业机器人的部署,更成为众多大型制造业的发展方向,利用机器取代危险、简单和重复的工作,且已经广泛引用在全球各大生产基地。

据了解,英特尔在提升工业自动化水平、降低人工依赖等领域的技术,已在全球各大工厂内实际运行。Beckhoff Automation 公司的 TwinCAT Vision 质控系统(QA),通过启用高性能英特尔 Xeon 处理器,在内部实现实时自主检测生产线上机械异常,最大限度地减少了停机时间、降低了缺陷率,进一步提升了产品产量。同时,海康威视的计算机视导机器人采用英特尔 Movidius Myriad 2 VPU,也已经应用于京东的无人分拣中心和美泰公司的智能工厂,大大提升了工厂流程的效率和安全性。

西门子旗下的安贝格工厂是全球最先进的数字化工厂,是工业数字化企业典范企业,同时,西门子也在不断扩展各种解决方案组合,帮助工业企业抓住数字化带来的机遇,推进"数字化企业"发展,数字化技术相关业务营收在 2017 财年高达 52 亿欧元,同比增长 20%。

另外一家工业巨擘,通用电气(GE)也在加速数字化转型,Predix 工业云平台,把人、机器和数据互联起来,并从数据中获取价值,使得工业将不断进化升级,将制造业推向"数字制造"带来更高的生产力,推动传统工业企业向数字工业转型,尽管 GE 还处在艰难转型过程中,但截至去年有超过 400 家企业基于 Predix 平台,推出各类工业应用超过 250 个,吸引超过 2 万名开发者,在 Predix 上从事工业互联网应用开发。

在国内,来自阿里巴巴旗下的阿里云,作为国内云服务领头羊,通过云 + AI 能力先后为鑫光伏、天合光能、协鑫集成、徐工集团等大型制造企业提供服务,协鑫集成与阿里云 ET 工业大脑合作后,通过人工智能验证的订单命中率可提高 3.99%。据介绍,阿里云 Link 工业物联网平台,将机器设备在生产过程中产生的数据收集起来,实现实时监控、数据可视化、能源管理、良品率提升等,帮助企业实现降本增效。

在能源互联网的趋势下,研华科技携手英特尔积极布局能源产业,提供高性能电力专用边缘计算平台、通信及数据采集分析等智能系统,加快进入智能电网、新能源、能耗管理等领域。凭借英特尔在全球能源物联网的布局经验，结合研华、英特尔双方的创新应用、产品技术及中国能源的新机会，双方不断挖掘能源互联网的巨大商机，促进商业价值转换。

**金融科技**

在物联网浪潮下，金融业也将变革，智慧的银行到来，物联网与金融行业深度融合，把数据连接起来，通过数据来分析客户，感知客户需求，提升金融服务效率，物联网浪潮下的金融变革，例如银行业在积极拥抱，在科技推动下，金融业人员结构也在发现变化，比如银行柜台人员在下降，而科技类技术人员比例则在上升，通过应用人工智能等前沿技术，在产品、渠道和场景三个层面采用自动化的流程更加高效地服务用户。

例如，招商银行对新技术敢于尝鲜，包括互联网初期发展网上银行，到如今引入AI、云计算和物联网等技术的应用，在金融与科技的快速融合是招行成长因素之一，作为国内第一家推出智能投顾产品的银行，截至2018年4月底，累计购买规模已超112亿元，已成国内最大智能投顾服务银行，且该智能投顾平台综合能力在国内排名第一。

引入AI技术的智能风控，在贷款服务中，依托大数据等科技技术，实现10分钟审批，最快60秒到账，额度最高30万元，通过运用人工智能技术，用户就可以实现"几秒钟"得到服务和贷款。

在金融科技的赋能下，招行更愿意称自己是金融科技公司，作为诞生在深圳最具创新的这块沃土上，招行抓住了每一次的金融科技变革，成为行业引领者之一，如今物联网时代的到来，智慧金融时代到来孕育了新机遇，招行有望蜕变为一家金融科技公司。

**智能机器人**

人工智能正在迎来新的产业爆发。学术研究、行业发展和资本表现活跃，2020年全球人工智能市场逼近470亿美元，年复合增长率55.1%。全球AI产业增长迅猛，正在涌现的机器智能平台以"机器学习即服务"的方式在加速这个过程，快速将其应用从远行转化为产品。而中国人工智能发展势头更为迅猛突进，AI技术陆续在教育、医疗、安防、交通、车载、家居等众多领域快速落地，并且展现出蓬勃的生命力。

人工智能赋能万物，而智能机器人赋予的则是教育与陪伴，尤其是在儿童场景状态下。如何让AI与儿童产品深度结合，各大厂商都在深度研发与开发中，以语义对话为核心技术的图灵机器人来说，专注儿童智能场景就是当前的一大重要指标，要做出史上最强的儿童AI大脑，让机器人成为儿童可信赖的伙伴。据介绍，在近2年图灵在儿童专属对话系统、儿童内容体系、儿童场景细分和儿童IP合作以及内容安全过滤五个维度进行了布局和深耕。当然成绩也是斐然，在NLPCC2018比赛中，图灵语义对话用户图谱及推荐系统均获第一名。而图灵盾的语音环境已接近100%，图灵儿童语料环境纯净度已高达99.99%。

作为国内领先的语义对话技术公司，图灵秉承着只合作不竞争的信念，通过TuringOS kid先后与HTC、联想、小米、奥飞、富士康、物灵、优必选、火火兔等近百家企业建立了开放合作的关系，累计出货量超1000万元。

物联网取代互联网作为未来几十年科技发展的方向，各界对其充满憧憬，不管是科技企业还是传统企业,都纷纷向物联网延伸,包括亚马逊、谷歌、阿里巴巴和百度等互联网公司,一跃成为 AI 公司,传统银行也在向金融科技转变,工厂积极向智能制造转型,全社会都在积极拥抱物联网,它有望改变各行各业的现状。

(资料来源:https://baijiahao.baidu.com/s?id=1605781168610394049&wfr=spider&for=pc)

## 三、物联网在其他方面的应用

### (一)智能交通

城市发展,交通先行,但是随着车辆数量的日益增加,目前很多城市都受到了交通难题的困扰。相关数据显示,在目前的超大城市中,30%的石油浪费在寻找停车位的过程中,七成的车主每天至少碰到一次停车困难。此外,交通拥堵、事故频发使城市交通承受着越来越大的压力,不仅造成了资源浪费、环境污染的难题,还给人们的生活带来极大的不便。

智能交通是一种先进的一体化交通综合管理系统,在智能交通体系中,车辆靠自己的智能在道路上自由行驶,公路靠自身的智能将交通流量调整至最佳状态,借助于这个系统,公交公司能够有序灵活地调度车辆,管理人员将对道路、车辆的行踪掌握得一清二楚。智能交通领域中物联网的主要功能可以概括为五个方面,如表 3-2 所示。

表 3-2 智能交通的五个方面

| 主要功能 | 功能简介 |
| --- | --- |
| 车辆控制 | 控制车辆行驶状态,以保证安全 |
| 交通监控 | 在道路、车辆、驾驶员之间建立通信联系,随时给管理员和驾驶员提供道路信息 |
| 运营车辆高度管理 | 帮助调度管理中心监管大范围内的车辆行驶状况和载运状况 |
| 交通信息查询 | 查询地理位置、交通等相关信息 |
| 智能收费 | 实现高速公路不停车收费、公交车电子票务等 |

知识拓展

**RFID 技术在智慧城市的运用**

**1. 智慧交通**

RFID 技术被越来越多地使用到智能交通领域,该项技术使用于交通领域的一种重要载体被称为汽车电子标签,又称电子车牌。基于 RFID 技术的汽车电子标签城市交通系统可以适应多种搜集环境,在低可见度、多车道车辆正常车速行进下仍能精确识别,提高城市交通管理的实时性和精确性,使城市交通愈加科学化、智能化。

### 2. 智慧泊车

交通拥堵是智慧城市面临的一大难题，由此诞生的智慧泊车成为智慧城市的重要需求。随着智慧城市的大力开展，泊车难成为急需处理的问题，智慧泊车的重要性因此愈加突出。简略来说，所谓智慧泊车即经过自动化的技术协助汽车司机快速找到一个可用的泊车位，并为司机规划精确的导航路线，在这个过程中，很多来自传感器的实时数据将被传输到装置在司机手持设备的专用 APP 上。此外，智慧泊车管理设置还可以经过移动支付协助用户提早预订泊车位。可以说，智慧泊车系统的树立的确带来了很多便利，不只能减少司机找泊车位的时刻，还能最大限度提高泊车位的利用率。

智慧泊车系统的使用充分利用了物联网技术，包含先进的监控手法、信息传输技术和数据分析方法等，完成了实时管理和智能决议计划才能等，不只为安防供给了更多数据，也为城市交通创造了更高效的环境。

### 3. 射频防盗

2016 年共享单车模式非常火爆，也带来了许多社会问题，比如歹意破坏、偷盗等等。为了处理这一难题，将车牌和 RFID 电子标签装置项目，一起助力非机动车管控作业提质增效。

因为 RFID 技术处理速度快、数据精确、自动识别才能强，针对已装置 RFID 电子标签的电动自行车，可完成全天候立体防控，能有效处理城市电动自行车管理难题。

(资料来源：https://www.corewise.cn/companynews/qyyyly/1325.html)

## (二)安全监控方面的应用

人们的生活离不开社会安全保障，只有安全的社会环境才能够带给人们更加美好的生活。物联网在各个领域，特别是在安全监控领域的应用，给了我们舒适生活的保障。

### 1. 食品安全监控

食品和人们的生活息息相关，作为衣食住行中的一环，食品安全显得尤为重要。物联网能给食品安全带来哪些保障呢？下面以奶牛管理的 RFID 奶牛产业信息管理平台进行说明。

打开掌上电脑，挪动电子笔，电子地图上就能准确地标示出各个奶牛养殖场的地理位置和规模。再点开养殖场业主名称、技术人员情况、奶牛品种和近期产奶量等信息便会一一显现出来。这是在邛崃市农业局奶牛信息管理中心看到的一幕。截至 2011 年，已有 5000 头奶牛纳入该 RFID 奶牛产业信息管理平台，并佩戴了电子标志。系统开发方表示，今后有望为全市 3 万头奶牛戴上"电子身份证"，对拥有"电子身份证"的奶牛以及其所产的生鲜奶进行溯源管理，就可以严格保证奶源食品安全。

1000 多头奶牛耳朵上都戴有一个 6cm 左右蓝色的电子耳标，每个电子耳标都有一个全球唯一的编码，这个编码就是奶牛的身份号码。小小的电子耳标可以记录奶牛从出生到停止产奶约 5 年间的主要信息，包括品种、防疫、喂养、检查等各生长环节的内容。

除此之外,"电子身份证"里还储存着奶牛的"标准照","全世界奶牛的花纹都不同,拍照等于上了双保险,就更不会错了"。技术人员告诉记者,除了方便管理,奶牛的"电子身份证"还为保险公司开展奶牛的投保业务提供了便利,大大降低了牧民养殖奶牛的风险。如图 3-6 所示为戴着 RFID 耳标的奶牛。

图 3-6 戴着 RFID 耳标的奶牛

### 2. 森林火灾监控

森林火灾的危害十分严重,其不仅会造成森林与周边人员的财产损失,而且会破坏生态环境,导致森林小气候的变化。按照世界粮农组织对世界 47 个国家的调查结果表明:从 1881 年至 1990 年,年平均火烧面积为 $6.73 \times 10^6 \text{ km}^2$,占世界森林面积的 0.47%。如我国自 1950 年至 1997 年,共发生森林火灾 $1.43 \times 10^4$ 起,火烧面积 $8.22 \times 10^6 \text{ km}^2$,已经造成了严重的经济损失,并对生态造成了很大的危害。

在森林火灾监测中通常需要对森林里各个地点的风速、温度、湿度等参数进行监测,发生火灾时还需要精确地确定火灾地点。由于森林一般覆盖面积较大,环境恶劣,多是无人值守区域,需要大量的节点协同工作才能够完成监测任务,因此无线传感器网在森林火灾与生态环境监测中有广泛的应用前景。

无线传感器网络节点体积小、价格低,可以在整个森林大面积、多节点设置。每个传感器节点能够准确、及时地将采集的环境数据汇总到基站。如果出现个别节点遭到破坏,网络具有自动重新组网能力。当发生森林火灾时,无线传感网络可以将起火位置与环境状态信息传送给消防指挥中心。消防指挥中心可以有效地调度和指挥消防工作,从而减轻森林火灾带来的灾害程度,将人员和物资损失降低至最小。

我国科学家已经在这方面开展了非常有价值的研究工作。由浙江林学院联合香港科技大学、西安交通大学、美国伊利诺伊理工大学等单位共同建设的野外无线传感器网络在天目山建成,并成功运行。该无线传感器网络拥有 200 多个节点,可以全天候地智能监测森林生态中的温度、光照、湿度、二氧化碳含量等数据,并及时预报火警情况。根据规划,将建成上千节点规模的网络,有望成为世界上野外规模最大的无线传感器网络。

对于无线传感器网络长时间、大规模、连续实时的森林生态监测,传感器收集温度等各类数据为多种应用提供支持,从而实现研究人员在总控制室就可以监控整片森林。对于传感器网络收集的大量数据,可以通过数据挖掘的方法帮助林业科研人员开展环境变化对植物生长的影响的研究。

## (三)物联网在军事领域的应用

物联网被许多军事专家称为"一个未探明储量的金矿",正在孕育军事变革深入发展的新契机。物联网扩大了未来作战的时域、空域和频域,对国防建设各个领域将产生深远影响,并将引发一场划时代的军事技术革命和作战方式的变革。

### 1. 战场感觉精确化

第二次世界大战后局部战争的实践充分说明，战场安全性是相对的，整体防御体系难免存在一定漏洞，要想弥补漏洞，就必须对包括现有指挥控制系统在内的相关系统进行升级改造，使战场感知能力不断适应未来作战的需求。物联网似乎可以担当此重任。

据称，美军目前已建立了具有强大作战空间态势感知优势的多传感器信息网，这可以说是物联网在军事应用中的雏形。美国国防高级研究项目管理局已研制出一些低成本的自动地面传感器，这些传感器可以迅速散布在战场上并与设在卫星、飞机、舰艇上的所有传感器有机融合，通过情报、监视和侦察信息的分布式获取，形成全方位、全频谱、全时域的多维侦察监视预警体系。据报道，在伊拉克战争中，美军多数打击是靠战场感知行动临时传递的目标信息而实施对敌攻击，甚至有人将信息化条件下作战称为"传感器战争"。而物联网堪称信息化战场的宠儿，将为战场上带来新的电子眼和电子耳。

与当前美军传感器网相比，物联网最大的优势在于其可以在更高层次上实现战场感知的精确度、系统化和智能化。可以把过去在战场上需要几个小时乃至更长时间才能够完成处理、传送和利用的目标信息，压缩到几分钟、几秒钟，甚至同步。它能够实现战场实时监控、目标定位、战场评估、核攻击和生物化学攻击的监测和搜索等功能。通过大规模节点部署，有效避免侦察盲区，为火控和制导系统提供精确的目标定位信息。同时，其感知能力不会因某一节点的损坏而导致整个监测系统的崩溃，各汇聚节点将数据送至指挥部，最后融合来自各战场的数据形成完备的战场态势图。IPv6 作为物联网的关键技术之一，其海量的地址空间、高度的灵活性和安全性、可动态地进行地址分配以及完全的分布式结构等特性，是以前所有技术难以比拟的，具有重大的军事价值。通过 IPv6 技术完全可以实现为物联网每个传感器节点分配一个单独的 IP 地址，世界上的一草一木、武器库里的一枪一弹，都会被分配一个 IPv6 地址。通过飞机向战场撒落肉眼观察不到的传感器尘埃，利用物联网实时采集、分析和研究监测数据，哪怕是一粒沙子的陨落也不会逃脱，真正实现感知世界每个角落。

### 2. 武器装备智能化

军用机器人自 20 世纪 60 年代在印支战场崭露头角以来，作为一支新军，其受到了各军事强国的高度重视，纷纷投入巨资予以研究与开发，仅美国目前已开发出和列入研制计划的各类智能军用机器人就达 100 多种。军用机器人巨大的军事潜能和超强的作战功效将使其成为未来战争舞台上一支不可忽视的军事力量。

目前，虽然越来越多的具有普通技能的机器人走入了军营，但这些机器人的应用范围有限，机动能力、智能化程度还不高，且仍需人遥控。真正意义上的军用机器人，机动速度快、部署更加灵敏，高智能化水平使其具备独立作战的能力。因此，要制造出能在战场上使用的完全的"智能"机器人还有很多技术问题亟待突破。而物联网是一种能将包括人在内的所有物品相互连接，并允许它们相互通信的网络概念。物联网不仅是物与人、物与物之间的相连，还包括机器和机器之间的通信。物联网被誉为"武器装备的生命线"，随着信息技术的进一步发展，物联网与人工智能、纳米技术的结合应用，将使未来战场的作战形式发生巨大改变。新一代网络协议能够让每个物体都可以在互联网上有自己的"名字"，嵌入式智能芯片技术可以让目标物体拥有自己的"大脑"来运算和分析，纳米技术和小型化技术还可以使目标对象越来越小。在不远的将来，你不仅可以与身边的一切物体"交流"，而且物体与物体之间也可以"开口讲话"。在这些技术支持下，具有一定信息获取和信息处理能力的全自主智能作战机器人将从科幻电影中步入现实，各种以物联网为基础的自动作战武器将成为战场主角。在巷战中，这些机器人可以替代作战人员钻洞穴、爬高墙、潜入作战区，快速捕捉战场上的目标，测定火力点的位置，探测隐藏在建筑物、坑道、街区中的敌人，迅速测算射击参数，保证实施精确打击。机器人小分队还可以在非常危险的环境中进行协同作战，它们具有智能决策、自我学习和机动侦察的能力，可比人类士兵以更快的速度观察、思考、反应和行动，操作人员只需下达命令，不需要任何同步控制，机器人即可完成任务并自行返回出发地。

### (四)物联网在农业生产领域的应用

农业在我们看来是一个传统的产业，按照传统的方式进行生产。在中国，农业生产基本上还处于靠天吃饭的状态，但物联网技术在农业生产方面的应用将彻底改变农业生产的方式，也将改变人们对农业的印象和看法。

#### 1. 滨州联通智慧农业物联网项目示范[①]

从在滨州召开的全国"生态农业"现场办公会上获悉，滨州联通独家承建的滨州市经济开发区农业物联网项目被确定为"生态农业"物联网示范基地，并赢得滨州市委市政府和社会各界的高度评价。

在该项目中，作为承建方的滨州联通为滨州经济开发区万亩蔬菜园物联网平台项目提供了完备的技术方案、优良网络及快捷服务，并与第三方合作，共同打造了此项目。该项目是滨州市经济开发区管委会重点农业基地，其中一期工程包含八个蔬菜大棚的物联网监控应用，并受到滨州市政府的高度关注。该系统在每个大棚内都设置一台自动收集传输土壤、空气温度、湿度、浓度四项参数的物联网采集设备，并都有一个视频监控装置。该系统通过温度传感器、湿度传感器等设备，检测环境中的温度、相对湿度、土壤养分等物理量参数，并通过各种仪器、LED显示屏实时显示或作为自动控制的参变量参与到自动控制中，保证农作物有一个良好、适宜的生长环境。远程控制的实现则使技术人员在办公室就能对多个大棚的环境进行监测控制。采用无线网络来测量获取作物生长的最佳条件，可以为温室精准调控提供科学依据，从而达到增产、改善品质、调节生长周期和提高经济效益的目的。

据悉，2013年还有200多个大棚接入此平台。项目的成功实施不仅加快了物联网技术在滨州数字农耕时代的应用，也加速了滨州智慧城市信息化产品的推广进程。

#### 2. 物联网带来智慧农业[②]

坐在办公室里，只要点点鼠标，就能知道农田里葡萄的生长情况。由天津汉沽农业

---

[①] 资料来源：http://miit.ccidnet.com/art/32661/20121120/4479749_1.html。

[②] 资料来源：http://www.cnii.com.cn/xxs/content/2012-11/19/content_1020653.htm。

技术推广站承担的《基于物联网的绿色农产品安全生产基地建设及配套技术引进与示范》科研项目通过专家验收，这也标志着滨海新区葡萄生产网络服务平台正式投用。今后，由物联网带来的"智慧农业"将走进葡萄种植的生长环节。

据了解，该项目采用具有"全面感知、可靠传递、智能处理、及时反馈、无处不在"特点的物联网技术，引进并转化生态环境数据采集技术和作物病虫害智能监测技术、基于 WebGIS 的病虫害预测预报技术和有害生物测报模型管理技术，建立天津滨海新区葡萄基础信息管理系统、病虫害预警系统、决策信息发布系统，从而形成葡萄生产网络服务平台。

该平台通过设在葡萄园里的无线传感器，可以实时采集、存储其所在地点的各种土壤和环境参数，获得土壤温度、水分、空气湿度、光照度等数据。而这些数据又能直接输入监控室的计算机内，工作人员可以根据监测数据，结合作物生长特性和相关病虫害发生、危害规律，通过农村广播和手机短信为农户提供病虫害预警、病虫害管理等实时决策信息服务，科学指导葡萄作物生产。

此外，系统还将集成测土配方施肥、节水灌溉等技术，为大棚通风、喷洒农药、浇灌施肥等提供参考，让对葡萄种植的外行也能根据建议开展种植。预计通过节水、节肥、节药和避免病虫害，可以使每亩地增效 2000 元。

## 任务四　物联网的过去与未来概述

继计算机、互联网和移动通信之后，业界普遍认为物联网将引领信息产业革命的新一次浪潮，成为未来社会经济发展、社会进步和科技创新的最重要的基础设施，也将关系到未来国家物理基础设施的安全利用。由于物联网融合了半导体、传感器、计算机、通信网络等多种技术，它即将成为电子信息产业发展的新的制高点。

物联网理念最早可追溯到比尔·盖茨 1995 年的《未来之路》一书。在《未来之路》一书中，比尔·盖茨已经提及物联网，只是当时受限于无线网络、硬件及传感设备的发展，并未引起重视。1998 年，美国麻省理工学院(MIT)创造性地提出了当时被称为 EPC 系统的物联网构想。1999 年，建立在物品编码、RFID 技术和互联网的基础上，美国 Auto-ID 中心首先提出了物联网的概念。

物联网的基本思想虽出现于 20 世纪 90 年代，但直到近年来才真正引起人们的关注。2005 年 11 月 17 日，在信息社会世界峰会(WSIS)上，国际电信联盟(ITU)发布了《ITU 互联网报告 2005：物联网》。该报告指出，无处不在的"物联网"通信时代即将来临，世界上所有的物体从轮胎到牙刷、从房屋到纸巾都可以通过物联网主动进行信息交换。射频识别技术(RFID)、传感器技术、纳米技术、智能嵌入技术将得到更加广泛的应用。欧洲智能系统集成技术平台(EPoSS)于 2008 年在《物联网 2020》(*Internet of Things in 2020*) 报告中分析预测了未来物联网的发展阶段。

奥巴马就任美国总统后，于 2009 年 1 月 28 日与美国工商业领袖举行了一次"圆桌会议"。作为仅有的两名代表之一，IBM 首席执行官彭明盛首次提出"智慧地球"这一概念，建议新政府投资新一代智慧型基础设施。奥巴马对此给予了积极的回应："经济刺激资金将会投入到宽带网络等新兴技术中去，毫无疑问，这就是美国在 21 世纪保持和夺回竞争优势的方式。"此概念一经提出，即得到美国各界的高度关注，甚至有分析认为，IBM 公司的这一构想极有可能上升至美国的国家战略高度，并在世界范围内引起轰动。

2009 年，欧盟执委会发表题为《Internet of Things——An action plan for Europe》的物联网行动方案，描绘了物联网技术应用的前景，并提出要求加强对物联网的管理，完善隐私和个人数据保护，提高物联网的可信度，推广标准化，建立开放式的创新环境，推广物联网应用等行动建议。韩国通信委员会于 2009 年出台了《物联网基础设施构建基本规划》，该规划是在韩国政府之前的一系列 RFID/USN(传感器网)相关技术的基础上提出的，目标是要在已有的 RFID/USN 应用和实验网条件下构建世界最先进的物联网基础设施、发展物联网服务、研发物联网技术、营造物联网推广环境等。2009 年日本政府 IT 战略本部制定了日本新一代的信息战略《i-Japan 战略 2015》，该战略旨在到 2015 年让数字信息技术如同空气和水一般融入每个角落，聚焦电子政务、医疗保健和人才教育三大核心领域，激活产业和地域的活性并培育新产业，以及整顿数字化基础设施。

我国政府也高度重视物联网的研究与发展。我国政府高层一系列的重要讲话、报告和相关政策措施表明：大力发展物联网产业将成为今后一项具有国家战略意义的重要决策，随着物联网的发展和广泛应用，我们的地球将变得越来越智慧，"智慧地球"将成为我们星球的最大特点。展望未来，物联网是大势所趋，势不可当。也许我们现在难以用语言描述未来物联网时代的生活，但可以肯定的是：物联网会改变我们的生活，会让我们的生活更加美好！

## 本 章 小 结

通过对本章的学习，能够了解物联网的产生以及物联网的基本概念、物联网的核心技术架构以及物联网的应用。(本章分为四个任务：一是物联网概述；二是物联网的关键技术架构；三是物联网技术的应用；四是物联网技术的过去与未来概述)能够识别物联网与互联网的区别，知道物联网的核心技术构成，了解物联网在物流领域的应用。

## 习 题

**问答题**

1. 什么是物联网？它与互联网有什么不同？
2. 物联网有什么特点？
3. 简述物联网的技术架构。
4. 物联网的典型应用领域有哪些？
5. 你期待的物联网生活是怎样的？

# 案 例 分 析

## 7个有效的物联网应用案例

物联网应用的真正价值远远大于联网小工具和智能冰箱。在许多情况下,物联网应用正在帮助公司提高效率,降低成本并推动收入增长。但是,虽然您可能会想到典型的物联网应用案例,比如工业自动化或农业中的物联网,但我敢肯定您没有想过跟踪犀牛。看看下面7个物联网使用案例。

**1. 监控囚犯**

在美国,私人监狱和监狱运营方通常会为参加 GED(高中)课程或继续教育等康复计划的囚犯报销费用,但要确保签到表不被任何方式操纵或更改是很困难的。在囚犯身上使用 RFID 跟踪设备可以收集更多可审核的具体数据。

RFID 追踪还在任何特定时间增加了关于囚犯位置的特定功能,包括他们在监狱内、监狱外、用餐花费的时间等。由于隐私问题,人员跟踪通常会有问题——但在监狱中,这不是问题。

**2. 跟踪犀牛**

在南非,Symphony Link 被用来追踪大型保护区里的犀牛。保护区工作人员在犀牛角上钻一个洞,并插入了一个基于 GPS 的跟踪装置,该装置将位置信息无线发送到网关。这使得保护区管理员可以随时知道所有犀牛的位置,如果一头犀牛靠近保护区边缘——偷猎可能性更大——他们可以派遣人员更密切地监控这头犀牛。

**3. 紧急响应系统**

如果像消防员、医生或警察这样的紧急救援人员被派往他们的普通手持无线电设备不起作用的地方,比如地铁隧道,物联网设备可以帮助他们相互发送短信。这增加了额外的安全性和安保级别。

**4. 学校安全系统**

学校安全是一个重要的话题——物联网正在彻底改变这种可能性。最近,Stanley Mechanical Solutions 发布了其校园防护系统,该系统采用 LoRa 技术,它允许教师和管理员点击一个按钮就可以锁上校门和教室门,此行动还可以给执法部门发送警报信息。

**5. 城市交通流量监测**

一些城市管理者已经将物联网用于帮助其了解哪里需要新的停车设施。这是通过查看同一辆车(通过驾驶员或乘客的手机蓝牙广播信号)多次行驶某一点来完成的,这表明驾驶员找不到停车位。

**6. 滑雪者和滑雪板跟踪**

物联网已遍布全球各地的许多滑雪胜地。追踪滑雪者不仅仅是度假胜地的内部安全管理要求,对于希望增加安全性或能够在整个度假村追踪其家人的滑雪者来说,更是如此。

**7. 客户满意度监测**

您有没有看到在机场内航空公司值机柜台的边上放了一个小盒子,这是让您评价值机体验。它可能有三个简单按钮,您可以按下:"好""非常好"或"不好"。在这里,物联网被用来捕获这个值机点的客户情绪,如果有更多的人按下"不好"按钮,那么该航空公司可能需要进一步调查原因所在了。

(资料来源:http://www.iotworld.com.cn/html/News/201901/5d729c35bd9922ca.shtml)

**思考题**

1. 如何利用物联网技术跟踪犀牛?
2. 物联网技术可以应用到哪些领域?
3. 你觉得我们的生活中还有哪些领域可以利用物联网技术来改善?

# 第四章 物流动态跟踪技术

【知识目标】

- 了解 GPS 的概念、特点、构成及使用的原则。
- 掌握 GIS 的功能、特点及组成。

【能力目标】

能用 GIS 与 GPS 进行物流信息的查询与分析。

【素质目标】

表达沟通、实训操作、团队协作。

## 引导案例

### 烟草物流 GIS 配送优化方案

**1. 我国烟草物流 GIS 应用现状**

目前国内烟草软件开发公司能够提出完整的多点物流配送算法的专业公司还非常少,原因是开发商只有经过长期的积累,才能了解烟草及物流行业相关复杂的业务和管理流程,而一些物流软件开发公司虽然对物流的环节比较熟悉,但是对 GIS,特别是适应烟草物流大集中业务模式的 WEB/GIS 技术方面比较陌生,而城市多点物流配送的算法很难和这两方面脱离开,所以造成没有太多公司能提供完善而成熟的烟草多点物流配送算法模型。而国外的路径算法的模型软件,也很难符合中国路网规则、城市交通规则以及频繁的变化需求,更难符合改革中的中国烟草的管理流程。

国内的烟草物流对于 GIS 的应用也存在认识上的偏差,大部分的烟草物流应用只单纯利用 GPS 技术实现查询烟草物流配送车辆的位置、轨迹。这对于干线运输来说,基本可以满足要求,但是对于基层地市烟草公司,特别是城网和农网烟草的多点配送应用来说,只知道车的位置是远远不够的。合理的配送线路优化和按动态烟草订单配载,将直接提高配、运效率,大大降低烟草物流成本。

**2. 烟草物流 GIS 配送优化系统**

物流烟草配送 GIS 及线路优化系统是基于集成了国际上发展成熟的网络数据库、WEB/GIS 中间件、GPS、GPRS 通信技术,采用地图引擎中间件(GS-GMS-MapEngine for Java)产品为核心开发技术平台,结合物流的实际,开发设计的集烟草配送线路优化、烟草配送和烟草稽查车辆安全监控、烟草业务(访销、CRM 等)可视化分析、烟草电子地图查询为一体的物流 WEB/GIS 综合管理信息系统。该系统利用 WEB/GIS 强大的地理数据功能来完善物流分析,及时获取直观可视化的第一手综合管理信息,即可直接合理调配人力、运力资源,求得最佳的送货路线,又能有效地为综合管理决策提供依据。系统中使用的 GPS 技术可以实时监控车辆的位置,根据道路交通状况向车辆发出实时调度指令,实现对车辆进行远程管理。烟草物流开发使用 GIS 线路优化系统后,可以实现以下六大应用功能:

(1) 烟草配送线路优化系统。选择订单日期和配送区域后自动完成订单数据的抽取,根据送货车辆的装载量、客户分布、配送订单、送货线路交通状况、司机对送货区域的熟悉程度等因素设定计算条件,系统进行送货线路的自动优化处理,形成最佳送货路线,保证送货成本及送货效率最佳。线路优化后,允许业务人员根据业务具体情况进行临时线路的合并和调整,以适应送货管理的实际需要。

(2) 烟草综合地图查询。能够基于电子地图实现客户分布的模糊查询、行政区域查询和任意区域查询,查询结果实时在电子地图上标注出来。通过使用图形操作工具如放大、缩小、漫游、测距等,来具体查看每一客户的详细情况。

(3) 烟草业务地图数据远程维护。提供基于地图方式的烟草业务地图数据维护功能,还可以根据采集的新变化的道路等地理数据及时更新地图。具有对烟户点的增、删、改；对路段和客户数据的综合初始化；对地图图层的维护操作；地图服务器系统的运行故障修复和负载均衡等功能。

(4) 烟草业务分析。实现选定区域、选定时间段的烟草订单访销区域的分布，进行复合条件查询；在选定时间段内的各种品牌香烟的销量统计和地理及烟草访销区域分布；配送车组送货区域的地图分布。在各种查询统计、分析现有客户分布规律的基础上，通过空间数据密度计算，挖掘潜在客户；通过对配送业务的互动分析，扩展配送业务(如第三方物流)。

(5) 烟草物流 GPS 车辆监控管理。通过对烟草送货车辆的导航跟踪，提高车辆运作效率，降低车辆管理费用，抵抗风险。其中，车辆跟踪功能是对任一车辆进行实时的动态跟踪监控，提供准确的车辆位置及运行状态、车组编号及当天的行车线路查询。报警功能是当司机在送货途中遇到被抢被盗或其他紧急情况时，按下车上的 GPS 报警装置向公司的信息中心报警。轨迹回放功能是根据所保存的数据，将车辆在某一历史时间段的实际行车过程重现于电子地图上，随时查看行车速度、行驶时间、位置信息等，为事后处理客户投诉、路上事故、被抢被盗提供有力证据。

(6) 烟草配送车辆信息维护。根据车组和烟草配送人员的变动，及时在这一模块中进行车辆、司机、送货员信息的维护操作，包括添加车辆和对现有车辆信息的编辑。

物流烟草配送 GIS 及线路优化系统的上线运行，标志着物流的信息化建设迈上了一个新的台阶，对白沙打造数字化的跨区物流企业进程中起到了巨大的推动作用。这种"多点配送路径优化应用系统"也同样非常适用于国家专卖食盐配送、家电配送、易腐蚀食品(乳制品)、冷冻食品、高级时令果品蔬菜的多点配送、城市大面积工作配餐以及加油站油品(危险品)配送等等，这些行业之间可以互相借鉴，不断实现供应链优化，促进跨区配送的精确化发展。

(资料来源：物流产品网)

讨论：

1. 物流烟草配送 GIS 及线路优化系统都有哪些功能？
2. GPS 和 GIS 是如何应用于物流烟草配送的？

# 任务一　GIS 技术识别

## 一、GIS 技术简介

### (一)GIS 概念

GIS 即地理信息系统(Geographic Information System)，它是以地理空间数据库为基础，在计算机软硬件的支持下，运用系统工程和信息科学的理论，科学管理和综合分析具有空间内涵的地理数据，以提供管理、决策等所需信息的技术系统。简单地说，GIS 是综合处理和分析地理空间数据的一种技术系统，是以测绘测量为基础，以数据库作为数据存储和使用的数据源，以计算机编程为平台的全球空间分析即时技术。地理信息系统作为获取、存储、分析和管理地理空间数据的重要工具、技术和学科，近年来得到了广泛的关注和迅猛的发展。从技术和应用的角度来看，GIS 是解决空间问题的工具、方法和技术。

从学科的角度来看，GIS 是在地理学、地图学、测量学和计算机科学等学科基础上发展起来的一门学科，具有独立的学科体系。从功能上看，GIS 具有空间数据的获取、存储、显示、编辑、处理、分析、输出和应用等功能。从服务的角度来看，GIS 是指为居民生产生活提供地理信息服务的系统，又称地理信息服务(Geographic Information Service)。从系统学的角度来看，GIS 具有一定的结构和功能，是一个完整的系统。

简而言之，GIS 是一个基于数据库管理系统(DBMS)的分析和管理空间对象的信息系统，以地理空间数据为操作对象是地理信息系统与其他信息系统的根本区别。

### (二)GIS 系统的组成

GIS 系统由硬件、软件、数据、人员和方法五个主要的元素构成，如图 4-1 所示。

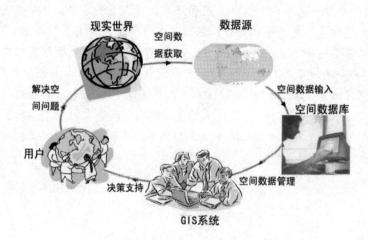

图 4-1　GIS 系统的组成

#### 1. 硬件

硬件是 GIS 所操作的计算机。目前，从中央计算机服务器到桌面计算机，从单机到网络环境，GIS 软件可以在很多类型的硬件上运行。

#### 2. 软件

GIS 软件提供所需的存储、分析和显示地理信息的功能和工具。主要的软件部件有输入和处理地理信息的工具；数据库管理系统(DBMS)；支持地理查询、分析和视觉化的工具；容易使用这些工具的图形化界面(Graphical User Interface，GUI)，如图 4-2 所示。

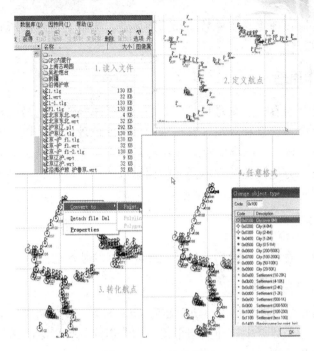

图 4-2　GIS 软件界面

### 3. 数据

一个 GIS 系统中最重要的部件就是数据了。地理数据和相关的表格数据可以自己采集或者从商业数据提供者处购买。GIS 将把空间数据和其他数据源的数据集成在一起,而且可以使用那些被大多数公司用来组织和保存数据的数据库管理系统来管理空间数据。

### 4. 人员

如果没有人来管理系统和制订计划应用于实际问题,GIS 技术将没有什么价值。GIS 的用户范围包括从设计和维护系统的技术专家,到那些使用该系统并完成他们每天工作的人员。

### 5. 方法

成功的 GIS 系统具有良好的设计计划和自己的事务规律。而且对每一个公司来说,具体的操作实践又是独特的。

## 二、GIS 工作原理及功能

地理信息系统(GIS)技术是近些年迅速发展起来的一门空间信息分析技术,在资源与环境应用领域中,它发挥着技术先导的作用。GIS 技术不仅可以有效地管理具有空间属性的各种资源环境信息,对资源环境管理和实践模式进行快速和重复的分析测试,便于制定决策、进行科学和政策的标准评价,而且可以有效地对多时期的资源环境状况及生产活动变化进行动态监测和分析比较,也可将数据收集、空间分析和决策过程综合为一个共同的信息流，明显地提高工作效率和经济效益，为解决资源环境问题及保障可持续发展提供技术支持。

## (一) GIS 工作原理

GIS 是利用计算机存储、处理地理信息的一种技术与工具，是一种在计算机软、硬件支持下，把各种资源信息和环境参数按空间分布或地理坐标，以一定格式和分类编码输入、处理、存储、输出，以满足应用需要的人-机交互信息系统。它通过对多要素数据的操作和综合分析，方便快速地把所需要的信息以图形、图像、数字等多种形式输出，满足各应用领域或研究工作的需要。

## (二) GIS 功能

大多数功能较全的 GIS 一般均具备以下五种类型的基本功能。

### 1. 数据采集与编辑功能

GIS 的核心是一个地理数据库，所以建立 GIS 的第一步是将地点的实体图形数据和描述它的属性数据输入数据中，即数据采集。为了消除数据采集的错误，需要对图形及文本数据进行编辑和修改。

### 2. 属性数据编辑与分析功能

属性数据比较规范，适于用表格表示，所以许多地理信息系统都采用关系数据库管理系统进行管理。通常的关系数据库管理系统(RDBMS)都为用户提供了一套功能很强的数据编辑和数据库查询语言，即 SQL，系统设计人员可据此建立友好的用户界面，以方便用户对属性数据的输入、编辑与查询。除文件管理功能外，属性数据库管理模块的主要功能之一是提供用户定义各类地物的属性数据结构的功能。由于 GIS 中各类地物的属性不同，描述它们的属性项及值阈也不同，所以系统应提供用户自定义数据结构的功能，此外还应提供修改结构的功能，以及提供复制结构、删除结构、合并结构等功能。

### 3. 制图功能

GIS 的核心是一个地理数据库。建立 GIS 首先要将地面上的实体图形数据和描述它的属性数据上传到数据库中，并能编制用户所需要的各种图件。因为大多数用户目前最关心的是制图。从测绘角度来看，GIS 是一个功能极强的数字化制图系统。然而计算机制图需要涉及计算机的外围设备，各种绘图仪的接口软件和绘图指令不尽相同，所以 GIS 中计算机绘图的功能软件并不简单，如 ARC/INFO 的制图软件包具有上百条命令，它需要设置绘图仪的种类、绘图比例尺、确定绘图原点和绘图大小等。一个功能强大的制图软件包还具有地图综合、分色排版的功能。根据 GIS 的数据结构及绘图仪的类型，用户可获得矢量地图或栅格地图。地理信息系统不仅可以为用户输出全要素地图，而且可以根据用户需要分层输出各种专题地图，如行政区划图、土壤利用图、道路交通图、等高线图等，还可以通过空间分析得到一些特殊的地学分析用图，如坡度图、坡向图、剖面图等。

#### 4. 空间数据库管理功能

地理对象通过数据采集与编辑后,可以形成庞大的地理数据集。对此需要利用数据库管理系统来进行管理。GIS 一般都装配有地理数据库,其功效类似于对图书馆的图书进行编目、分类存放,以便于管理人员或读者快速查找所需的图书。其基本功能包括数据库定义、数据库的建立与维护、数据库操作和通信功能。

#### 5. 空间分析功能

通过空间查询与空间分析得出决策结论,是 GIS 的出发点和归宿。在 GIS 中,这属于专业性、高层次的功能。与制图和数据库组织不同,空间分析很少能够规范化,这是一个复杂的处理过程,需要懂得如何应用 GIS 目标之间的内在空间联系并结合各自的数学模型和理论来制定规划和决策。由于它的复杂性,目前的 GIS 在这方面的功能总体来说比较欠缺。典型的空间分析有以下几种。

(1) 拓扑空间查询。空间目标之间的拓扑关系有两类,一种是几何元素的节点、弧段和面块之间的关联关系,用以描述和表达几何要素间的拓扑数据结构;另一种是 GIS 中地物之间的空间拓扑关系,这种关系可以通过关联关系和位置关系隐含表达,用户需通过特殊的方法进行查询。

(2) 缓冲区分析。缓冲区分析是根据数据库的点、线、面实体,自动建立其周围一定宽度范围的缓冲区多边形,它是地理信息系统重要的和基本的空间分析功能之一。

(3) 叠置分析。将同一地区、同一比例尺的两组或更多多边形要素的数据文件进行叠置,根据两组多边形边界的交点来建立具有多重属性的多边形或进行多边形范围的属性特征的统计分析。

(4) 空间集合分析。空间集合分析是按照两个逻辑子集给定的条件进行逻辑交运算、逻辑并运算和逻辑差运算。

(5) 地学分析。地理信息系统除具有以上基本功能外,还提供了一些专业性较强的应用分析模块,如网络分析模块,它能够用来进行最佳路径分析,以及追踪某一污染源流经的排水管道等。土地适应性分析可以用来评价和分析各种开发活动,包括农业应用、城市建设、农作物布局、道路选线等用地,优选出最佳方案,为土地规划提供参考意见。发展预测分析可以根据 GIS 中存储的丰富信息,运用科学的分析方法,预测某一事物如人口、资源、环境、粮食产量等及今后的可能发展趋势,并给出评价和估计,以调节控制计划或行动。另外,利用地理信息系统还可以进行最佳位址的选择、新修公路的最佳路线选择、辅助决策分析和地学模拟分析等。GIS 地理分析功能,如图 4-3 所示。

(6) 数字高程模型的建立。数字高程模型有两种主要的形式,包括格网 DEM 和不规则三角网(TIN)。格网 DEM 数据简单、便于管理,但因格网高程是原始采样点的派生值,内插过程将损失高程精度,仅适合于中小比例尺 DEM 的构建。TIN 直接利用原始高程取样点重建表面,它能充分利用地貌特征点、线,较好地表达复杂的地形,但 TIN 存储量大,不便于大规模规范管理,并难以与 GIS 的图形矢量数据或栅格数据以及遥感影像数据进行联合分析应用。所以一般的 GIS 都提供了两种数字高程模型的软件包,用户可以根据需要进行选择。数字高程模型建立后就可以进行地形分析。地形分析包括等高线分析、透视图分析、坡度坡向分析、断面图分析及地形表面面积和挖填方体积计算、最佳路径分析、追踪污染源流分析、农业布局合理性分析、城市布局合理性分析和道路选线分析等。

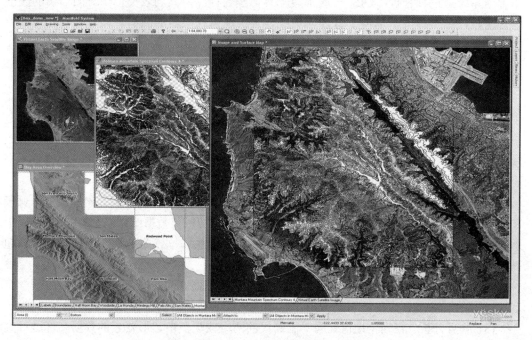

图 4-3 GIS 地理分析功能

# 任务二 GIS 的应用

## (一)GIS 的应用范围

地理信息系统在最近 30 多年内取得了惊人的发展,被广泛应用于资源调查、环境评估、灾害预测、国土管理、城市规划、邮电通信、交通运输、军事、公安、水利电力、公共设施管理、农林牧业、统计、商业金融、测绘、应急、石油石化等国民经济各个领域。

下面介绍地理信息系统在各自领域内的作用。

(1) 资源管理。GIS 主要应用于农业和林业领域,用以解决农业和林业领域各种资源(如土地、森林、草场)分布、分级、统计、制图等问题。

(2) 资源配置。在城市中的各种公用设施、救灾减灾中物资的分配、全国范围内能源保障、粮食供应等机构在各地的配置等都是资源配置问题。GIS 在这类应用中的目标是保证资源的最合理配置和发挥最大效益。

(3) 城市规划和管理。空间规划是 GIS 的一个重要应用领域,城市规划和管理是其中的主要内容。例如,在大规模城市基础设施建设中,如何保证绿地的比例和合理分布,如何保证学校、公共设施、运动场所、服务设施等能够获得最大的服务面(城市资源配置问题)等。

(4) 土地信息系统和地籍管理。土地和地籍管理涉及土地使用性质变化、地块轮廓变化、地籍权属关系变化等许多内容，借助 GIS 技术可以高效、高质量地完成这些工作。

(5) 生态、环境管理与模拟。这部分内容包括区域生态规划、环境现状评价、环境影像评价、污染物削减分配的决策支持、环境与区域可持续发展的决策支持、环保设施的管理及环境规划等。

(6) 应急响应。应急响应能解决在发生洪水、战争、核事故等重大自然或人为灾害时，如何安排最佳的人员撤离路线并配备相应的运输和保障设施的问题。

(7) 地学研究与应用。地形分析、流域分析、土地利用研究、经济地理研究、空间决策支持、空间统计分析和制图等都可以借助地理信息系统工具完成。

(8) 商业与市场。商业设施的建立必须充分考虑其市场潜力。例如大型商场的建立如果不考虑其他商场的分布、待建区周围居民区的分布和人数，建成之后就可能无法获得预期的市场和服务面。有时甚至商场销售的品种和市场定位都必须与待建区的人口结构(年龄构成、性别构成、文化水平)、消费水平等结合起来考虑。地理信息系统的空间分析和数据库功能可以解决这些问题。房地产开发和销售也可以利用 GIS 功能进行决策和分析。

(9) 基础设施管理。城市的地上地下基础设施(电信、自来水、道路交通、天然气管线、排污设施、电力设施等)广泛分布于城市的各个角落，且这些设施明显具有地理参照特征。它们的管理、统计和汇总都可以借助 GIS 完成，而且可以大大提高工作效率。

(10) 选址分析。根据区域地理环境的特点，综合考虑资源配置、市场潜力、交通条件、地形特征、环境影响等因素，在区域范围内选择最佳位置是 GIS 的一个典型应用领域，充分体现了 GIS 的空间分析功能。

(11) 网络分析。建立交通网络、地下管线网络等计算机模型，研究交通流量，交通规则辅助分析，处理地下管线突发事件(爆管、断路)等。警务和医疗救护的路径优选、车辆导航等也是 GIS 网络分析应用的实例。

(12) 可视化应用。以数字地形模型为基础，建立城市、区域或大型建筑工程、著名风景名胜区的三维可视化模型，实现多角度浏览，可广泛应用于宣传、城市和区域规划、大型工程管理和仿真及旅游等领域。

(13) 分布式地理信息应用。随着网络和 Internet 技术的发展，运行于 Intranet 或 Internet 环境下的地理信息系统的目标是实现地理信息的分布式存储和信息共享，以及远程空间导航等。

## (二)GIS 的相关技术

虽然 GIS 与其他几种信息系统密切相关，但其处理和分析地理数据的能力使其与它们又具有明显的区别。尽管没有什么硬性和快速的规则来给这些信息系统分类，但下面的讨论可以帮助读者区分 GIS 和桌面制图、计算机辅助设计(CAD)、遥感 GPS 和数据库管理系统(DBMS)技术。

### 1. 桌面制图

桌面制图系统用地图来组织数据和用户交互。这种系统的主要目的是产生地图，而地图就是数据库。大多数桌面制图系统只有极其有限的数据管理、空间分析以及个性化能力。桌面制图系统在桌面计算机上进行操作，例如 PC、Macintosh 以及小型 UNIX 工作站。

### 2. 计算机辅助设计(CAD)

计算机辅助设计(CAD)系统促进了建筑物和基本建设的设计和规划。这种设计需要装配固有特征的组件来产生整个结构。这些系统需要一些规则来指明如何装配这些部件，并具有非常有限的分析能力。CAD 系统已经扩展为可以支持地图设计，但管理和分析大型的地理数据库的工具很有限。

### 3. 遥感 GPS

遥感是一门使用传感器对地球进行测量的科学和技术，例如飞机上的照相机、全球定位系统(GPS)接收器等。这些传感器以图像的格式收集数据，并为利用、分析和可视化这些图像提供专门的功能。由于其缺乏强大的地理数据管理和分析作用，所以还不能叫作真正的 GIS。

### 4. 数据库管理系统(DBMS)

数据库管理系统专门研究如何存储和管理所有类型的数据，其中包括地理数据。DBMS 使存储和查找数据最优化，许多 GIS 因此而依靠它。相对于 GIS 而言，它们没有分析和可视化的工具。

#### GIS 在物流运输管理信息系统中的应用

作为一个基于数据库分析和管理空间对象的工具，GIS 能够很好地弥补物流系统空间和时间具有离散性的不足。我们可以利用 GIS 强大的空间数据处理能力，统一资源管理平台，管理和维护好多源信息；利用 GIS 提供的可视结果，提高物流业的决策效率。

GIS 能在运输路线的优化和车辆调度方面解决大量信息的查询、分析与处理问题，并在运输管理决策层面提供分析问题、建立模型、模拟决策过程的环境。因此，加大 GIS 在物流运输管理信息系统中的应用，对物流企业实现智能管理、降低服务成本、提高作业效率至关重要。

GIS 在物流运输管理信息系统中的应用如下。

**1. 实时监控**

经过 GSM 网络的数字通道，将信号输送到车辆监控中心，监控中心通过差分技术换算位置信息，然后通过 GIS 将位置信号用地图语言显示出来，货主、物流企业可以随时了解车辆的运行状况、任务执行和安排情况，使得不同地方的流动运输设备变得透明而且可控。另外还可能通过远程操作、断电锁车、超速报警对车辆行驶进行实时限速监管、偏移路线预警、疲劳驾驶预警、危险路段提示、紧急情况报警、求助信息发送等安全管理，保障驾驶员、货物、车辆及客户的财产安全。

### 2. 指挥调度

客户经常会因突发性的变故而在车队出发后要求改变原定计划：有时公司在集中回程期间临时得到了新的货源信息，有时几个不同的物流项目要交叉调车。在上述情况下，监控中心借助于 GIS 就可以根据车辆信息、位置、道路交通状况向车辆发出实时调度指令，用系统的观念运作企业业务，达到充分调度货物及车辆的目的，降低空载率，提高车辆运作效率。如为某条供应链服务，则能够发挥第三方物流的作用，把整个供应链上的业务操作变得透明，从而为企业供应链管理打下基础。

### 3. 规划车辆路径

目前主流的 GIS 应用开发平台大多集成了路径分析模块，运输企业可以根据送货车辆的装载量、客户分布、配送订单、送货线路交通状况等因素设定计算条件，利用该模块的功能，结合真实环境中所采集到的空间数据，分析客、货流量的变化情况，对公司的运输线路进行优化处理，可以便利地实现以费用最小或路径最短等目标为出发点的运输路径规划。

### 4. 定位跟踪

结合 GPS 技术实现实时快速的定位，这对于现代物流的高效率管理来说是非常核心的关键。在主控中心的电子地图上选定跟踪车辆，将其运行位置在地图画面上保存，精确定位车辆的具体位置、行驶方向、瞬间时速，形成直观的运行轨迹。并任意放大、缩小、还原、换图，可以随目标移动，使目标始终保持在屏幕上，利用该功能可对车辆和货物进行实时定位、跟踪，满足掌握车辆基本信息、对车辆进行远程管理的需要。另外轨迹回放功能也是 GIS 和 GPS 相结合的产物，也可以作为车辆跟踪功能的一个重要补充。

### 5. 信息查询

货物发出以后，受控车辆所有的移动信息均被存储在控制中心计算机中——有序存档、方便查询；客户可以通过网络实时查询车辆运输途中的运行情况和所处的位置，了解货物在途中是否安全、是否能快速有效地到达。接货方只需要通过发货方提供的相关资料和权限，就可通过网络实时查看车辆和货物的相关信息，掌握货物在途中的情况以及大概的到达时间。以此来提前安排货物的接收、存放以及销售等环节，使货物的销售链可提前完成。

### 6. 辅助决策分析

在物流管理中，GIS 会提供历史的、现在的、空间的、属性的等全方位信息，并集成各种信息进行销售分析、市场分析、选址分析以及潜在客户分析等空间分析。另外，GIS 与 GPS 的有效结合，再辅以车辆路线模型、最短路径模型、网络物流模型、分配集合模型和设施定位模型等，可构建高度自动化、实时化和智能化的物流管理信息系统，这种系统不仅能够分析和运用数据，而且能为各种应用提供科学的决策依据，使物流变得实时并且成本最优。

目前基于 GIS 的物流运输管理软件本身的质量和市场的需求仍旧存在着一定的差

距,主要体现在 GIS 技术的应用上,成本高昂也是 GIS 技术没能迅速在我国物流管理信息系统中取得广泛应用的主要原因。由于各个部门、机构间缺乏数据共享机制,造成大量重复建设,成本居高不下。GIS 基础空间地理数据,无论从覆盖面、详细程度还是市场价格等各个方面来说,都不能很好地满足需求。

随着国家三大库建设计划的逐步实施、GIS 技术的逐步成熟,以及运输行业的快速发展,上述问题有望在不久的将来得以解决。GIS 的应用必将提升物流企业的信息化程度,使企业日常运作数字化,不仅提高企业运作效率,而且提升企业形象,争取更多的客户。

(资料来源:http://www.chinawuliu.com.cn/xsyj/201203/20/180063.shtml)

# 任务三 GPS 技术识别

## 一、GPS 简介

### (一)GPS 概念

GPS 是英文 Global Positioning System(全球定位系统)的简称。GPS 起始于 1958 年美国军方的一个项目,1964 年投入使用。20 世纪 70 年代,美国陆海空三军联合研制了新一代卫星定位系统 GPS 。主要目的是为陆、海、空三大领域提供实时、全天候和全球性的导航服务,并用于情报收集、核爆监测和应急通信等一些军事目的,经过 20 余年的研究实验,耗资 300 亿美元,到 1994 年,全球覆盖率高达 98% 的 24 颗 GPS 卫星星座布设完成。在机械领域,GPS 则有另外一种含义:产品几何技术规范(Geometrical Product Specifications,GPS)。另外一种解释为 G/s(GB per s)。简而言之,利用 GPS 定位卫星在全球范围内实时进行定位、导航的系统,称为全球卫星定位系统,简称 GPS。GPS 示意图如图 4-4 所示。

图 4-4 GPS 示意图

### (二)GPS 系统的组成

1. 空间部分

GPS 的空间部分由 24 颗卫星组成(21 颗工作卫星,3 颗备用卫星),它位于距地表

20 200km 的上空，均匀分布在 6 个轨道面上(每个轨道面 4 颗)，轨道倾角为 55°。卫星的分布可以在全球任何地方、任何时间都可观测到 4 颗以上的卫星，并能在卫星中预存导航信息，GPS 的卫星因为大气摩擦等问题，随着时间的推移，导航精度会逐渐降低。

### 2. 地面控制系统

地面控制系统由监测站(Monitor Station)、主控制站(Master Monitor Station)和地面天线(Ground Antenna)组成，其中主控制站位于美国科罗拉多州春田市。地面控制站负责收集由卫星传回的讯息，并计算卫星星历、相对距离和大气校正等数据。

### 3. 用户设备部分

用户设备部分即 GPS 信号接收机。其主要功能是能够捕获到按一定卫星截止角所选择的待测卫星，并跟踪这些卫星的运行。当接收机捕获到跟踪的卫星信号后，就可测量出接收天线至卫星的伪距离和距离的变化率，解调出卫星轨道参数等数据。根据这些数据，接收机中的微处理计算机就可按定位计算方法进行定位计算，计算出用户所在地理位置的经纬度、高度、速度、时间等信息。接收机硬件和机内软件以及 GPS 数据的后处理软件包构成完整的 GPS 用户设备。GPS 接收机的结构分为天线单元和接收单元两部分。接收机一般采用机内和机外两种直流电源。设置机内电源的目的在于更换外电源时不中断连续观测。在用机外电源时机内电池自动充电。关机后机内电池为 RAM 存储器供电，以防止数据丢失。目前各种类型的接收机体积越来越小，重量越来越轻，更便于野外观测使用。其次则为使用者接收器，现有单频与双频两种，但由于价格因素，一般使用者所购买的多为单频接收器。

## (三)GPS 的特点

### 1. 全球全天候定位

GPS 卫星数目较多，且分布均匀，保证了地球上任何地方任何时间至少可以同时观测到 4 颗 GPS 卫星，确保实现全球全天候连续的导航定位服务(除打雷闪电不宜观测外)。

### 2. 定位精度高

应用实践已经证明，GPS 相对定位精度在 50km 以内可达 10～6m，100～500km 之间可达 10～7m，1000km 可达 10～9m。在 300～1500m 工程精密定位中，1 小时以上观测时其平面位置误差小于 1mm，与 ME-5000 电磁波测距仪测定的边长相比，其边长校差最大为 0.5mm，校差中误差为 0.3mm。

在实时单点定位、静态相对定位、实时伪距、实时相位的精度如下。

(1) 实时单点定位(用于导航)：P 码 1～2m，C/A 码 5～10m。

(2) 静态相对定位：50km 之内误差为 1～2ppm；50km 以上可达 0.1～0.01ppm。

(3) 实时伪距差分(Real-Time Dinematic，RTD)：精度达分米级。

(4) 实时相位差分(Real-Time Kinematic，RTK)：精度达 1～2cm。

### 3. 观测时间短

随着 GPS 系统的不断完善、软件的不断更新，目前 20km 以内相对静态定位仅需 15～20 分钟；快速静态相对定位测量时，当每个流动站与基准站相距在 15km 以内时，流动站观测时间只需 1～2 分钟；采取实时动态定位模式时，每站观测仅需几秒钟。因而使用 GPS 技术建立控制网，可以大大提高作业效率。

### 4. 测站间无须通视

GPS 测量只要求测站上空开阔，不要求测站之间互相通视，因而不再需要建造觇标。这一优点既可大大减少测量工作的经费和时间(一般造标费用占总经费的 30%～50%)，同时也使选点工作变得更加灵活，也可省去经典测量中的传算点、过渡点的测量工作。

### 5. 仪器操作简便

随着 GPS 接收机的不断改进，GPS 测量的自动化程度越来越高，有的已趋于"傻瓜化"。在观测中测量员只需安置仪器，连接电缆线，量取天线高，监视仪器的工作状态，而其他观测工作，如卫星的捕获、跟踪观测和记录等均由仪器自动完成。结束测量时，仅需关闭电源，收好接收机，便可完成野外数据采集任务。

如果在一个测站需作长时间的连续观测，还可以通过数据通信方式，将所采集的数据传送到数据处理中心，实现全自动化的数据采集与处理。另外，现在的接收机体积也越来越小，相应的重量也越来越轻，极大地减轻了测量工作者的劳动强度。

### 6. 可提供全球统一的三维地心坐标

GPS 测量可同时精确测定测站平面位置和大地高程。目前 GPS 水准可满足四等水准测量的精度，另外，GPS 定位是在全球统一的 WGS-84 坐标系统中计算的，因此全球不同地点的测量成果是相互关联的。

## 二、GPS 的技术原理

### (一) GPS 的工作原理

#### 1. GPS 导航系统的基本原理

GPS 导航系统的基本原理是测量出已知位置的卫星到用户接收机之间的距离，然后综合多颗卫星的数据就可知道接收机的具体位置。要达到这一目的，卫星的位置可以根据星载时钟所记录的时间在卫星星历中查出。而用户到卫星的距离则通过记录卫星信号传播到用户所经历的时间，再将其乘以光速得到。由于大气层、电离层的干扰，这一距离并不是用户与卫星之间的真实距离，而是伪距(PR)。当 GPS 卫星正常工作时，会不断地用 1 和 0 二进制码元组成的伪随机码(简称伪码)发射导航电文。GPS 系统使用的伪码一共有两种，分别是民用的 C/A 码和军用的 P(Y)码。C/A 码频率为 1.023MHz，重复周期为 1ms，码间距为 1μs，相当于 300 m；P 码频率为 10.23MHz，重复周期为 266.4 天，码间距为 0.1μs，相当于 30 m。而 Y 码是在 P 码的基础上形成的，保密性能更佳。导航电文包括卫星星历、工作状况、时钟改正、电离层时延修正、大气折射修正等信息。它是从卫星信号中调制出来，以 50b/s 调制在载频上发射的。导航电文每个主帧中包含 5 个子帧，每帧长 6s。前三帧各 10 个字码；每 30s 重复一次，每小时更新一次。后两帧共 15 000b。导航电文中的内容主要有遥测码，转换码，第 1、2、3 数据块，其中最重要的则为星历数据。当用户接收到导航电文时，提取出卫星时间并将其与自己的时钟作对比便可得知卫星与用户的距离，再利用导航电文中的卫星星历数据推算出卫星发射电文时所处位置，GPS 用户在 WGS-84 大地坐标系中的位置、速度等信息便可得知。

可见 GPS 导航系统卫星部分的作用就是不断地发射导航电文。然而由于用户接收机使用的时钟与卫星星载时钟不可能总是同步，所以除了用户的三维坐标 $x$、$y$、$z$ 外，还要引进一个 $\Delta t$，即卫星与接收机之间的时间差作为未知数，然后用 4 个方程式将这 4 个未知数解出来。所以如果想知道接收机所处的位置，至少要能接收到 4 个卫星的信号。

GPS 接收机可接收到可用于授时的准确至纳秒级的时间信息；用于预报未来几个月内卫星所处概略位置的预报星历；用于计算定位时所需卫星坐标的广播星历，精度为几米至几十米(各个卫星不同，随时变化)；以及 GPS 系统信息，如卫星状况等。

GPS 接收机对码的量测就可得到卫星到接收机的距离，由于含有接收机卫星钟的误差及大气传播误差，故称为伪距。对 C/A 码测得的伪距称为 UA 码伪距，精度为 20m 左右，对 P 码测得的伪距称为 P 码伪距，精度为 2m 左右。

GPS 接收机可对收到的卫星信号进行解码，或采用其他技术将调制在载波上的信息去掉后，就可以恢复载波。严格而言，载波相位应被称为载波拍频相位，它是收到的受多普勒频移影响的卫星信号载波相位与接收机本机振荡产生信号相位之差。一般在接收机中确定的历元时刻量测，保持对卫星信号的跟踪，就可记录下相位的变化值，但开始观测时的接收机和卫星振荡器的相位初值是不知道的，起始历元的相位的整数也是不知道的，即整周模糊度，只能在数据处理中作为参数计算。相位观测值的精度高至毫米，但前提是计算出整周模糊度，因此只有在相对定位并有一段连续观测值时才能使用相位观测值，而要达到优于米级的定位精度，也只能采用相位观测值。

按定位方式，GPS 定位可分为单点定位和相对定位(差分定位)。单点定位就是根据一台接收机的观测数据来确定接收机位置的方式，它只能采用伪距观测量，可用于车船等的概略导航定位。相对定位(差分定位)是根据两台以上接收机的观测数据来确定观测点之间相对位置的方法，它既可采用伪距观测量，也可采用相位观测量，大地测量或工程测量均应采用相位观测值进行相对定位。

在 GPS 观测量中包含了卫星和接收机的钟差、大气传播延迟、多路径效应等误差，在定位计算时还要受到卫星广播星历误差的影响，在进行相对定位时大部分公共误差被抵消或削弱，因此定位精度将大大提高，双频接收机可以根据两个频率的观测量抵消大气中电离层误差的主要部分，在精度要求高、接收机间距离较远时(大气有明显差别)，应选用双频接收机。

## 2. GPS 定位的基本原理

GPS 定位的基本原理是根据高速运动的卫星瞬间位置作为已知的起算数据，采用空间距离后方交会的方法，确定待测点的位置。如图 4-5 所示，假设 $t$ 时刻在地面待测点上安置 GPS 接收机，可以测定 GPS 信号到达接收机的时间 $\Delta t$，再加上接收机所接收到的卫星星历等其他数据可以确定以下四个方程式。

$$[(x_1-x)^2+(y_1-y)^2+(z_1-z)^2]^{1/2}+c(vt_1-vt_0)=d_1$$

$$[(x_2-x)^2+(y_2-y)^2+(z_2-z)^2]^{1/2}+c(vt_2-vt_0)=d_2$$

$$[(x_3-x)^2+(y_3-y)^2+(z_3-z)^2]^{1/2}+c(vt_3-vt_0)=d_3$$

$$[(x_4-x)^2+(y_4-y)^2+(z_4-z)^2]^{1/2}+c(vt_4-vt_0)=d_4$$

上述四个方程式中，待测点坐标 $x$、$y$、$z$ 和 $vt_0$ 为未知参数，$d_i(i=1,2,3,4)$ 分别为卫星 1、卫星 2、卫星 3、卫星 4 到接收机之间的距离。$\Delta t_i(i=1,2,3,4)$ 分别为卫星 1、卫星 2、卫星 3、卫星 4 的信号到达接收机所经历的时间；$c$ 为 GPS 信号的传播速度(即光速)。

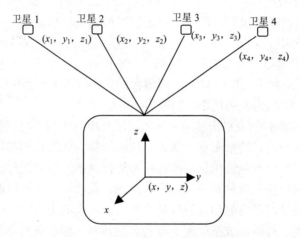

图 4-5　GPS 定位原理图

四个方程式中各个参数意义为：$x$、$y$、$z$ 为待测点坐标的空间直角坐标；$x_i$、$y_i$、$z_i(i=1,2,3,4)$ 分别为卫星 1、卫星 2、卫星 3、卫星 4 在 $t$ 时刻的空间直角坐标；$vt_i(i=1,2,3,4)$ 分别为卫星 1、卫星 2、卫星 3、卫星 4 的卫星钟的钟差，由卫星星历提供；$vt_0$ 为接收机的钟差。

## (二)GPS 卫星接收机的分类

GPS 卫星接收机可按以下几种方式分类。

### 1. 按接收机的用途分类

(1) 导航型接收机。此类型接收机主要用于运动载体的导航，它可以实时给出载体的位置和速度。这类接收机一般采用 C/A 码伪距测量，单点实时定位精度较低，一般为 ±10m，有 SA 影响时为±100m。这类接收机价格便宜，应用广泛。根据应用领域的不同，此类接收机还可以进一步分为以下几种。

● 车载型——用于车辆导航定位。

- 航海型——用于船舶导航定位。
- 航空型——用于飞机导航定位。由于飞机运行速度快,因此,在航空上用的接收机要求能适应高速运动。
- 星载型——用于卫星的导航定位。由于卫星的速度高达 7km/s 以上,因此对接收机的要求更高。

(2) 测地型接收机。测地型接收机主要用于精密大地测量和精密工程测量。这类仪器主要采用载波相位观测值进行相对定位,定位精度高。该仪器结构复杂,价格较贵。

(3) 授时型接收机。这类接收机主要利用 GPS 卫星提供的高精度时间标准进行授时,常用于天文台及无线电通信中的时间同步。

2. 按接收机的载波频率分类

(1) 单频接收机。单频接收机只能接收 L1 载波信号,测定载波相位观测值进行定位。由于不能有效消除电离层延迟影响,单频接收机只适用于短基线(<15km)的精密定位。

(2) 双频接收机。双频接收机可以同时接收 L1、L2 载波信号。利用双频对电离层延迟的不同,可以消除电离层对电磁波信号延迟的影响,因此双频接收机可用于长达数千米的精密定位。

3. 按接收机通道数分类

GPS 接收机能同时接收多颗 GPS 卫星的信号,为了分离接收到的不同卫星的信号,以实现对卫星信号的跟踪、处理和量测,配备了天线信号通道。根据接收机所具有的通道种类不同,可分为多通道接收机、序贯通道接收机和多路多用通道接收机。

(1) 多通道接收机。GPS 接收机只能同时接收多颗卫星的信号,而 GPS 多通道接收机具有多个通道,能同时连续地跟踪多颗卫星,以实现快速简单定位。

(2) 序贯通道接收机。GPS 序贯通道接收机可间断地同时跟踪多颗卫星,其间断的时间间隔在 20ms 以上。

(3) 多路多用通道接收机。GPS 多路多用通道接收机能间断地同时跟踪多颗卫星。其与序贯通道接收机最大的不同是,它间断跟踪的时间间隔小于 20ms,这样就可近似地视为对多颗卫星连续观测,效率得以大大提高。

4. 按接收机工作原理分类

(1) 码相关型接收机。码相关型接收机是利用码相关技术得到伪距观测值。

(2) 平方型接收机。平方型接收机是利用载波信号的平方技术去掉调制信号来恢复完整的载波信号,通过相位计测定接收机内产生的载波信号与接收到的载波信号之间的相位差,测定伪距观测值。

(3) 混合型接收机。这种仪器是综合上述两种接收机的优点,既可以得到码相位伪距,也可以得到载波相位观测值。

(4) 干涉型接收机。这种接收机是将 GPS 卫星作为射电源,采用干涉测量方法测定两个测站间的距离。

经过 20 余年的实践证明,GPS 系统是一个高精度、全天候和全球性的无线电导航、定位和定时的多功能系统。GPS 技术已经发展成为多领域、多模式、多用途和多机型的国际型高新技术产业。

## 任务四　GPS 的应用

### 一、GPS 的应用范围

GPS 的应用都是基于两种基本服务，即空间位置服务和时间服务。

#### (一)空间位置服务

空间位置服务包括定位、导航和测量。

(1) 定位：监控中心能全天候 24 小时监控所有被控车辆的实时位置、行驶方向、行驶速度等，主要用于汽车防盗、地面车辆跟踪和紧急救生。

(2) 导航：该功能可以引导某一设备，以指定航线从一点运动到另一点。可应用于船舶远洋导航和进港引水、飞机航路引导和进场降落、智能交通、汽车自主导航及导弹制导。

(3) 测量：主要用于测量时间、速度及大地测绘，如水下地形测量、地壳形变测量、大坝和大型建筑物变形监测及浮动车数据，利用 GPS 定期记录车辆的位置和速度信息，从而计算道路的拥堵情况。

#### (二)时间服务

时间服务包括系统同步和授时。

(1) 系统同步：GPS 卫星同步时钟装置从 GPS 卫星上获取标准的时间信号，再将这些信息通过各种接口类型传输给自动化系统中需要时间信息的设备，这样就可以达到整个系统的时间同步，如 CDMA 通信系统和电力系统。

(2) 授时：准确时间的授时、准确频率的授时，如火电厂的控制系统。

#### (三)GPS 的应用实例

1. 车载 GPS 的应用

类似车载 GPS 终端的还有定位手机和个人定位器等。GPS 卫星定位由于要通过第三方定位服务，所以要交纳不等的月/年服务费。车载 GPS 应用示意图如图 4-6 所示。

2. GPS 预警器的应用

GPS 预警器是通过 GPS 卫星在 GPS 预警器中设定坐标来完成的，例如遇到一个电子眼，然后通过相关设备在电子眼的正下方设立一个坐标，这样就能使装上这个坐标点数据的预警器，在达到坐标点的前 300 米左右开始预警，告诉车主前面有电子眼测速，不能超速驾驶，起到一种预警作用。这样的准确率与数据点的多少有关，主要是利用卫星的定位来实现。这种利用电子眼的经纬度信息进行预警的方式，关键在于电子眼数据的及时更新。这种产品的缺点在于不能测到流动性测速，目前有些反测速型的 GPS 导航仪，如凯旋智能预警 GPS，配有反测速雷达机系统以及 GPS 预警和反测速雷达机预警，两套系统同时工作，能够全面地实现电子眼预警的功能。

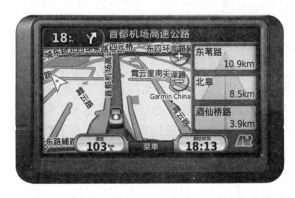

图 4-6　车载 GPS 应用示意

3. GPStar 智能 GPS 系统的应用

GPStar 智能 GPS 系统主要由两大部分组成，即本地的监控中心软件管理平台和远程的 GPS 智能车载终端。本地的监控中心软件管理平台可以监测区域内车辆运行状况，对被监控车辆进行合理调度。监控中心也可随时与被跟踪目标通话、实行管理。远程的 GPS 智能车载终端将车辆所处的位置信息、运行速度、运行轨迹等数据传回监控中心，监控中心接收到这些数据后，会立即进行分析、比对等处理，并将处理结果以正常信息或者报警信息两类形式显示给管理员，由管理员决定是否要对目标车辆采取必要措施。

## 二、GPS 应用实例

1. GPS 在巡线车辆管理中的运用

巡线车辆监控调度方案服务于需要通过车辆巡逻来监控线、路状态的服务型企业或管理型部门。方案将线路的规划和实际的巡线工作结合起来，以业务关键点为核心，通过 GPS 实时监控获得车辆的位置信息来考察车辆的巡线任务完成情况，通过各车辆距离事发关键点的距离和车辆当前的状态自动进行可调度车辆的选取。最终结合车辆分析和周密的统计报表，形成可计划、可执行、可评价的巡线车辆监控调度方案。该方案由目前行业中的成功实践者提出，并在 2010 年广州亚运会上对中国电信巡线车辆成功运用。

2. GPS 在军事领域中的应用

1989 年，一群认真专注的工程师和一个伟大的产品构想造就了今日全球卫星定位导航系统的领导品牌 GARMIN——兼具最佳的销售成绩与专业技术。由制造当初在波斯湾战争中被联军采用的第一台手持 GPS，到现今成为 GPS 的第一品牌，GARMIN 的产品以更优良的功能和用途远远超越传统 GPS 接收器，并为 GPS 立下一座崭新的里程碑。

为了缓解当时"沙漠风暴"行动时军用 GPS 接收装置短缺的问题，美军考虑购买民用 GPS 接收装置。民用接收装置的导航功能和军用装置完全一样，只不过不能识别军用加密信号而已。因此，到了"沙漠盾牌"军事行动的时候，美国国防部就提前购买了数千套民用 GPS 接收装置装备各参战部队，占到了 5300 套接收装置的 85%。

#### 3. GPS 在道路工程中的应用

GPS 在道路工程中主要用于建立各种道路工程控制网及测定航测外控点等。随着高等级公路的迅速发展，对勘测技术提出了更高的要求。由于线路长、已知点少，因此用常规测量手段不仅布网困难，而且难以满足高精度的要求。国内已逐步采用 GPS 技术建立线路首级高精度控制网，然后用常规方法布设导线加密。实践证明，在几十公里范围内的点位误差只有 2 厘米左右，达到了常规方法难以实现的精度，同时也大大提前了工期。GPS 技术也同样应用于特大桥梁的控制测量中。由于无须通视，可构成较强的网形，提高点位精度，同时对检测常规测量的支点也非常有效。GPS 技术在隧道测量中也具有广泛的应用前景，GPS 测量无须通视，减少了常规方法的中间环节，因此速度快、精度高，具有明显的经济效益和社会效益。

#### 4. GPS 在个人定位中的应用

以国内首款语音彩信 GPS 定位器——深圳市昱读全资科技有限公司语音彩信 GPS 定位器为例，它内置全国的地图数据，无须后台支持，结合了 GPS 全球定位系统、GSM 通信技术、嵌入式语音播报技术、GIS 技术、GIS 搜索引擎、图像处理技术和图像传输技术，直接回复终端中文地址、彩信或语音播报地理位置。

个人手机终端 GPS 定位如图 4-7 所示。

图 4-7　个人手机终端 GPS 定位

#### 5. GPS 在汽车导航和交通管理中的应用

三维导航是 GPS 的首要功能，飞机、轮船、地面车辆以及步行者都可以利用 GPS 导航器进行导航。汽车导航系统是在全球定位系统 GPS 的基础上发展起来的一门新型技术。汽车导航系统由 GPS 导航、自律导航、微处理机、车速传感器、陀螺传感器、CD-ROM 驱动器和 LCD 显示器组成。GPS 导航系统与电子地图、无线电通信网络、计算机车辆管理信息系统相结合，可以实现车辆跟踪和交通管理等多种功能。GPS 导航仪具有地图查询、路线规划和自动导航等功能。图 4-8 所示为 GPS 在交通运输中的应用。

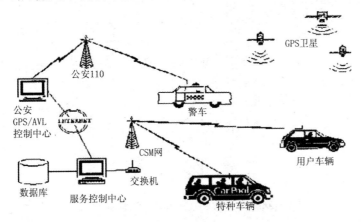

图 4-8　GPS 在交通运输中的应用

### 物流 GPS 选购常识

(1) 首先考虑产品的品质，是工业级标准的，还是民用级标准的，切不可盲目图便宜选择质量差的产品。因为工业级产品与民用级产品在质量上有很大的差别，民用级产品无论在使用寿命、产品性能还是定位精确度上都低于工业级产品很多，但是工业级产品在外观上不如民用级产品做得漂亮。

(2) 详细了解相关资费，一般整个物流 GPS 车辆调度管理系统包括设备费用、通信费用、运营维护费用等。绝不是你买回来设备就可以用了那么简单，整个物流 GPS 系统最重要的还是运营商，所以物流企业更应该关注的是 GPS 运营商的服务品质，搞清资费情况以免节外生枝，半路又多出个收费项目。

(3) 一般情况下，售后服务由 GPS 产品厂商与 GPS 运营商负责，企业在购买产品时要搞清售后服务由哪方提供、服务时间等。

(资料来源：http://www.chinawuliu.com.cn/xsyj/200911/13/141590.shtml)

## 本 章 小 结

通过本章的学习，可以对物流动态跟踪技术有一定的了解。本章分为两个任务，即"GIS 技术识别和应用"和"GPS 技术识别和应用"，通过两个任务的学习能够使同学们学习后通晓、识别相关技术的原理和应用。

## 习 题

**填空题**

1. GIS 是综合处理和分析地理空间数据的一种技术系统,它是以_____为基础,以数据库作为数据储存和使用的数据源,以_____为平台的全球空间分析即时技术。
2. GIS 由五个主要的元素构成:硬件、软件、数据、人员和_____。
3. GPS 的应用基于两个基本服务,即空间位置服务和_____。

## 案 例 分 析

### 怎么用 GPS 打造物流"新物种"?

在被形容为"资本寒冬"的 2018 年下半年,这家专注于以物联网技术改造赋能物流供应链的本土企业 G7 完成了全球物联网领域创纪录的 3.2 亿美元新一轮融资。目前 G7 主要通过人工智能与物联网技术平台提供车队管理综合解决方案,截至 2018 年,G7 服务的客户超过 6 万家,连接车辆超过 80 万台。客户类型覆盖快递快运、电商、危化品运输、冷链物流、汽车物流、大宗运输、城市配送、货主等物流全领域。

G7 成立之初,物联网概念处于初级阶段,就是通过技术的方式去推动一些重大的产业变化,有时候这个用来推动的技术工具很小、很简单,却往往能撬动足够大的市场价值。突破口是一个小小的 GPS,因为 GPS 可以提供位置信息,就能用它来管理车辆的位置。其实车队老板的诉求很简单,他就是要时刻确切地知道车走到哪儿了。在这之前,卡车司机跟车队老板都是博弈关系,有的司机会想方设法绕路,给自己拉点私活。当时一个最有意思的场景是,老板想问司机在哪儿,要求司机必须去路边的电话亭打电话,他要看到电话区号。用一个小小的硬件传感器设备去获取之前很难得到的数据,其实就是现在说的物联网的概念,而这在七八年前的中国物流行业绝对是开创性的模式。随着资本市场的成熟,也开始有资本来专门关注物流这样的垂直细分领域。2011 年,G7 获得钟鼎创投数千万人民币天使轮融资。

从那以后,G7 就开始不断打磨产品,逐渐形成了针对快递快运公司车队管理的一整套相对软硬件解决方案,除了具备位置功能外,还接入了诸如司机出发到达、KPI 管理、订单连接等其他功能。

2013 年以后的 G7,几乎每一年都有重大的纪念性事件发生。包括组建硬件产品团队,提供智能管车服务的信息平台。此后又进一步加快产业布局,逐步聚焦物联网+AI 的产品研发,创新性地将 AI 技术落地于物流运输领域应用场景,研发出安全机器人、运营机器人、财务机器人,全面实现对于物流运输的安全、时效、成本的智能化管理。进入 2018 年后,G7 不但推出了智能挂车产品,还与普洛斯、蔚来资本联合出资组建由 G7 控股的新技术公司,研发基于自动驾驶、新能源技术和物流大数据的全新一代智能重型卡车,探索创新物流资产服务模式。

第四章 物流动态跟踪技术

G7方案

(资料来源:"中交协物流技术装备委"微信公众号)

**思考题**

G7除了具备位置功能外还具备哪些功能?

# 第五章 物流信息存储与交换技术

## 【知识目标】

- 掌握数据库的相关概念以及基础知识。
- 理解 SQL 语言和数据库的管理技术。
- 了解计算机网络技术。
- 了解 EDI 的发展趋势和标准。
- 掌握 EDI 系统的工作原理。
- 掌握物流 EDI 系统的功能等方面的相关知识。
- 了解基于 Internet 的 EDI 的发展趋势。

## 【能力目标】

- 学会使用数据库知识和计算机网络基础处理信息。
- 学会使用 EDI 系统。

## 【素质目标】

- 培养学生对新技术学习、钻研、实践的能力。
- 培养学生系统分析事物的能力。
- 培养学生对资源合理整合的能力。
- 培养学生的知识迁移能力。

## 引导案例

### 国内较早的 EDI 系统的使用者——中远集团

**1. 中远集团背景资料**

中国远洋运输(集团)总公司是国内最早实施 EDI 的企业之一，它的前身是成立于 1961 年 4 月 27 日的中国远洋运输公司。1993 年 2 月 16 日组建以中国远洋运输(集团)总公司为核心企业的中国远洋运输集团。经过几代中远人 40 余年的艰苦创业，中远集团已由成立之初的 4 艘船舶、2.26 万载重吨的单一型航运企业，发展成为今天拥有和经营着 600 余艘现代化商船、3500 余万载重吨、年货运量超过 2.6 亿吨的综合型跨国企业集团。作为以航运、物流为核心主业的全球性企业集团，中远在全球拥有近千家成员单位、8 万余名员工。在中国本土，中远集团分布在广州、上海、天津、青岛、大连、厦门、香港等地的全资船公司经营管理着集装箱、散装、特种运输和油轮等各类型远洋运输船队；在海外，以日本、韩国、新加坡、北美、欧洲、澳大利亚、南非和西亚八大区域为辐射点，以船舶航线为纽带，形成遍及世界各主要地区的跨国经营网络。标有"COSCO"醒目标志的船舶和集装箱在世界 160 多个国家和地区的 1300 多个港口往来穿梭。

**2. 中远集团采用的技术**

中远集团真正实验运作 EDI 系统是从 1988 年开始的。中远系统的代理公司在 PC 上借用日本 Shipnet 网的单证通信格式，通过长途电话，从日本或中国香港的 TYMNET 网络节点入网，单向地向国外中远代理公司传输货运舱单数据。

20 世纪 90 年代初，中远集团与国际著名的 GEIS 公司合作开始了 EDI 中心的建设，由该公司为中远集团提供报文传输服务。1995 年，中远集团正式立项，1996 年至 1997 年完成了中远集团 EDI 中心和 EDI 网络的建设，该 EDI 网络基本覆盖了国内 50 多家大小中货和外代网点，实现了对海关和港口的 EDI 报文交换，并通过北京 EDI 中心实现了与 GEISEDI 中心的互联，连通了中远集团海外各区域公司。1997 年 1 月，中远集团总公司正式开通公司网站。1998 年 9 月，中远集团在网站上率先推出网上船期公告和订舱业务。并通过 EDI 实现了对舱单、船图、箱管等数据的 EDI 传送。

在标准化工作方面，中远集团重点开发了基于 EDIFACT 标准、符合中国国情的、适用于行业内部的"货物跟踪信息 EDI 报文标准""船期表 EDI 报文标准"和"货运单证 EDI 报文标准(3.1 版)"等。

为了适应国内港口对 EDI 的需求，中远总公司和东南大学、南京航空航天大学合作开发了"货运单证交换服务系统"，它是按照 ISO/OSI 开放系统互联标准开发的软件包，所采用的通信网络是电话网和分组交换网。中心服务系统由单证邮箱管理功能和进一步开发 EDI 应用的应用编程接口(API)两部分组成；用户端软件由入网通信功能和用户应用程序编程接口(API) 两部分组成。目前，中心服务系统所有模块均在北京总公司 AS/400 机的操作系统下运行，并且能够移植在 IBM 大型机上运行，成为中远集团在国内各远洋公司、代理公司、汽车运输公司及其他所属企业间的 EDI 服务网络系统。

第五章　物流信息存储与交换技术

自1988年在微机上试验的中美航线舱单传输系统开始，到目前为止，中远集团已经开发和正在开发、测试的多套应用系统都取得了很大进展，如"出口理货单证数据 EDI 应用系统""代理公司进口货运单证 EDI 应用系统""代理公司出口货运单证 EDI 应用系统""远洋船舶运费舱单 EDI 应用系统"等。

**3. 中远集团实施 EDI 的效益分析**

1990年，中远从国内到日本的集装箱一般有5000个标准箱位，而仅按其中的1000个标准箱位计算，大约需要150大张仓单，用传真需要2个小时才能传过去，而采用 EDI 后仅需几分钟就可以传完，节省的不只是时间，以当年的业务量计算，中远集团光传真费就节省了70万美元。而现在，中远集团的业务量比1990年增长了许多倍，可想而知，EDI 的应用为中远集团节省了多少费用和时间。

1991年，新加坡政府要求所有入关船只要提前将仓位图用计算机传输到欲进港口，否则推迟该船的卸货时间并处以罚款。中远集团由于在一年前就搭建了完整的图文处理网络系统，所以没有一项业务受到影响。

中远的 EDI 系统在为集团带来巨大经济效益的同时，也受到了社会各界的关注。1995年，交通部启动"四点一线"(四点即天津港、青岛港、大连港和上海港，一线即远洋业)工程，旨在加快我国远洋运输业的发展，扶持一批重点远洋运输企业，中远集团下属20多个公司被批准加入该工程。

为了充分利用专网促进日常办公效率和业务处理速度，中远集团成立了电子邮件中心和 EDI 中心，利用报文系统办理费用结算、仓单处理等业务。中远集团每年的仓单数以吨计，以往有100多人专职整理，也无法整理清楚。而采用 EDI 报文系统后，只有几个人工作，每天的仓单就能处理得当。

通过上面的分析可以看到，由于业务的需要，中远集团很早就开始了 EDI 的应用，同时它也是国内开展 EDI 业务较早的企业，中远集团 EDI 的实施取得了很大的成功，它为中远集团节约了大量的成本，很大程度上提高了中远集团的工作效率，使得中远集团在激烈的国际竞争中始终处在前列。

(资料来源：http://wenku.baidu.com/view/3b5198cdda38376baf1fae37.html)

讨论：

EDI 系统为中远集团提供了哪些帮助？

# 任务一　数据库技术及其应用

## 一、数据库基础知识

数据库技术是研究数据库的结构、存储、设计和使用的一门软件科学，是进行数据处理和管理的科学，是计算机技术的重要分支。

现代意义上的数据库系统出现于20世纪60年代后期，伴随着计算机硬件系统的飞速发展、价格的急剧下降、操作系统性能的日益提高以及关系型数据模型的出现,数据库技术已广泛应用于政府机构、科学研究、企业管理和社会服务等各个方面,可以说现代社会一刻也无法离开数据库系统。

### (一)数据库技术的产生与发展

计算机与人脑相比,最大的优势就是能够迅速准确地处理大量的数据,所以从计算机诞生之日起,数据处理就是它的基本功能和关键技术。数据处理的中心问题是数据管理。数据管理技术是指对数据进行分类、组织、编码、存储、检索和维护的技术。

数据库技术是数据管理技术发展的高级阶段,数据管理技术的发展是和计算机技术及其应用的发展联系在一起的,经历了由低级到高级的发展过程。这一过程大致可分为四个阶段:人工管理阶段、文件系统阶段、数据库系统阶段和高级数据库技术阶段。

#### 1. 人工管理阶段

人工管理阶段是指 20 世纪 50 年代中期以前的阶段。当时计算机处于发展初期,计算机主要用于科学计算,所用的数据并不是很多,数据的结构一般都比较简单,计算机本身的功能很弱,没有大容量的外存和操作系统,程序的运行由简单的管理程序来控制。这一阶段的特点是数据作为程序的组成部分不能独立存在,不能长期保存在计算机中;数据大量冗余,而且不能共享,无专门的软件对数据进行管理。

#### 2. 文件系统阶段

文件系统阶段是指从 20 世纪 50 年代到 60 年代中期这一阶段。在这一阶段,由于计算机技术的发展,出现了磁带、磁鼓和磁盘等容量较大的存储设备,软件方面有操作系统,计算机的应用范围也由科学计算领域扩展到数据处理领域。这一阶段的特点是数据可以以操作系统的文件形式长期保存在计算机中,并提供了对数据的输入和输出操作接口,一个应用程序可以使用多个文件,一个文件可为多个应用程序使用,数据可以共享。但数据面向应用,文件之间彼此孤立,仍然存在数据大量冗余和不一致性的弊端。

#### 3. 数据库系统阶段

从 20 世纪 60 年代后期开始,随着计算机硬件和软件技术的发展,开展了对数据组织方法的研究,并开发了对数据进行统一管理和控制的数据管理系统,在计算机科学领域中逐步形成数据库技术这一独立分支。数据管理中数据的定义、操作及控制系统由数据管理系统来完成。其主要特点是采用一定的数据模型来组织数据,数据不再面向应用,而是面向系统;程序独立于数据;数据的冗余少;减少了数据的不一致性;提供了数据的完整性、数据的安全性、数据的并发控制和数据的可恢复性功能。

#### 4. 高级数据库技术阶段

从 20 世纪 70 年代后期开始,计算机广泛与其他学科技术相互结合和相互渗透,在数据库领域中产生了许多新型数据库,其中有些已经成熟并进入实用阶段。最具代表性的是分布式数据库和面向对象数据库。

数据管理技术的发展比较如表 5-1 所示。

表 5-1　数据管理技术的发展比较

| 阶　　段 | 数据存储 | 数据独立性 | 支持软件 | 面　　向 |
|---|---|---|---|---|
| 人工管理阶段 | 短期 | 不独立 | 无 | 单一应用 |
| 文件系统阶段 | 长期 | 相对独立 | 操作系统 | 单一应用 |
| 数据库系统阶段 | 长期 | 完全独立 | 数据库 | 多应用 |
| 高级数据库技术阶段 | 长期 | 完全独立 | 数据库 | 对象 |

## (二)数据库的定义和特点

### 1. 数据库的定义

数据库(Database，DB)是一个存储数据的"仓库"，是存放在计算机存储设备中的、以一种合理的方法组织起来的、与公司或组织的业务活动和组织结构相对应的各种相关数据的集合。

### 2. 数据库的特点

数据库具有如下几个特点。

(1) 最少的冗余度。数据冗余就是数据重复，数据冗余既浪费存储空间，又容易产生数据的不一致。在非数据库系统中，由于每个应用程序都有自己的数据文件，所以数据存在着大量的重复现象。

数据库从全局观念来组织和存储数据，数据已经根据特定的数据模型机构化，在数据库中用户的逻辑数据文件和具体的物流数据文件不必一一对应，从而有效地节省了存储资源，减少了数据冗余，增强了数据的一致性。

(2) 数据资源共享。数据共享是指多个用户可以同时存取数据而不相互影响，数据共享包括三个方面：所有用户可以同时存取数据；数据库不仅可以为当前的用户服务，也可以为将来的新用户服务；可以使用多种语言完成与数据库的接口。

(3) 数据独立性。数据独立性是指数据与应用程序之间彼此独立，它们之间不存在相互依赖的关系。应用程序不必随数据存储结构的改变而变动，这是数据库一个最基本的优点。

在数据库系统中，数据库管理系统通过映像，实现了应用程序对数据的逻辑结构与物理存储结构之间较高的独立性。数据库的数据独立包括以下两个方面。

① 物理独立性：即用户的应用程序与存储在磁盘上的数据库中的数据是相互独立的。即数据在磁盘上怎样存储由数据库管理系统管理，用户程序不需要了解，应用程序要处理的只是数据的逻辑结构，当数据的物理存储改变时，应用程序不会改变。

② 逻辑独立性：即用户的应用程序与数据库的逻辑结构是相互独立的，当数据的逻辑结构改变时，用户程序也可以不变。

数据独立提高了数据处理系统的稳定性，从而提高了程序维护的效益。

(4) 数据库管理系统对数据的统一控制。数据库设置了安全保密机制,可以防止对数据的非法存取。实行集中控制,有利于控制数据的完整性。数据库系统采取了并发访问控制方式,保证了数据的正确性。另外,数据库系统还采取了一系列措施,实现了对数据被破坏后的恢复。

### (三)数据模型

在数据库系统的形式化结构中,通常采用数据模型对现实世界中的数据和信息进行抽象的描述。数据模型是实现数据抽象的主要工具,具有很大的优越性。

数据模型是数据库的重要基础,决定了数据库系统的结构、数据定义语言和数据操纵语言、数据库设计方法、数据库管理系统软件的设计与实现。它也是数据库系统中用于信息表示和提供操作手段的形式化工具。

根据模型应用的不同目的,可以将模型划分为以下两类。

**1. 概念数据模型**

概念数据模型简称概念模型,是面向数据库用户的现实世界的模型,主要用来描述世界的概念化结构,它使数据库的设计人员在设计的初始阶段,摆脱计算机系统及数据库管理系统(DBMS)的具体技术问题,集中精力分析数据以及数据之间的联系等,与具体的数据管理系统(DBMS)无关。概念数据模型必须换成逻辑数据模型才能在 DBMS 中实现,是现实世界到信息世界的第一层抽象,并不涉及信息在计算机中的表示。

**2. 结构数据模型(数据的结构模型)**

结构数据模型又称为基本数据模型。这类模型涉及计算机系统,用于直接描述数据库中数据的逻辑结构。常用的有层次模型、网状模型、关系模型和面向对象模型。实际上数据库也常常依此而分类为层次型数据库、网状型数据库、关系型数据库和面向对象型数据库。

(1) 层次模型。层次模型是数据库系统最早使用的一种模型,它的数据结构是一棵"有向树"。根节点在最上端,层次最高,子节点在下,逐层排列。层次模型的特征是有且仅有一个节点而没有父节点,它就是根节点;其他节点有且仅有一个父节点。

(2) 网状模型。网状模型以网状结构表示实体与实体之间的联系。网中的每一个节点代表一个记录类型,联系用链接指针来实现。网状模型可以表示多个从属关系的联系,也可以表示数据间的交叉关系,即数据间的横向关系与纵向关系,它是层次模型的扩展。网状模型可以方便地表示各种类型的联系,但结构复杂,实现的算法难以规范化。其特征是允许节点多于一个父节点,可以有一个以上的节点没有父节点。

(3) 关系模型。关系模型以二维表结构来表示实体与实体之间的联系,它是以关系数学理论为基础的。关系模型的数据结构是一个"二维表框架"组成的集合。每个二维表又可称为关系。在关系模型中,操作的对象和结果都是二维表。关系模型是目前最流行的数据库模型。支持关系模型的数据库管理系统被称为关系数据库管理系统。

(4) 面向对象模型。面向对象模型是一种新兴的数据模型,它采用面向对象的方法来设计数据库。面向对象的数据库存储对象是以对象为单位,每个对象包含对象的属性和方法,具有类和继承等特点。

## (四)数据库系统的组成

数据库系统(Database System,DBS)是一个计算机应用系统,是由计算机硬件、计算机软件、数据库及数据库系统的管理人员组成的具有高度组织性的总体。

### 1. 计算机硬件

计算机硬件是数据库系统的物质基础,是存储数据库及运行数据库管理系统的硬件资源。其中主要包括主机、存储设备、输入输出设备以及计算机网络环境。由于数据库系统数据量都很大,加之 DBMS 丰富的功能使其自身的规模也很大,因此整个数据库系统对硬件资源提出了较高的要求,这些要求包括有足够大的内存存放操作系统、DBMS 的核心模块、数据缓冲区和应用程序;有足够大的磁盘等直接存取设备存放数据库;有足够大的磁带(或微机软盘)作数据备份;要求系统有较高的通道能力,以提高数据传送率。

### 2. 计算机软件

数据库系统的软件主要包括 DBMS。DBMS 是为数据库的建立、使用和维护配置的软件;支持 DBMS 运行的操作系统;具有与数据库接口的高级语言及其编译系统,便于开发应用程序;以 DBMS 为核心的应用开发工具;应用开发工具是系统为应用开发人员和最终用户提供的高效率、多功能的应用生成器、第四代语言等各种软件工具。它们为数据库系统的开发和应用提供了良好的环境,是为特定应用环境开发的数据库应用系统。

### 3. 数据库

数据库是指数据库系统中按照一定的方式组织、存储在外部存储设备上、能为多个用户共享及与应用程序相互独立的相关数据集合。它不仅包括描述事物的数据本身,还包括相关事物之间的联系。

### 4. 数据库系统的管理人员

开发、管理和使用数据库系统的人员主要是数据库管理员、系统分析员和数据库设计人员、应用程序员和最终用户。

(1) 数据库管理员(Database Administrator,DBA)。在数据库系统环境下,有两类共享资源。一类是数据库,另一类是数据库管理系统软件。因此需要有专门的管理机构来监督和管理数据库系统。DBA 则是这个机构的一个(组)人员,负责全面管理和控制数据库系统。

(2) 系统分析员和数据库设计人员。系统分析员负责应用系统的需求分析和规范说明,要和用户及 DBA 相结合,确定系统的硬件软件配置,并参与数据库系统的概要设计。

数据库设计人员负责数据库中数据的确定和数据库各级模式的设计。数据库设计人员必须参加用户需求调查和系统分析,然后进行数据库设计。在很多情况下,数据库设计人员就由数据库管理员担任。

(3) 应用程序员。应用程序员负责设计和编写应用系统的程序模块，并进行调试和安装。

(4) 最终用户。最终用户通过应用系统的用户接口使用数据库。

## 二、数据库管理技术

### (一)安全性管理

数据的安全性管理是数据库管理系统应实现的重要功能之一。SQL Server 数据库采用了如下安全管理机制。

(1) 对用户登录进行身份认证。当用户登录到数据库系统时，系统对该用户的账号和口令进行认证，包括确认用户账号是否有效以及能否访问数据库系统。

(2) 对用户进行的操作进行权限控制。当用户登录到数据库后，只能对数据库中的数据在允许的权限内进行操作。

一个用户要对某一数据库进行操作，必须满足以下三个条件：登录 SQL Server 服务器时必须通过身份验证；必须是该数据库的用户，或者是某一数据库角色的成员；必须有执行该操作的权限。

### (二)数据库备份

按照备份数据库的大小，数据库备份有以下四种类型，分别应用于不同的场合。

(1) 完全数据库备份(海量备份)：这是大多数人常用的方式，它可以备份整个数据库，包含用户表、系统表、索引、视图和存储过程等所有数据库对象。但它需要花费更多的时间和空间，所以一般推荐一周做一次完全备份。

(2) 差异备份(增量备份)：它是只备份数据库一部分的另一种方法，它不使用事务日志，相反，它使用整个数据库的一种新映像。它比最初的完全备份小，因为它只包含自上次完全备份以来所改变的数据库。它的优点是存储和恢复速度快。推荐每天做一次差异备份。

(3) 事务日志备份：事务日志是一个单独的文件，它记录数据库的改变，备份的时候只需要复制自上次备份以来对数据库所做的改变，所以只需要很少的时间。为了使数据具有及时性，推荐每小时甚至更频繁地备份事务日志。

(4) 文件备份：数据库可以由硬盘上的许多文件构成。如果这个数据库非常大，并且一个晚上也不能将它备份完，那么可以使用文件备份每晚备份数据库的一部分。由于一般情况下数据库不会大到必须使用多个文件存储，所以这种备份不是很常用。

### (三)数据库恢复

数据库恢复是指通过技术手段，对保存在数据库中丢失的电子数据进行抢救和恢复的技术。数据库可能因为硬件或软件(或两者同时)的故障变得不可用，不同的故障情况需要不同的恢复操作。用户必须决定最适合业务环境的恢复方法。在数据库中恢复有以下三种类型。

(1) 应急恢复：用于防止数据库处于不一致或不可用状态。数据库执行的事务(也称工作单元)可能被意外中断，若在作为工作单位一部分的所有更改完成和提交之前发生故障，则该数据库就会处于不一致和不可用的状态，这时需要将该数据库转化为一致和可用的状态。

(2) 版本恢复：使用备份操作期间创建的映像来复原数据库的先前版本。这种恢复是通过使用一个以前建立的数据库备份恢复一个完整的数据库。一个数据库的备份允许你把数据库恢复至和这个数据库在备份时完全一样的状态。而从备份建立后到日志文件中最后记录的所有工作事务单位将全部丢失。

(3) 前滚恢复：这种恢复技术是版本恢复的一个扩展，使用完整的数据库备份和日志相结合，可以使一个数据库或者被选择的表空间恢复到某个特定时间点。如果从备份时刻起到发生故障时的所有日志文件都可以获得的话，则可以恢复日志所涵盖的任意时间点。前滚恢复需要在配置中被明确激活才能生效。

### (四)数据复制

数据复制是在数据库之间对数据和数据库对象进行复制和分发并进行同步，以确保其一致性的一组功能强大的技术，是一种实现数据发布的方法，是把一个数据库服务器上的数据通过网络传输到一个或多个地理位置不同的数据库服务器的过程。

# 任务二　计算机网络技术及其应用

## 一、计算机网络技术概述

计算机网络是指通过网络通信设备和网络传输介质把多台计算机按一定的方式连接起来，以实现资源共享和信息交换的系统。

计算机网络技术可以实现资源共享。人们在办公室、家里或其他任何地方就可以访问查询网上的任何资源，极大地提高了工作效率，促进了办公自动化、工厂自动化和家庭自动化的发展。

### (一)计算机网络分类

计算机网络可按网络涉辖范围和互联距离、网络交换方式等不同标准进行划分。下面以两种常见的划分方式介绍计算机网络的分类。

#### 1. 按网络范围划分

(1) 局域网(LAN)。局域网的地理范围一般在 10km 以内，属于一个部门或一组群体组建的小范围网，例如一个学校、一个单位或一个系统等。

(2) 城域网(MAN)。城域网介于 LAN 和 WAN 之间，其范围通常覆盖一个城市或地区，距离从几十千米到上百千米。

(3) 广域网(WAN)。广域网涉辖范围大，一般从几十千米至几万千米，例如一个城市、一个国家或者洲际网络,此时用于通信的传输装置和介质一般由电信部门提供,能实现较大范围的资源共享。

### 2. 按网络的交换方式划分

(1) 电路交换。电路交换方式类似于传统的电话交换方式,用户在开始通信前,必须申请建立一条从发送端到接收端的物理信道,并且在双方通信期间始终占用该通道。

(2) 报文交换。报文交换方式的数据单元是要发送的一个完整报文,其长度并无限制。报文交换采用存储-转发原理,报文中含有目的端地址,每个中间节点要为途经的报文选择适当的路径,使其能最终到达目的端。

(3) 分组交换。分组交换方式也称包交换方式,1969 年首次在 ARPANET 上使用,现在人们都公认 ARPANET 是分组交换网之父,并将分组交换网的出现作为计算机网络新时代的开始。采用分组交换方式通信前,发送端将现有数据划分为一个个等长的单位(即分组),这些分组逐个由各中间节点采用存储-转发方式进行传输,最终达到目的端。由于分组长度有限制,可以在中间节点机的内存中进行存储处理,其转发速度被大大提高。

## (二)计算机网络的构成

### 1. 资源子网

资源子网由计算机系统、终端、终端控制器、联网外设、各种软件资源与信息资源组成。资源子网主要负责全网的数据处理业务,向网络用户提供各种网络资源和网络服务。

主计算机系统简称主机,是资源子网的主要组成单元,它通过高速通信线路与通信子网的通信控制处理机相连接。普通用户终端通过主机联入网内。主机要为本地用户访问网络其他主机设备和资源提供服务,同时为远程服务用户共享本地资源提供服务。

终端是用户访问网络的界面。终端可以是简单的输入、输出终端,也可以是带有微处理机的智能终端。终端可以通过主机联入网内,也可以通过终端控制器、报文分组组装与拆卸装置或通信控制处理机联入网内。

### 2. 通信子网

通信子网是指网络中实现网络通信功能的设备及其软件的集合。通信设备、网络通信协议、通信控制软件等属于通信子网,是网络的内层,负责信息的传输。主要为用户提供数据的传输、转接、加工、变换等。

## (三)计算机网络的功能

计算机网络具有以下功能。

### 1. 数据通信

数据通信是计算机网络最基本的功能。它可用来快速传送计算机与终端、计算机与计算机之间的各种信息,包括文字信件、新闻消息、咨询信息、图片资料、报纸版面等。利用这一特点可实现将分散在各个地区的单位或部门用计算机网络联系起来,进行统一的调配、控制和管理。

#### 2. 资源共享

"资源"指的是网络中所有的软件、硬件和数据资源。"共享"指的是网络中的用户都能够部分或全部地享受这些资源。如果不能实现资源共享，则各地区就需要有完整的一套软、硬件及数据资源，这将大大地增加全系统的投资费用。

#### 3. 分布处理

分布处理就是当某台计算机负担过重时，或该计算机正在处理某项工作时，网络可将新任务转交给空闲的计算机来完成，这样处理能均衡各计算机的负载，提高处理问题的实时性；对大型综合性问题，可将问题各部分交给不同的计算机分头处理，充分利用网络资源，扩大计算机的处理能力，即增强实用性。对解决复杂问题来讲，多台计算机联合使用并构成高性能的计算机体系，这种协同工作、并行处理要比单独购置高性能的大型计算机便宜得多。

### (四)网络互联技术——OSI 参考模型

OSI(Open System Interconnect，开放式系统互联)，是 ISO(International Standard Organization，国际标准化组织)在 1985 年研究的网络互联模型。该体系结构标准定义了网络互联的七层框架，即 ISO 开放系统互联参考模型。在这一框架下进一步详细规定了每一层的功能，以实现开放系统环境中的互联性、互操作性和应用的可移植性。

#### 1. 七个层次的划分原则

提供各种网络服务功能的计算机网络系统是非常复杂的。根据分而治之的原则，ISO 将整个通信功能划分为七个层次，划分原则如下。

(1) 网路中各节点都有相同的层次。

(2) 不同节点的同等层具有相同的功能。

(3) 同一节点内相邻层之间通过接口通信。

(4) 每一层使用下层提供的服务，并向其上层提供服务。

(5) 不同节点的同等层按照协议实现对等层之间的通信。

(6) 根据功能需要进行分层，每层应当实现定义明确的功能。

(7) 向应用程序提供服务。

#### 2. 各层的功能

各层的功能分述如下。

(1) 物理层。物理层是 OSI 参考模型的最底层，它利用传输介质为数据链路层提供物理连接。为此，该层定义了与物理链路的建立、维护和拆除有关的机械、电气、功能和规程特性。包括信号线的功能、"0"和"1"信号的电平表示、数据传输速率、物理连接器规格及其相关的属性等。物理层的作用是通过传输介质发送和接收二进制比特流。

(2) 数据链路层。数据链路层是为网络层提供服务的，以解决两个相邻节点之间的通信问题，传送的协议数据单元被称为数据帧。数据帧中包含物理地址(称 MAC 地址)、控制码、数据及校验码等信息。该层的主要作用是通过校验、确认和反馈重发等手段，将不可靠的物理链路转换成对网络层来说无差错的数据链路。此外，数据链路层还要协调收发双方的数据传输速率，即进行流量控制，以防止接收方因来不及处理发送方发来的高速数据而导致缓冲器溢出及线路阻塞。

(3) 网络层。网络层是为传输层提供服务的，传送的协议数据单元被称为数据包或分组。该层的主要作用是解决如何使数据包通过各节点传送的问题，即通过路径选择算法(路由)将数据包送到目的地。另外，为避免通信子网中出现过多的数据包而造成网络阻塞，需要对流入的数据包数量进行控制(拥塞控制)。当数据包要跨越多个通信子网才能到达目的地时，还要解决网际互联的问题。

(4) 传输层。传输层的作用是为上层协议提供端到端的可靠和透明的数据传输服务，包括处理差错控制和流量控制等问题。该层向高层屏蔽了下层数据通信的细节，使高层用户看到的只是在两个传输实体间的一条主机到主机的、可由用户控制和设定的、可靠的数据通路。传输层传送的协议数据单元被称为段或报文。

(5) 会话层。会话层主要功能是管理和协调不同主机之间各种进程之间的通信(对话)，即负责建立、管理和终止应用程序之间的会话。

(6) 表示层。表示层可用以处理流经节点的数据编码的表示方式问题，以保证一个系统应用层发出的信息可被另一系统的应用层读出。如果必要，该层可提供一种标准表示形式，用于将计算机内部的多种数据表示格式转换成网络通信中采用的标准表示形式。数据压缩和加密也是表示层可提供的转换功能之一。

(7) 应用层。应用层是 OSI 参考模型的最高层，是用户与网络的接口。该层通过应用程序来完成网络用户的应用需求，如文件传输、收发电子邮件等。

## 二、局域网的拓扑结构

在计算机网络中，主机、终端和各种数据通信控制设备被视为节点，并将两个节点间的线路称为链路，则计算机网络拓扑结构就是一组节点和链路的几何排列或物理布局图形，用以表示网络节点的分布形状及相互关系。局域网的拓扑结构主要有总线型、星型、环型等。

### (一)总线型拓扑结构

总线型拓扑是采用单根传输作为共用的传输介质，将网络中所有的计算机通过相应的硬件接口和电缆直接连接到这根共享的总线上。

1. 总线型拓扑结构的优点

(1) 所需电缆数量较少。
(2) 结构简单，无源工作有较高可靠性。
(3) 易于扩充。

2. 总线型拓扑结构的缺点

(1) 总线传输距离有限，通信范围受到限制。

(2) 故障诊断和隔离比较困难。

(3) 分布式协议不能保证信息的及时传送，不具有实时功能，站点必须有介质访问控制功能，从而增加了站点的硬件和软件开销。

总线型拓扑结构适用于计算机数目相对较少的局域网络，通常这种局域网络的传输速率为100Mb/s，网络连接选用同轴电缆。

## (二)星型拓扑结构

星型拓扑结构是用一个节点作为中心节点，其他节点直接与中心节点相连构成的网络。中心节点可以是文件服务器，也可以是连接设备。常见的中心节点是集线器。

星型拓扑结构的网络属于集中控制型网络，整个网络由中心节点执行集中式通行控制管理，各节点间的通信都要通过中心节点。每一个要发送数据的节点都将要发送的数据发送中心节点，再由中心节点负责将数据送到目地节点。因此，中心节点相当复杂，而各个节点的通信处理负担都很小，只需要满足链路的简单通信要求即可。

1. 星型拓扑结构的优点

(1) 控制简单。任何一站点只和中央节点相连接，因而介质访问控制方法简单，致使访问协议也十分简单。易于网络监控和管理。

(2) 故障诊断和隔离容易。中央节点对连接线路可以逐一隔离进行故障检测和定位，单个连接点的故障只影响一个设备，不会影响全网。

(3) 方便服务。中央节点可以方便地对各个站点提供服务和网络重新配置。

2. 星型拓扑结构的缺点

(1) 需要耗费大量的电缆，安装、维护的工作量也剧增。

(2) 中央节点负担重，形成"瓶颈"，一旦发生故障，则全网受影响。

(3) 各站点的分布处理能力较低。

总体来说，星型拓扑结构相对简单、便于管理、建网容易，是目前局域网普遍采用的一种拓扑结构。采用星型拓扑结构的局域网，一般使用双绞线或光纤作为传输介质，符合综合布线标准，能够满足多种宽带需求。

## (三)环型拓扑结构

环型拓扑结构是使用公共电缆组成一个封闭的环，各节点直接连到环上，信息沿着环按一定方向从一个节点传送到另一个节点。环接口一般由发送器、接收器、控制器、线控制器和线接收器组成。在环型拓扑结构中，有一个控制发送数据权力的"令牌"，它在后边按一定的方向单向环绕传送，每经过一个节点都要被接收、判断一次，是发给该节点的则接收，否则就将数据送回到环中继续往下传。

### 1. 环型拓扑结构的优点

(1) 电缆长度短，只需要将各节点逐次相连即可。
(2) 可使用光纤。光纤的传输速率很高，十分适合于环型拓扑的单方面传输。
(3) 所有站点都能公平访问网络的其他部分，网络性能稳定。

### 2. 环型拓扑结构的缺点

(1) 节点故障会引起全网故障，因为数据传输需要通过环上的每一个节点，如某一节点发生故障，则会引起全网故障。
(2) 节点的加入和撤出过程比较复杂。
(3) 介质访问控制协议采用令牌传递的方式，在负载很小时信道利用率相对较低。

## 三、计算机网络技术对物流的影响

计算机网络的应用把物流提升到了前所未有的高度。计算机网络为物流创造了一个虚拟性的运动空间，在网络环境下，人们在进行物流活动时，物流的各种职能及功能可以通过虚拟化的方式表现出来，随着绝大多数商店和银行的虚拟化，整个市场就只剩下实物物流处理工作。计算机网络技术对物流主要产生了以下影响。

### 1. 计算机网络使物流需求产生新的变化

由于计算机网络的物理分布范围正在迅速扩展，因此网络客户在地理分布上很分散，要求送货的地点不集中。而现在物流网络并没有像因特网那样广的覆盖范围，无法经济合理地组织送货。在传统的经营模式下，物流职能一般只能由企业自身承担，因而导致物流成本高、效率低，尤其对于小企业而言，在网络环境下的配送成为关键问题，在面对跨地区、跨国界的用户时，将会束手无策。

### 2. 计算机网络对物流服务提出了新的要求

计算机网络的发展使消费者在获得某种物流服务时比以往更加便利、更加周到，操作更为简单，这是对商品或服务的无形增值。在网络环境下，物流服务将提供完备的操作管理、现代化的设备和电子跟踪等体系，这样的物流是更为系统科学和更有信誉的物流。计算机网络环境要求物流的行为要有时效的保障，其核心在于提供服务、产品、信息和决策反馈的及时性。因此物流企业要改善运输基础设施和设备，优化配送中心和物流中心，设计合理的流通渠道，减少环节，简化过程，以提高物流系统的快速反应能力。

### 3. 计算机网络实现了物流环节的实时控制

传统的物流活动在运作过程中，不管是以生产为中心，还是以成本或利润为中心，其实质都是以商流为中心，从事商业活动，因而物流的运动方式是紧紧伴随着商流来运动的。而在计算机网络环境中，物流的运作是以信息为中心的，信息不仅决定了物流的运动方向，也决定着物流的运作方式。在实际运作过程中，通过网络上的信息传递可以有效地实现对物流的实时控制，实现物流的合理化。

4. 计算机网络促进了物流基础设施的改善和提高

计算机网络将促进物流基础设施的改善。计算机网络高效率和全球性的特点，要求物流也必须达到这一标准。而物流要达到这一标准，良好的交通运输网络、通信网络等基础设施则是最基本的保证。

# 任务三 EDI 技 术

## 一、EDI 概述

### (一)EDI 的定义

EDI (Electronic Data Interchange，电子数据交换)是指按照同一规定的一套通用标准格式，将标准的经济信息通过通信网络传输在贸易伙伴的电子计算机系统之间进行数据交换和自动处理。由于使用 EDI 能有效地减少并最终消除贸易过程中的纸面单证，因而，EDI 也被俗称为"无纸交易"。它是一种利用计算机进行商务处理的新方法。

物流 EDI 是指货主、承运业主以及其他相关单位之间，通过 EDI 系统进行物流数据交换，并以此为基础实施物流作业活动的方法。

### (二)EDI 的形成和发展

1. 国外 EDI 的发展

20 世纪 60 年代末，美国在航运业首先使用 EDI。1968 年美国运输业许多公司联合成立了运输业数据协调委员会(TDCC)，研究开发电子通信标准的可行性。早期 EDI 是点对点，靠计算机与计算机直接通信完成。

20 世纪 70 年代以来，随着国际贸易的发展，国际贸易中的各种贸易单证和文件相应增加，随之带来的是纸张费用的急剧上升，原来传统的贸易方式越来越不能适应现代化商业和贸易的需要。为了降低纸面单证的处理方式而产生的巨额费用、节省人力资源、减少出错频率、提高工作效率，欧美一些大公司开始使用专用的增值网络，用彼此互联的计算机系统来完成这类工作，这就是 EDI 的雏形。

20 世纪 80 年代 EDI 应用迅速发展，美国 ANSI X.12 委员会与欧洲一些国家联合研究国际标准。1986 年欧洲和北美 20 多个国家代表开发了用于行政管理、商业及运输业的 EDI 国际标准(EDIFACT)。随着增值网的出现和行业性标准逐步发展成通用标准，加快了 EDI 的应用和跨行业 EDI 的发展。

20 世纪 90 年代出现了 Internet EDI，使 EDI 从专用网扩大到因特网，降低了成本，满足了中小企业对 EDI 的需求。

2. 我国 EDI 的发展

我国的 EDI 发展起步较晚，20 世纪 90 年代初才开始，但因有了借鉴，故起点较高。为促进我国市场经济的发展和提升我国企业在世界上的竞争力，必须在我国大力推广 EDI

的应用。EDI 的推广应用基于两大依托(计算机技术和网络通信技术)的发展。改革开放以来，我国的计算机技术和网络通信技术已有了飞速的发展和长足的进步，国内不少大型企业已建立起了自己内部的计算机管理信息系统(MIS)。

### 知识拓展

**办理在线数据处理与交易处理许可证详细指南**

许可证全称：增值电信业务经营许可证

业务类型：第二类增值电信业务中的在线数据处理与交易处理业务

业务范围：仅限经营类电子商务或不含经营类电子商务

业务内容：经营类电商平台(有商家入驻类的)、物联网平台、车联网平台、交易平台

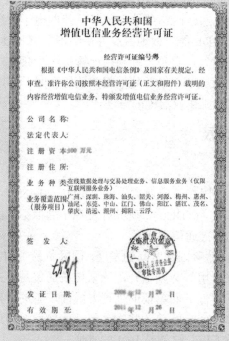

在线数据处理与交易处理许可证示意图

**1. 什么是在线数据处理与交易处理许可证**

在线数据处理与交易处理业务是 sp 业务中第二类增值电信业务(B21 类)。

在线数据处理与交易处理业务是指利用各种与公用通信网或互联网相连的数据与交易/事务处理应用平台，通过公用通信网或互联网为用户提供在线数据处理和交易/事务处理的业务。在线数据处理与交易处理业务包括交易处理业务、电子数据交换业务和网络/电子设备数据处理业务。

(1) 交易处理业务包括办理各种银行业务、股票买卖、票务买卖、拍卖商品买卖、费用支付等。

(2) 网络/电子设备数据处理指通过通信网络传送，对连接到通信网络的电子设备进行控制和数据处理的业务。

(3) 电子数据交换业务，即 EDI，是一种把贸易或其他行政事务有关的信息和数据按统一规定的格式形成结构化的事务处理数据，通过通信网络在有关用户的计算机之间进行交换和自动处理，完成贸易或其他行政事务的业务。

**2. 哪些业务需要办在线数据处理与交易处理许可证**

从业务角度可以分为三类：交易处理业务、网络/电子设备数据处理业务、电子数据交换业务。

"交易处理业务"是指办理各种经营类电子商务、银行业务、股票买卖、票券买卖、拍卖商品买卖、费用支付等。

"网络/电子设备数据处理业务"是指通过通信网络传送，对连接到通信网络的电子设备进行控制和数据处理的业务。

"电子数据交换业务"，也就是 EDI，是 sp 业务中的一类，是一种把贸易或与其他行政事务有关的信息和数据按统一规定的格式形成结构化的事务处理数据，通过通信网络在有关用户的计算机之间进行交换和自动处理，完成贸易或其他行政事务的业务。

**3. EDI 许可证未办理有何处罚**

根据国务院和工信部以及国家行业管理部门颁布的《中华人民共和国电子签名法》《商用密码管理条例》《电子银行业务管理办法》《网络交易平台服务规范》《电子认证服务管理办法》《电子支付指引》和《互联网安全保护技术措施规定》等相关法规和法律文件的规定，未经省通信管理局/工信部审批核准的企业不得从事互联网交易处理业务、网络/电子设备数据处理业务、电子数据交换业务。

未取得经营许可证，擅自从事经营性互联网信息服务，或者超出许可的项目提供服务的，由省、自治区、直辖市电信管理机构责令限期改正，有违法所得的，没收违法所得，处违法所得 3 倍以上 5 倍以下的罚款；没有违法所得或者违法所得不足 5 万元的，处 10 万元以上 100 万元以下的罚款；情节严重的，责令关闭网站。

**4. 申请 EDI 许可证所需必要条件**

(1) 经营者为依法设立的内资公司；有港澳地区股东的可申请在线数据处理与交易处理；

(2) 注册资本不少于 100 万元人民币；

(3) 提供至少 3 名以上人员劳动合同，社会保险证明等人员证明材料。

**5. 申请 EDI 许可证需要基础必要材料：**

(1) 公司的企业法人营业执照副本；

(2) 公司章程(加盖工商局档案查询章原件)；

(3) 完整详细的股权结构图；

(4) 公司的管理、技术人员的身份证复印件(不少于 3 人)；

(5) 公司为员工所上近三个月的社保证明(不少于 3 人)(应加盖社保机构红章)；

(6) 至少 3 名员工的劳动合同原件(原件会退回)。

**6. 金三科技服务流程**

(1) 商谈业务意向；
(2) 商务合作洽谈；
(3) 基础材料准备；
(4) 提交审核。

**7. 金三科技服务优势**

(1) 专业顾问团队，7×24 小时在线贴心服务；
(2) 第一时间响应客户，服务流程业内周期最短，并且提供最优方案；
(3) 提供一站式企业资质咨询服务，引领互联网行业规范化发展。

(资料来源：http://bao.hvacr.cn/201412_2054017.html)

## (三)EDI 的构成要素和特点

### 1. EDI 的构成要素

构成 EDI 的三要素是 EDI 软件和硬件、通信网络以及数据标准化。

1) EDI 软件和硬件

EDI 的软件主要包括转换软件、翻译软件和通信软件。

(1) 转换软件：使原始数据文件和平面文件互相转换。
(2) 翻译软件：使平面文件和 EDI 标准格式互相转换。
(3) 通信软件：将 EDI 标准格式文件外层加上通信信封，再送到对方 EDI 系统中。

EDI 硬件主要包括计算机、调制解调器以及电话线。

2) 通信网络

早期的 EDI 需要租用专用的增值网络(Value Added Network，VAN)，但是专用增值网络费用高，而且两个 EDI 系统互联必须部署相同的专用增值网络，致使 VAN 式的 EDI 的推广受到了限制，仅限于大企业之间使用。

随着 20 世纪 90 年代 Internet 的发展，EDI 系统和 Internet 实现互联。Internet 比 VAN 价格低、接入方便，减少了很多 VAN 中的限制，这样就方便了许多中小企业采用，使 EDI 得到了推广。

3) EDI 标准

目前，国际上存在两大标准化体系：一个是流行于欧洲、亚洲的，由联合国欧洲经济委员会制定的 UN/EDIFACT 标准；另一个是流行于北美的，由美国国家标准化委员会制定的 ANSI X.12 标准。

UN/EDIFACT 意为"联合国用于行政、商业和运输的电子数据交换"，1986 年后 UN/EDIFACT 成为国际通用的 EDI 标准。

通信网络是实现 EDI 的技术基础，计算机软硬件是实现 EDI 的内部条件，标准化是实现 EDI 的关键。

## 2. EDI 的特点

EDI 具有如下特点。

(1) 应用于不同的组织之间(企业或事业机构间)的文件传送。

(2) 所传送的文件具有标准化的格式。这有利于文件的查错、纠错，以及计算机的自动化处理。

(3) 所传送的资料一般是业务资料，如发票、订单、合同等，而不是一般的通知、问候、祝福。

(4) 可以自动化进行，避免人工干预。

## 3. EDI 与现有通信手段的区别

EDI 与现有的一些通信手段，如传真、用户电报、电子信箱等有很大的区别，具体如下。

(1) EDI 传输的是格式化的标准文件，并具有格式校验功能。

(2) EDI 是实现计算机到计算机的自动传输和自动处理，其对象是计算机系统。

(3) EDI 对于传送的文件具有跟踪、确认、防篡改、防冒领、电子签名等一系列安全保密功能。

(4) EDI 文本具有法律效力，而传真和电子信箱则没有。

(5) EDI 和电子信箱都是建立在分组数据通信网上。

(6) EDI 和电子信箱都是建立在 OSI 的第七层上，而且都是建立在 MHS 通信平台之上，但 EDI 比 E-mail 要求更高。

(7) 传真目前大多为实时通信，EDI 和电子信箱都是非实时的，具有存储转发功能。

# 二、EDI 系统组成

EDI 系统包括 EDI 标准和 EDI 的功能模块两大部分。

## (一)EDI 标准

### 1. EDI 标准的含义

EDI 标准是指贸易各方在进行数据交换时必须遵循的格式和要求。

国际上从 20 世纪 60 年代起就开始研究 EDI 标准。1987 年，联合国欧洲经济委员会综合了经过十多年实践的美国 ANSI X.12 系列标准和欧洲流行的"贸易数据交换(Trade Data Interchange，TDI)"标准，制定了用于行政、商业和运输的电子数据交换标准(EDIF ACT)。该标准的特点，一是包含了贸易中所需的各类信息代码，适用范围较广；二是包括了报文、数据元、复合数据元、数据段、语法等，内容较完整；三是可以根据用户的需要进行扩充，应用比较灵活；四是适用于各类计算机和通信网络。因此，该标准应用广泛。

## 2. EDI 标准的发展历史

EDI 标准的发展经历了以下四个阶段。

1) 专业标准阶段

专业标准起始于美国及欧洲一些国家的大型国际化的公司内部,如福特汽车公司、飞利浦公司等,它们为简化自身业务而自行定义了企业标准。这些标准由于为其内部使用,所以具有相当大的局限性。

2) 行业标准阶段

这个阶段从 20 世纪 70 年代初开始,是一些行业为满足行业内部业务往来的要求而制定的。典型的有美国运输业制定的 TDCC 标准、美国汽车业制定的 AIAG 标准、欧洲汽车业制定的 ODIFICE 标准、零售业制定的 UCS 标准、仓储业制定的 WINS 标准、电子业制定的 EDIFICE 标准、医学界制定的 TEEDI 标准和建筑业制定的 EDICONSTRAUCT 标准等,这些标准的制定为行业 EDI 的开展奠定了基础。

3) 国家标准阶段

随着经济及计算机技术的发展,行业标准已不能适应发展的需求,于是国家标准应运而生。1979 年,美国国家标准协会授权 ASC X12 委员会依据 TDCC 标准,开始开发、建立跨行业且具一般性 EDI 国家标准 ANSI X.12。

同时,欧洲也由官方机构及贸易程序简化组织共同推动制定统一的 EDI 标准,并获联合国的授权,由联合国欧洲经济理事会从事于国际贸易程序简化工作的第四小组(UN/ECE/WP.4)负责发展及制定 EDI 的标准,并在 20 世纪 80 年代早期提出 TDI(Trade Data Interchange)及 GTDI(Guildlines For TDI)的标准,但该标准只定义了商业文件的语法规则,还欠缺报文标准。

4) 国际标准阶段

鉴于全球 EDI 发展的趋势,各国的国家标准为国际标准提供了完整的技术和应用结构,在此基础上,联合国欧洲经济委员会(UN/ECE)为简化贸易程序规范国际贸易活动,公布了一套用于行政、商业和运输业的 EDI 国际标准——UN/EDIFACT 标准。国际标准化组织为 EDIFACT 制定了 ISO 9735 EDI 语法规则和 ISO 7372 贸易数据元国际标准。同时,ANSI X.12 于 1992 年决定在其第四版标准制定后,不再继续发展维护,全力与 UN/EDIFACT 结合,最终将使全球 EDI 标准统一于 EDIFACT 标准,EDIFACT 作为国际标准,已被世界上大多数国家所接受,我国的 EDI 标准也确定以 EDIFACT 标准为基础制定。因此,掌握 EDI 的国际标准——EDIFACT 对实施 EDI 至关重要。

## 3. EDIFACT 标准的构成

EDIFACT 标准包括一系列涉及电子数据交换的标准、指南和规则,包括以下八个方面的内容。

1) EDIFACT 应用级语法规则(ISO 9735)

应用级语法规则规定了用户数据结构的应用层语法规则和报文的互换结构。

2) EDIFACT 报文设计指南

报文设计指南专为从事标准报文的设计者提供技术依据。

3) EDIFACT 应用级语法规则实施指南

这一指南的目的是帮助 EDI 用户使用 EDIFACT 语法规则。

4) EDIFACT 数据元目录(ISO 7372)

EDIFACT 数据元目录收录了 200 个与设计 EDIFACT 报文相关的数据元,并对每个数据元的名称、定义、数据类型和长度都予以具体的描述。

5) EDIFACT 代码目录

代码目录给出数据元中的代码型数据元的代码集,收录了 103 个数据元的代码,这些数据元选自 EDIFACT 数据元目录,并通过数据元号与数据元目录相联系。

6) EDIFACT 复合数据元目录

所谓复合数据元,是由别的数据元组成的,其功能更强,包含的信息量更多。目录收录了在设计 EDIFACT 报文时涉及的 60 多个复合数据元。目录中对每个复合数据元的用途进行了描述,罗列了组成复合数据元的数据元,并在数据元后面注明其类型,注有字母"M"的表示该数据元在此复合数据元中是必须具备的,注有字母"C"的表示该数据元在此复合数据元中的出现与否是根据具体条件而定的。复合数据元通过复合数据元号与段目录相联系,组成复合数据元的数据元通过数据元号与数据元目录、代码表相联系。

7) EDIFACT 段目录

段目录定义了 EDIFACT 报文中所用的段。目录中注明了组成段的简单数据元和复合数据元,并在数据元后面注明此数据元是"必备型"或"条件型"。段目录中除有段名外,每个段前均标有段的标识。"段标识"一般由三个英文字母组成,它们是段的英文首字母缩写。每个段通过"段标识"与 EDIFACT 标准报文相联系,简单数据元和复合数据元通过数据元号和复合数据元号与 EDIFACT 数据元目录和复合数据元目录相联系。

8) EDIFACT 标准报文目录

EDIFACT 标准报文格式可分三级,分别是 0 级、1 级和 2 级。0 级是草案级,1 级是试用推荐草案,2 级是推荐报文标准级。

## (二)EDI 的功能模块

### 1. 基本模块

EDI 的基本模块包括下述几种。

(1) 用户接口模块。业务管理人员可用此模块进行输入、查询、统计、中断、打印等,及时地了解市场变化,调整策略。

(2) 内部接口模块。这是 EDI 系统和本单位内部其他信息及数据库的接口,一份来自外部的 EDI 报文,经过 EDI 系统处理之后,大部分相关内容都需要经内部接口模块送往其他信息系统,或查询其他信息系统才能给对方的 EDI 报文以确认的答复。

(3) 报文生成及处理模块。该模块有两个功能:接受来自用户接口模块和内部接口模块的命令和信息,按照 EDI 标准生成订单、发票等各种 EDI 报文和单证,经格式转换模块处理之后,由通信模块经 EDI 网络发给其他 EDI 用户。自动处理由其他 EDI 系统发来的报文。在处理过程中要与本单位信息系统相连，获取必要信息并给其他 EDI 系统答复，同时将有关信息传给本单位其他信息系统。如因特殊情况不能满足对方的要求，经双方 EDI 系统多次交涉后不能妥善解决的，则把这一类事件提交用户接口模块，由人工干预决策。

(4) 格式转换模块。所有的 EDI 单证都必须转换成标准的交换格式，转换过程包括语法上的压缩、嵌套、代码的替换以及必要的 EDI 语法控制字符。在格式转换过程中要进行语法检查，对于语法出错的 EDI 报文应拒收并通知对方重发。

(5) 通信模块。该模块是 EDI 系统与 EDI 通信网络的接口。包括执行呼叫、自动重发、合法性和完整性检查、出错警报、自动应答、通信记录、报文拼装和拆卸等功能。

EDI 系统结构如图 5-1 所示。

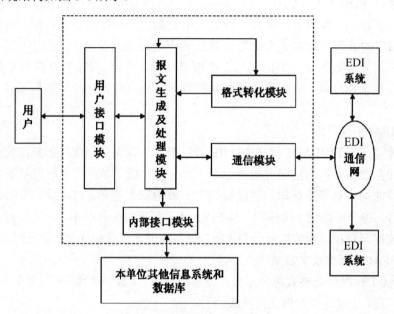

图 5-1　EDI 系统结构图

## 2. 其他功能

除上述五个基本模块外，EDI 系统还必须具备下述各种基本功能。

(1) 命名和寻址功能。EDI 的终端用户在共享的名字中必须是唯一可表示的。命名和寻址功能包括通信和鉴别两个方面。

(2) 安全功能。EDI 的安全功能应包含在上述所有模块中。它包括以下一些内容：终端用户以及所有 EDI 参与方之间的相互验证、数据完整性、EDI 参与方之间的电子(数字)签名、否定 EDI 操作活动的可能性、密钥管理等。

(3) 语义数据管理功能。完整语义单元(CSU)是由多个信息单元(IU)组成的。其 CSU 和 IU 的管理服务功能包括：IU 应该是可标识和可区分的、IU 必须支持可靠的全局参考、应能够存取指明 IU 属性的内容、应能够跟踪和对 IU 定位、对终端用户提供方便和始终如一的访问方式。

## 三、EDI 工作原理

EDI 的实现过程就是用户将相关数据从自己的计算机信息系统传送到有关交易方的计算机信息系统的过程。这个过程因用户应用系统以及外部通信环境的差异而有所不同。EDI 工作过程示意图如图 5-2 所示。

### (一)映射——生成 EDI 平面文件

EDI 平面文件是通过应用系统将用户的应用文件(如单证、票据)或数据库中的数据映射而成的一种标准的中间文件，这一过程称为映射。

平面文件是用户通过应用系统直接编辑、修改和操作的单证和票据文件，它可直接阅读、显示和打印输出。

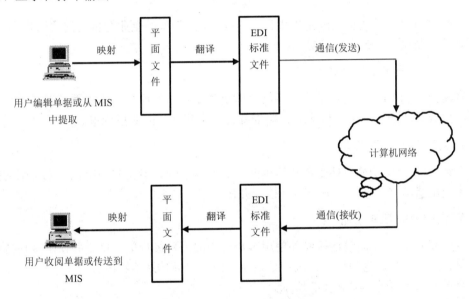

图 5-2　EDI 工作过程示意图

### (二)翻译——生成 EDI 标准格式文件

其功能是将平面文件通过翻译软件生成 EDI 标准格式文件。

EDI 标准格式文件就是所谓的 EDI 电子单证，或称电子票据。它是 EDI 用户之间进行贸易和业务往来的依据。EDI 标准格式文件是一种只有计算机才能阅读的 ASCII 文件。它是按照 EDI 数据交换标准(即 EDI 标准)的要求，将单证文件(平面文件)中的目录项加上特定的分隔符、控制符和其他信息生成的一种包括控制符、代码和单证信息在内的 ASCII 文件。

### (三)通信

这一步由计算机通信软件完成。用户通过通信网络接入 EDI 信箱系统，将 EDI 电子单证投递到对方的信箱中。EDI 信箱系统则自动完成投递和转接,并按照 X.400(或 X.435)通信协议的要求,为电子单证加上信封、信头、信尾、投送地址、安全要求及其他辅助信息。

### (四)EDI 文件的接收和处理

接收和处理过程是发送过程的逆过程。首先需要接收用户通过通信网络接入 EDI 信箱系统,打开自己的信箱,将来函接收到自己的计算机中,经格式校验、翻译、映射还原成应用文件。最后对应用文件进行编辑、处理和回复。

## 四、物流 EDI 系统功能及应用

### (一)物流 EDI 系统的功能

物流 EDI 系统的主要功能是提供报文转换,不同类型的企业对报文的要求也不一样,以下是几类公司的 EDI 功能介绍。

#### 1. 物流公司的 EDI 功能

物流公司的 EDI 功能包括生成并将采购进货单传给供应商、生成并将退货单传给供应商、生成并将询价单传给供应商、接受并打印供应商传来的报价单。

#### 2. 运输商的 EDI 功能

运输商的 EDI 功能包括生成托运单并传送给运输商、接受并使用托运人传来的托运单、生成出货单并传送给物流公司、接受并使用客户传来的出货单。

#### 3. 供应商的 EDI 功能

供应商的 EDI 功能包括接受并使用客户传来的采购进货单、接受并使用客户传来的退货单、接受并打印客户传来的询价单、生成出货单并传送给物流公司。

物流 EDI 系统结构如图 5-3 所示。

### (二)物流 EDI 系统的业务流程

(1) 物流 EDI 系统一般要与管理信息系统 MIS 相关联。EDI 与管理信息系统(Management Information System,MIS)关联示意图如图 5-4 所示。

(2) EDI 的作业流程对于买方来说有三个过程,即采购作业、验收作业、应收账款作业;对于卖方来说有接单作业、出货作业、应收账款作业,两者联系起来的整个作业流程如图 5-5 所示。

### (三)EDI 在物流中的使用

EDI 最初由美国企业应用在企业间的订货业务活动中,其后 EDI 的应用范围从订货业务向其他业务扩展,如 POS 销售信息传送业务、库存管理业务、发货送货信息和支付信息的传送业务等。

第五章 物流信息存储与交换技术

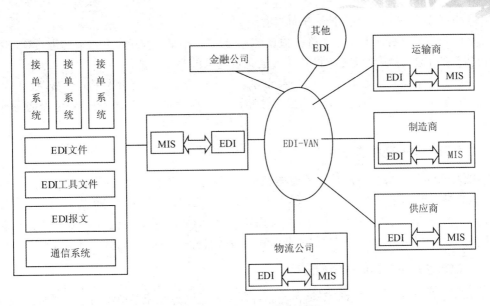

图 5-3 物流 EDI 系统结构

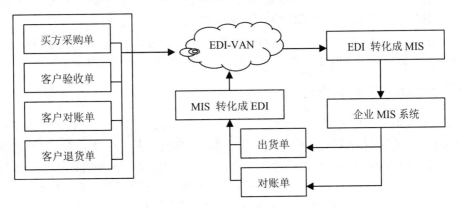

图 5-4 EDI 与 MIS 关联示意图

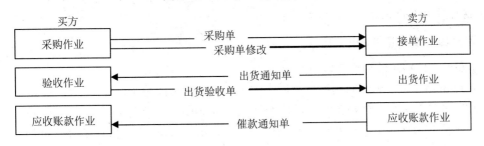

图 5-5 EDI 作业流程

## 1. EDI 在生产企业中的应用

相对于物流公司而言，生产企业与其交易伙伴间的商业行为大致可分为接单、出货、催款及收款作业，其间往来的单据包括采购进货单、出货单、催款对账单及付款凭证等。

EDI在生产企业中主要有以下两方面的应用。

(1) 生产企业引入 EDI 后,可在数据传输时选择低成本的方式引入采购进货单,接收客户传来的 EDI 订购单报文,将其转换成企业内部的订单形式。

(2) 生产企业应用 EDI 后,可改善作业,同客户合作,依次引入采购进货单、出货单及催款对账单,并与企业内部的信息系统集成,逐渐改善接单、出货、对账及收款作业的流程。

### 2. EDI 在批发商中的应用

批发商因其交易特性,其相关业务包括向客户提供产品以及向厂商采购商品。

(1) 批发商如果是为了数据传输而引入 EDI,可选择引入成本较低的 EDI 接入方式。

(2) 批发商若为改善作业流程而引入 EDI,可逐步引入各项单证,并与企业内部信息系统集成,改善接单、出货、催款的作业流程,或改善订购、验收、对账、付款的作业流程。

### 3. EDI 在系统运输业务中的应用

运输企业以其强大的运输工具和遍布各地的营业网点在流通业中扮演了重要的角色。

(1) 运输企业引入 EDI 后,便于数据传输,从而降低成本。先引入托运单,接收托运人传来的 EDI 托运单报文,将其转换成企业内部的托运单格式。

(2) 运输企业引入 EDI 后,可改善作业流程,可逐步引入各项单证,且与企业内部信息系统集成。进一步改善托运、收货、送货、汇报、对账和收款等作业流程。

## (四)Internet 环境下的 EDI

Internet 是世界上最大的计算机网络,近年来得到迅速发展,它对 EDI 产生了重大影响。Internet 是全球网络结构,可以大大扩大参与交易的范围;相对于私有网络和传统的增值网来说,Internet 可以实现世界范围的连接,却花费很少。Internet 对数据交换提供了许多简单而且易于实现的方法,用户可以使用 Web 完成交易。ISP(Internet Service Provider,网络服务提供商)提供了多种服务方式,这些服务方式过去都必须从传统的 VAN 那里购买,费用很大。Internet 和 EDI 的联系为 EDI 的发展带来了生机,基于 Internet 的 EDI 成为新一代的 EDI,前景诱人。

### 1. Internet 对 EDI 的影响

Internet 对 EDI 的影响有以下几点。

(1) Internet 是全球性的网络,可以大大扩大参与交易的范围。

(2) 相对于私有网络和传统的增值网来说,Internet 可以实现世界范围的连接,花费很少;企业利用现有的 Internet 比直接使用费用较高的 VAN 大约能节省 75%的 EDI 实施资金。

(3) 基于 Internet 的 EDI 系统容易操作,技术上不复杂。

(4) 基于 Internet 的 EDI 还使商业用户可以使用其他一些电子商务工具,如多媒体能力和交互式 EDI 通信等,使商业用户可以进行实时通信并将图片和其他一些多媒体信息嵌入其传输事务之中。基于 Internet 的 EDI 可以帮助公司与那些没有 EDI 的小交易伙伴进行 EDI 活动。

2. 基于 Internet 的 EDI 的发展

基于 Internet 的 EDI 的发展经历了以下几个阶段。

1) Internet Mail 阶段

Internet Mail 方式就是用 ISP(Internet Service Providers，因特网服务提供商)代替 VAN 增值网络的 EDI 交换中心。其实现方式和传统的基于 VAN 的 EDI 类似，只是原来由 EDI 中心执行的功能要由用户端承担。

2) 标准 IC 方式

标准 IC 方式是指在实现 EDI 的方案中，不同的企业根据它们自己的需要对标准进行一定的选择，去掉一些它们根本不使用的服务。

3) Web-EDI 方式

Web-EDI 的目标是允许中小企业只需通过浏览器和 Internet 连接去执行 EDI 交换，Web 是 EDI 消息的接口。一方面，Web-EDI 方式的使用使传统 EDI 走出了困惑，特别是使中小企业能够接受；另一方面，在这种方式的实施中，交易双方具有不对称性。

4) XML/EDI 方式

XML 所采用的标准技术已被证明最适合 Web 开发，应用于 Internet EDI 则可以得到真正 Web 风格的 EDI——XML EDI。XML EDI 能让所有的参与者都从 EDI 中得到好处，它是对称的 EDI。ebXML/WG 是 UN/CEFACT 和 OASIS the Organization for the Advancement of Structured Information Standards 在 1999 年年底共同创建的一个国际化组织——电子商务 XML 工作组，它的任务是花 15~18 个月的时间研究和明确使 XML 的全球化实现标准化所需的技术基础。

# 本 章 小 结

通过本章的学习，读者可以对信息储存与交换技术有一定的认识。本章分为三个任务，即数据库技术及其应用、计算机网络技术及其应用、EDI 技术。通过三个任务的学习能够使学生们识别相关技术的原理和应用。

# 习 题

简答题

1. 试简述数据库发展的四个阶段。
2. 数据库系统由哪几部分组成？
3. 你认为计算机网络技术对物流产生了哪些影响？
4. EDI 系统在物流中是如何使用的？
5. 在 Internet 的影响下，EDI 有哪些发展？
6. 局域网拓扑结构有哪些？有何优缺点？

# 案 例 分 析

## 上海华联超市集团的 EDI 系统应用

**1. 基本情况**

上海华联超市集团成立于 1992 年，目前已发展到门店 1000 多家。具体有直营店、加盟店、合营店三种经营方式，其中直营店有 80 多家，加盟店分布在浙江、江苏等外省市，合营店主要以控股方式经营，主要分布在远郊区、县。直营、加盟、合营三种方式的门店都由总部统一进货。

随着经营规模越来越大，管理工作越来越复杂。公司领导意识到必须加强高科技的投入，搞好计算机网络应用。从 1997 年开始，成立了总部计算机中心，完成经营信息的汇总、处理。配送中心也完全实现了订货、配送、发货的计算机管理，各门店的计算机系统由总部统一配置、统一开发、统一管理。配送中心与门店之间的货源信息传递通过上海商业高新技术公司的商业增值网以文件方式(E-mail)完成。

每天中午 12 点钟，配送中心将商品的库存信息以文件形式发送到增值网上，各门店计算机系统从自己的增值网信箱中取出库存信息，然后根据库存信息和自己门店的销售信息制作"要货单"。但由于要货单信息没有通过网上传输，而是从计算机中打印出来，通过传真形式传送到配送中心，配送中心的计算机工作人员再将要货信息输入计算机系统。这样做的结果不仅导致了数据二次录入可能发生的错误和人力资源的浪费，也体现不出网络应用的价值和效益，因此，公司决定采用 EDI 系统管理公司的业务。

**2. 系统结构**

上海华联超市集团公司作为国家科委"九五"科技公关项目"商业 EDI 系统开发与示范"的示范单位之一，从 1998 年 3 月开始，与北京工商大学、浙江工商大学、上海商业高新技术开发公司合作开发自己的 EDI 应用系统。这个 EDI 应用系统包括配送中心和供货厂家之间、总部与配送中心之间、配送中心与门店之间的标准格式的信息传递，信息通过上海商业增值网 EDI 服务中心完成。

**3. 应用信息流的流动过程**

应用信息流的流动过程如图 5-6 所示。

图 5-6　应用信息流的流动过程

(资料来源：http://blog.sina.com.cn/s/blog_7aa8b1700100q8rd.html)

**思考题**

1. 上海华联超市为什么要采用 EDI 系统？
2. 试简述上海华联超市 EDI 应用信息流的流动过程。

# 第六章 第三方物流管理信息系统

## 【知识目标】

- 第三方物流及第三方物流信息系统的基本概念。
- 第三方物流管理信息系统的结构功能。

## 【能力目标】

- 能掌握第三方物流的各种业务流程。
- 能熟练操作第三方物流管理信息系统。

## 【素质目标】

团队协作、解决问题的能力。

## 引导案例

### 物流链云平台云 TMS 荣膺"信息化产品单项奖"

2018 年 9 月上海首席信息官联盟会员大会暨颁奖典礼在上海朱家角隆重举行。来自德邦物流、通用电气、圆通集团、上汽集团、上海大众、光明集团、上海医药、东航集团、春秋航空、百联集团等各企业 CIO 及企业相关负责人均出席了本次大会。在本次大会颁奖典礼揭晓的第三届上海信息化优秀产品/最佳实践最终获奖名单中,物流链云平台凭借云 TMS 云运输管理系统荣获信息化产品单项奖——年度一体化物流运输优秀解决方案。

随着新技术、新业态的不断发展,物流也正向着物流 4.0 时代不断迈进。在物流发展日新月异的今天,物流系统也已日渐成为企业发展的核心竞争力,物流效率正成为企业亟待提升的关键环节。然而在现阶段,仍有诸如物流运输效率难以攀升、人工操作复杂烦琐、准确度堪忧、运输过程难以实时监控导致物流成本居高不下等各种挑战阻碍着企业高速发展的步伐。在此背景下,物流链云平台云 TMS 系统应运而生。

云 TMS 系统可无缝对接上下游系统,打造智能高效供应链,如订单管理系统、温控系统、ERP、GPS、销售系统、仓储管理系统以及其他各类运输软件,从而将货主、承运商、司机、收货人有效地连接在一起,通过多种方式打破沟通壁垒,使各方用户畅享实时数据,彼此之间信息互通、资源共享,有效协同,真正实现一个高效的、可视的、可操控的运输协同平台。

此外,物流链云 TMS 可实现订单运输全程在途监控,实现供应链可视化,包括订单维护、调度配车、在途跟踪、签收回单、计费管理、BI 分析等各个环节。支持 ERP 系统直接接入订单、一键分单以及自主定制打印模板;在调度配车方面,支持快捷配车、地图配车、现场调度、提货扫描等;并实现在途跟踪,全程监控配车信息、执行日志、时效指标及温控采集,可通过手机 APP 互动跟踪以及电子围栏智能管理,拥有丰富的预警机制,实现在途异常信息及时填报及查看;实现 APP 互动签收回单,支持回单影像及登记；在运输费用的计算方面，云 TMS 系统可根据业务现有的计费规则自动生成计费报表，同时支持手工调整。此外，系统可将采集到的业务数据根据业务实际需要生成各类 KPI 报表，以便考核。

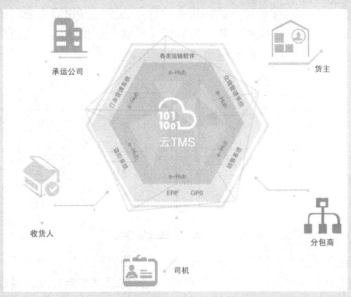

作为中国物流云服务领跑者，物流链云平台(56linked.com)是唯智信息旗下基于 SaaS 模式的物流信息化云服务平台。基于先进的互联网技术，结合唯智信息 18 年物流软件开发及大客户服务经验，目前物流链云平台已经过 342 次迭代，积累了 5000W+订单、1000+客户、30W+车辆，旨在为客户打造安全、可视、高效、互联的一体化运输管理解决方案。目前，物流链云平台已帮助玛氏、康师傅、徐福记、OFO、施可丰、佳通轮胎、沃尔玛、lily、ZARA、中外运等各行业领军企业提高物流效率，降低成本。

此次，物流链云平台凭借云 TMS 系统获得"信息化产品单项奖——年度一体化物流运输优秀解决方案"的殊荣，是对物流链云平台的极大肯定。此后，物流链云平台仍将不断进行产品创新及优化，为整个行业效力，力求为更多客户打造一体化物流运输解决方案，实现物流环节提质增效。

(资料来源：http://www.sohu.com/a/108675328_466789)

讨论：

TMS 包括哪些功能？

# 任务一　第三方物流管理信息系统的识别

## 一、第三方物流的内涵

20 世纪 90 年代以来，第三方物流管理作为一种新兴的事业形态和物流管理模式，在全球范围都有高速发展，引起了广大企业界和理论界的关注。所谓第三方物流(The Third

Party Logistics，TPL 或 3PL)管理,是指生产经营企业为集中精力搞好主业,把原来属于自己处理的物流活动,以合同形式委托给专业物流服务企业,同时通过信息系统与物流服务企业保持密切联系,以达到对物流活动全过程管理和控制的一种现代物流作业方式。一般常把参与第三方物流管理服务的物流企业称之为第三方物流企业,彼此间的物流合作方式称为第三方物流。在国外,第三方物流又常称为契约物流、物流联盟、物流伙伴或物流外部化。第三方物流运作流程如图 6-1 所示。

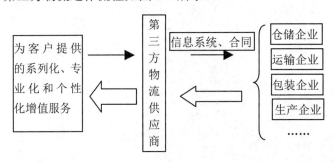

图 6-1　第三方物流运作流程

第三方物流管理是生产经营企业一种新型的"物流外包"管理模式,其目的是整合利用外部最优秀的专业化资源,从而降低成本,提高效率,充分发挥自身核心竞争力和增强企业对环境的快速适应能力。它是工业经济时代已经形成的社会分工与协作组织在当今知识经济条件下的发展和演化。

## (一)第三方物流特征分析

### 1. 第三方物流的基本特征

从发达国家物流业的状况看,第三方物流在发展中已逐渐形成自己的鲜明特征,突出表现在五个方面,如表 6-1 所示。

表 6-1　第三方物流的基本特征

| 特　　征 | 详细内涵 |
| --- | --- |
| 关系合同化 | 第三方物流是通过契约形式来规范物流经营者与物流消费者之间的关系。物流经营者根据契约规定的要求,提供多功能直至全方位一体化物流服务,并以契约来管理所有提供的物流 |
| 服务个性化 | 不同的物流消费者存在不同的物流服务要求,第三方物流需要根据不同物流消费者在企业形象、业务流程、产品特征、顾客需求特征、竞争需要等方面的不同要求,提供针对性强的个性化物流服务和增值服务 |
| 功能专业化 | 第三方物流所提供的是专业的物流服务。从物流设计、物流操作过程、物流技术工具、物流设施到物流管理必须体现专门化和专业水平,这既是物流消费者的需要,也是第三方物流自身发展的基本要求 |
| 管理系统化 | 第三方物流应具有系统的物流功能,是第三方物流产生和发展的基本要求,第三方物流需要建立现代管理系统才能满足运行和发展的基本要求 |
| 信息网络化 | 信息技术是第三方物流发展的基础。在物流服务过程中,信息技术发展实现了信息实时共享,促进了物流管理的科学化、极大地提高了物流效率和物流效益 |

2. 第三方物流管理的特征分析

当前，我国第三方物流的发展还处于起步阶段，第三方物流企业现有物流服务水平的不一致性、服务功能的单一性及双方合作中的信任问题，已成为我国物流社会化的主要瓶颈。目前我国第三方物流管理的特征如下所述。

(1) 第三方物流管理是第三方物流企业与生产经营企业的战略联盟，而非一般意义上的买卖关系。

第三方物流企业不是货代公司，也不是单纯的速递公司，而是生产经营企业物流领域的战略同盟者。在服务内容上，它为生产经营企业提供的不仅仅是一次性的运输或配送服务，而是一种具有长期契约性质的综合物流服务，最终职能是保证生产经营企业物流体系的高效运作和不断优化供应链管理。与其说第三方物流企业是一个专业物流公司，不如说是生产经营企业的一个专职物流部门，只是这个"物流部门"更具有专业优势和管理经验。与传统运输企业相比，第三方物流的服务范围不仅仅限于运输、仓储业务，它更加注重生产经营企业物流体系的整体运作效率与效益，供应链的管理与不断优化是它的核心服务内容，它的业务涉及生产经营企业销售计划、库存管理、订货计划、生产计划等整个生产经营过程，远远超越了与生产经营企业一般意义上的买卖关系，而是紧密地结合成一体，形成了一种战略合作伙伴关系。

(2) 第三方物流管理中的第三方物流企业是生产经营企业的战略投资人，也是风险承担者。

第三方物流企业追求的不是短期的经济效益，更确切地说，它是以一种投资人的身份为生产经营企业服务的，这是它身为战略同盟者的一个典型特点。例如，为了适应生产经营企业的需要，第三方物流企业往往自行投资或合资为生产经营企业建造现代化的专用仓库、个性化的信息系统以及特种运输设备等，这种投资少则几百万元，多则上亿元，直接为生产经营企业节省了大量的建设费用，而这种投资的风险必然也由其自身承担。所以，第三方物流服务本身就是一种长期投资，这种投资的收益很大程度上取决于生产经营企业业务量的增长，这就形成了双方利益一体化的基础。同时，随着我国资本市场的发展，法人企业作为战略投资人已经成为一类重要的资本市场投资主体，在业务关系上的紧密性为第三方物流企业与生产经营企业在资本市场上的合作创造了难得的条件，可以预见，双方在股权、资本上的融合将更加紧密，第三方物流战略投资人的性质将更加明显。

(3) 利益一体化是第三方物流管理的利润基础。

第三方物流管理的利润从哪里来？从本质上讲，来源于现代物流管理科学的推广所产生的新价值，也就是我们经常提到的第三利润的源泉。以美国为例，1980年全美企业存货成本总和占GNP的29%，由于物流管理中零库存控制的实施，到1992年这一比例下降到19%，下降了近10个百分点。可以说这种库存成本的节约就是物流科学创造的新价值，这种新价值是第三方物流企业与生产经营企业共同分享的，这就是利益一体化，这就是我们强调的"双赢"。所以，与传统的运输服务相比，第三方物流企业的利润来源与生产经营企业的利益是一致的。与运输企业相比，第三方物流服务的利润来源不是来自运费、仓储费用等直接收入，不是以生产经营企业的成本性支出为代价的，而是来源于与生产经营企业一起在物流领域创造的新价值，为生产经营企业节约的物流成本越多，利润率就越高，这与传统的经营方式有本质的不同。

(4) 第三方物流管理是建立在现代电子信息技术基础上的电子物流(E-logistics)。

第三方物流管理利用电子化的手段，尤其是利用互联网技术来完成物流全过程的协调、控制和管理，实现从网络前端到最终端客户的所有中间过程服务，最显著的特点是各种软件技术与物流服务的融合应用。同时，通过运用客户关系管理、商业智能、计算机电话集成、地理信息系统、全球定位系统、Internet、无线互联技术等先进的信息技术手段，以及配送优化调度、动态监控、智能交通、仓储优化配置等物流管理技术和物流模式，第三方物流管理信息系统可以为生产经营企业建立敏捷的供应链系统提供强大的技术支持。

### (二)发展第三方物流的意义

发展第三方物流的主要意义在于以下几个方面。

(1) 可以使企业专心致志地从事自己所熟悉的业务，将资源配置在核心事业上。企业集中精力于核心业务。由于任何企业的资源都是有限的，很难成为业务上面面俱到的专家。为此，企业应把自己的主要资源集中于自己擅长的主业，而把物流等辅助功能留给第三方物流公司。

(2) 灵活运用新技术，实现以信息换库存，降低成本。当科学技术日益进步时，专业的 3PL 能不断地更新信息技术和设备，而普通的单个制造公司通常难以第一时间更新自己的资源和技能；不同的零售商可能有不同的、不断变化的配送和信息技术需求，此时，3PL 能以一种快速、更具成本优势的方式满足这些需求，而这些服务如果单靠制造商常难以实现。同样，3PL 还具有可以满足制造企业的潜在客户需求的能力，从而起到促进生产商与零售商沟通的作用。

(3) 减少固定资产投资，加速资本周转。企业自建物流需要投入大量的资金购买物流设施、建设仓库和信息网络等专业物流设施。这些资源对于缺乏资金的企业，特别是对中小企业而言，是沉重的负担。而如果使用 3PL，不仅减少了设施的投资，还解放了仓库和车队方面的资金占用，加速了资金周转。

(4) 提供灵活多样的客户服务，为客户创造更多的价值。假如你是原材料供应商，而你的原材料需求客户需要迅速补充货源，你就要有地区仓库。通过 3PL 的仓库服务，你就可以满足客户需求，而不必因为建造新设施或长期租赁而调拨资金并在经营灵活性上受到限制。如果你是最终产品供应商，利用 3PL 还可以向最终客户提供比自己所能提供给它们的更多样的服务品种，为客户带来更多的附加价值，使客户满意度提高。

## 二、第三方物流信息管理系统

### (一)第三方物流信息系统及其特征

第三方物流信息系统是以第三方物流为核心的物流管理信息系统，是第三方物流服务的集成化、信息化、智能化。它包括第三方物流运作中各个环节的管理信息系统，如订单、运输、仓储、配送、流通加工等,是一个由计算机、软件系统、通信设备连成网络的动态互动综合系统。第三方物流信息系统对第三方物流起到了支持保障的作用,是集成并提供物流信息支持、物流管理与决策以及一整套物流服务的中枢神经。图 6-2 所示为典型的第三方物流信息系统示意图。

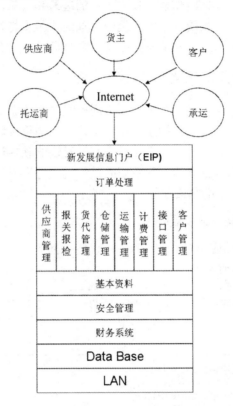

图 6-2 典型的第三方物流信息系统示意图

第三方物流信息系统具有以下特征。

### 1. 通用性和标准化

尽管物流信息系统的构成方式千差万别,但其基本的系统功能构成大体上是一致的。特别是作为第三方物流企业,其服务的对象往往是来自不同行业的客户群体,如果在这个大范围内未能实现相对统一的管理模式和规范标准,信息系统缺乏通用性和标准性,那么其物流信息系统将失去自身价值。

### 2. 动态性强

动态性强是由于物流信息动态性强,为了确保信息的及时性,信息的收集、传输、加工和处理都要加快速度。

### 3. 自动识别功能

物流信息的种类很多,不仅系统内部各个环节有不同的信息种类,而且由于物流系统与其他系统之间有密切的联系,系统还必须能够收集、整理并识别这些不同类型的信息。

4. 智能化决策

现代物流的智能化已经成为电子商务下物流发展的一个方向,智能化是物流自动化、信息化的一种高层次应用,物流作业过程中大量的运筹和决策,如库存水平的确定、运输路线的选择、作业控制、物流分销中心运作管理的决策支持等问题都可以借助于信息系统的专门功能模块,甚至人工智能等相关技术加以解决。

### (二)第三方物流企业信息化

由于物流企业的运作模式还没有定型,不同模式的物流企业对信息化的需求大不相同。信息化需求的模糊与混乱成了物流行业信息化建设的重要阻碍。一方面,物流软件厂商无法了解物流企业的真正需求,无法提供有针对性的软件产品和解决方案;另一方面,物流企业被市场上千奇百怪的各种所谓的"物流软件"弄得眼花缭乱,无法找到真正符合企业业务与管理需求的物流软件。

**1. 物流企业信息化建设的发展阶段**

根据 IT 设备与系统的应用范围与广度,可以将目前第三方物流行业的信息化建设划分为三个阶段,如图 6-3 所示。

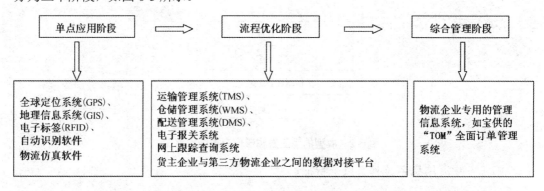

图 6-3 第三方物流企业信息化建设发展阶段

(1) 单点应用阶段。物流信息化的第一阶段是针对个别的信息处理活动,引入各种软件工具,建设各种单点应用系统,如全球定位系统(GPS)、地理信息系统(GIS)、电子标签(RFID)、自动识别软件、物流仿真软件工具等,以及各种通用的软件工具,如办公套件、企业邮箱等。之所以称为"单点应用",是因为在这一阶段,IT 通常被用作个人使用的工具,并不涉及物流企业的业务流程和多个环节之间的信息交互。

(2) 流程优化阶段。物流信息化的第二阶段是针对物流企业的个别业务流程或管理职能,实施部门级的信息系统建设,通过信息处理活动的改进来优化和改善各业务流程或管理职能的运行。该阶段的信息化建设内容包括:运输管理系统(TMS)、仓储管理系统(WMS)、配送管理系统(DMS)、电子报关系统、网上跟踪查询系统、货主企业与第三方物流企业之间的数据对接平台等;以及各种通用的信息系统,如 OA 系统、财务管理系

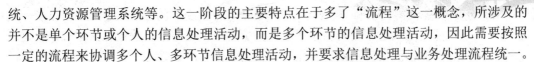

统、人力资源管理系统等。这一阶段的主要特点在于多了"流程"这一概念，所涉及的并不是单个环节或个人的信息处理活动，而是多个环节的信息处理活动，因此需要按照一定的流程来协调多个人、多环节信息处理活动，并要求信息处理与业务处理流程统一。

(3) 综合管理阶段。物流信息化的第三阶段是针对整个物流企业的综合管理，实施企业级的信息系统建设。该阶段的信息化建设内容包括各种物流企业专用的生产管理系统、管理信息系统、客户关系管理系统等，如宝供公司提出的"物流行业的 ERP"——全面订单管理系统(TOM)。当然，也可以直接使用一些通用的综合管理信息系统，如 ERP、CRM 等，但效果可能不是很好。

**2. 物流企业信息化建设策略**

在企业信息化的实施方面，我国绝大部分企业的历史比较短、基础薄弱，很难设计出一个个成熟合理的信息化实施步骤和流程。从较成功的案例来看，循序渐进的方法是值得推广的。作为一个新兴的行业，第三方物流企业建设信息化可借鉴的成功案例不多，如何实现信息化是企业面临的极大挑战。

第三方物流企业实施信息化要有别于其他制造型企业，将信息化的建设结合企业性质和实际，走出一条有特色、切实可行的信息化之路，具体策略如下所述。

(1) 制定企业信息化的战略目标和实施方案。第三方物流企业要针对企业自身的需求，依据信息技术的发展趋势和现代物流的整体需求，根据国家和区域现代物流发展规划，结合企业自身发展战略，制定企业信息化发展规划，确立物流信息化建设的目标和实施方案，从战略角度来整合和配置物流资源，对物流信息化设施配备和物流活动组织进行调整改进，实现物流系统整体优化，使物流活动趋于合理。

(2) 加强物流信息标准化的推广。物流信息标准化包括物流用语统一、单位标准化、钱票收据标准化、应用条码标准化和包装尺寸标准化。为加快第三方物流的发展，企业在实施信息化的过程中，对通信中认可的固定程序、各传递的商贸文件与信息等，都要采用统一的编码单证格式，以及标准的语言规范、标准的通信协议等，从而使参与物流的各方都能对传递的信息进行接收、认可、处理、复制、提取、再生和服务。

(3) 结合企业自身特点选择合适的模式实现物流信息化。第三方物流是建立在现代信息技术的基础之上，为客户提供一系列个性化服务，企业之间是联盟关系。因此，第三方物流企业信息化建设的模式决定了企业信息化的成功与否。企业可以根据自身的需求，组织人力自己开发或与 IT 公司合作开发物流信息系统，也可选择专业的物流软件公司开发的信息系统。但每个信息化模式都有其特点，企业要结合自身的特点，选择适合自身发展的信息化建设模式。避免投资过大、信息化实施效果差等问题。

(4) 加强信息技术的推广。物流企业常用的信息技术有电子数据交换(EDI)、分布式数据库系统、互联网技术和全球定位系统(GPS)等。EDI 技术通过标准化数据的传输，减少了信息处理的差错，降低了物流成本。分布式数据库系统实现数据分散处理、统一共享和远程控制，提高了信息实时化水平。GPS 技术可以对运输车辆实时跟踪调度，以便决策者及时掌握运输情况。第三方物流企业要提升自身的市场竞争能力，就必须加强信息技术的推广应用，为客户提供及时有效的信息服务，提升自身的服务能力和服务质量。

(5) 分步实施，循序渐进，实现物流信息服务。任何企业的信息化建设都不可能一蹴而就，也不可能一劳永逸，需要循序渐进地分步实施。要根据企业业务的需求，建设以顾客需求为导向的物流信息系统。首先，进行信息化基础建设工作，建立企业数据库；其次，建立部门内部的信息系统，进行业务流程的优化，改善业务流程；然后实现综合信息管理，建立企业间信息系统；最后，建立供应链信息系统，对社会资源优化配置，以最低的成本运营。据此，为客户提供物流信息服务，主要包括预先发货通知、送达签收反馈、订单跟踪查询、库存状态查询、货物在途跟踪、运行绩效(KPI)监测、管理报告等。

(6) 领导重视，员工参与。从岗位的角度来看，第三方物流企业信息化建设工作有较强的技术性和专业性，要求组织企业进行物流信息化建设的领导具有较高的素质，要高度重视物流信息化建设，能够对企业的经营发展需要什么样的信息系统有正确、全面的认识。部分员工对信息化建设会产生不同程度的抵触心理，对此要组织人员对员工进行培训，引导其参与到信息化建设中。

## 信息化手段可以提高冷链物流效率

冷链物流有别于传统物流，无论在时间、质量还是服务上都对物流企业提出了更高的要求。食品企业冷链物流的重要性不言而喻，而实际操作过程中，运用信息系统管理能够全方位、多层次地对库存、出货、运输、结算等各环节进行有效管理和监督，在食品企业冷链物流过程中起着重要作用。

对于更高要求的实现，信息化手段的重要便显现出来。一套完整的运输管理信息系统(TMS)在整个供应链中的重要性显得尤为重要。运输管理信息系统是针对企业物流部门及第三方物流机构应用的信息管理系统，可对企业运输过程中所涉及的订单处理、运输、配送、承运商管理、运力管理、返单管理、应收应付管理以及退货管理等业务进行管理的系统。

整个系统要求做好指令、承运商、调度、提货、出到港、退货、理赔、绩效以及非正常业务处理。指令管理是对上游 BCS 系统平台传输到运输管理系统的指令进行处理，可对指令进行修改、删除、指令重新下达等操作；承运商管理是对第三方物流企业业务的执行者——承运商信息的把握，有利于物流企业降低风险，控制成本；调度管理是按照上游客户指令，由 BCS 系统分配到 TMS 业务模块的指令任务按照一定的业务规则和原则进行拆分合并；提货管理即按照上游客户派送指令，将货物从仓库提出，通过各级承运商的运输、配送，最终送达收货人的管理。此过程是业务核心，涉及各部门岗位协同运作，任务拆分合并、执行，各级承运商任务管理，订单状态等一系列作业管理；绩效管理是作为第三方甚至第四方物流企业，主要业务运作依赖承运商，其成本、效率和服务水平由承运商的管理和服务水平决定。

目前，随着人们生活水平的提高以及消费观念的改变，消费者对于生鲜产品的质量要求越来越高，绿色、有机产品需求大幅提升，电商平台得益于地理空间的优势成为消费者获取中高端生鲜类产品的渠道。商务部公布的数据显示，2013年我国电子商务交易总额超过10万亿元，其中生鲜电商交易规模达到130亿元，同比增长221%，但生鲜产品所占的比例仅为0.7%，尚不足1%。

据了解，目前进入生鲜电商领域的企业可以分为三类：一类是以天猫、京东为代表的电商平台；另一类是顺丰优选、我买网等垂直类电商；最后一类是沃尔玛、大润发、永辉等传统零售企业。但主力做生鲜的电商企业体量多在几百万美元至上千万美元之间，并未受到资本市场的关注。

空调制冷大市场专家认为，目前生鲜电商并未找到成熟的模式，大家都还在"讲故事"，进行事件营销，并没有太多的正面竞争，各家还在通过前期营销取得优势。当生鲜市场的冷链配送效率、破损率等关键因素能控制在一定范围后，必定会引起资本市场的关注，届时出现过百亿元的生鲜电商企业就一点也不稀奇了。

（资料来源：http://bao.hvacr.cn/201412_2054017.html）

## 任务二　第三方物流管理信息系统的结构功能

### 一、第三方物流运作流程

物流信息系统本身是对物流运作过程的流程化、信息化、集成化和智能化，因此有必要深入分析第三方物流运作流程，进而研究其系统化解决方案。完善的物流运作与服务流程是第三方物流赖以生存和发展的必要条件。第三方物流运作流程如图6-4所示。

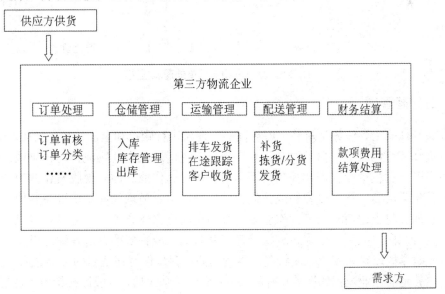

图6-4　第三方物流运作流程图

## (一)订单处理

订单处理是第三方物流业务的开始,也是信息系统中数据的起点。高效的订单处理是整个信息系统成功的关键,订单业务贯穿于整个第三方物流的每个环节,无论是仓储管理还是配送发货,都要按照订单的要求操作。用户通过 Internet、电话、传真等方式下订单,系统接受后,对客户的身份以及信用额度进行验证,只有验证通过后才能提供服务。由于客户的来源不同他们对服务的要求也不同。对有的客户请求需要及时地响应,而有的请求则可以适当地延迟,也有的客户是会员即长期的伙伴关系,有的则是第一次的合作伙伴,因此对订单要进行分类整理。订单确认后,系统将设定订单号码,并将订单的相关信息传递给仓储、配送、财务等部门,具体的业务流程如图 6-5 所示。

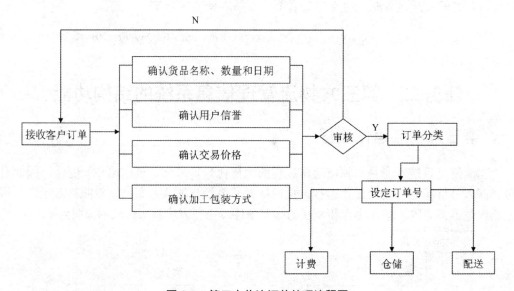

图 6-5　第三方物流订单处理流程图

## (二)仓储管理

仓储管理的主要任务是对整个库存商品的现状进行跟踪和全面管理,包括入库管理、出库管理和库存控制等。自动化立体仓库现已广泛运用在企业物流自动化领域,自动化是指由电子计算机进行管理和控制,不需要人工搬运作业。而实现收发作业的仓库、立体仓库是指采用高层货架以货箱或托盘存储货物,用巷道堆垛起重机以及其他机械进行作业的仓库。将上述两种仓库的作业结合称为自动化立体仓库,它通过计算机技术对存储物资进行编码、入库、出库、分拣管理。并自动完成物资的存取及输送以及利用射频等技术及时掌握库存和库位分配状况,将货物的库存量保持在适当的标准之内。

仓储管理的作业流程如图 6-6 所示。商品送到某仓库后,一般卸在指定的进货区。在进货区装有激光条形码识别装置,经过激光扫描确认后,计算机自动分配入库库位,打印入库单,然后通过相应的输送系统送入指定的正品存放区的库位中。正品存放区的商品是可供配送的。这时总库存量增加,对验收不合格的商品另行暂时存放,并登录在册,适时退给供货商调换合格商品。调换回的商品同样有收、验、入库的过程，当仓库收到配送中心的配货清单后，按清单要求备货，验证正确后出库待送。在库存管理中，计算机控制系统通过实时监控体系也会发现某些商品因储运移位而发生损伤。有些商品因周转慢，保质期即将到期，需及时对这些商品进行处理，移至待处理区，然后做相应的退货、报废等操作。自动化立体仓库系统在发货过程中如果发现因发货的不平衡引起某仓库某商品库存告急，而另一仓库此商品仍有较大库存量时，系统可用库间商品调拨的方式来调节各分库的商品库存量，满足各分库对商品的需求，增加各库的配货能力，在不增加总库存量的基础上提高仓库空间和资金的利用率。

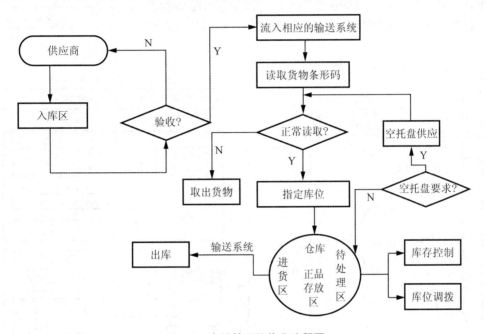

图 6-6　仓储管理的作业流程图

## (三)运输管理

运输管理包括下述几个环节。

### 1. 运输计划生成

运输计划的生成包括以下几个方面。

(1) 运输调度员将急单安排完毕，按客户要求到达时间排列正常订单，根据线路分单给外协承运商。

(2) 要求外协承运商收到派单后，即刻审核运量是否超过承运能力，超过的即刻将信息反馈给运输调度员。调度员将单派给后备外协承运商。外协承运商确认订单后，以电子邮件或传真形式向仓库预约提货，得到仓库回复确认后，将提货计划以电子邮件或传真形式发给运输调度员。

(3) 运输调度员收到外协承运商的提货计划后，确定最终运输计划。

运输管理流程如图 6-7 所示。

### 2. 运输过程跟踪

运输过程的跟踪包括以下三种方式。

(1) 车辆 GPS 或手机定位方式跟踪。运输调度员在系统中查阅订单情况，确定需要进行在途跟踪的车辆，每日几次，具体数值根据项目运作特性和业务量大小确定。查看车辆运行轨迹，若发现异常，马上电话联系司机，查问情况，并记录事件，若无异常，在系统中更新车辆在途信息。运输调度员需按客户要求每日以邮件或电话等形式将车辆运作信息反馈给客户。

图 6-7 运输管理流程图

运输过程跟踪如图 6-8 所示。

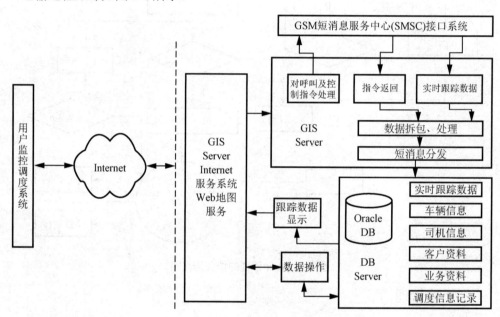

图 6-8 运输过程跟踪图

(2) 定点跟踪。运输调度员根据不同的线路情况，预先制定每条线路的信息反馈点，在系统中查阅订单情况，确定需要进行在途跟踪的车辆。司机到达信息反馈点时，电话通知运输调度员。运输调度员确认后，在系统中更新车辆在途信息，按客户要求每日 N 次以邮件或电话等形式将车辆运作信息反馈给客户。

(3) 定时跟踪。运输调度员预先规定司机每日信息反馈的时间，司机应按规定时间每日电话反馈车辆在途信息给运输调度员。运输调度员确认后，在系统中更新信息，按客户要求每日 N 次以邮件或电话等形式将车辆运作信息反馈给客户。

### 3. 记录文件

记录文件包括记录以下几类文件。

(1) 运输客户档案。
(2) 公路运输线路调查表。
(3) 运输生产动态表。
(4) 异常服务处理表。

4. 货物交付处理

货物交付处理包括以下三种情况。

(1) 驾驶员或外协承运商到达卸货地点后，应遵守客户的收货规定，办理相关手续，接受安全检查，记录开始卸货时间。监卸人员需仔细核对订单和已卸实物，直到全部货物卸货完成，客户完成签单。当发现少货、多货、串货时，监卸人员需再次仔细核对并与收货人一同确认情况，监卸人员应要求收货人在签收单上注明情况并签字或盖章。

(2) 驾驶员或外协承运商在卸货中遇到客户无理拒收或发生其他有争议的问题时，不得与收货人发生争吵，应及时通知客服人员，由客服人员联系客户的销售代表协调解决。

(3) 货物交付完成后，驾驶员或外协承运商应通知运输调度员说明卸货情况，客户应通过传真、手机短信或系统终端等形式进行到货确认。

(四)配送管理

配送管理就是根据订单的要求，结合库存的情况，制订经济可靠的配送计划，对货物进行相关的补货、拣货、分货和送货等作业，将货物及时准确地送到客户手中。配送处理业务流程如图6-9所示。

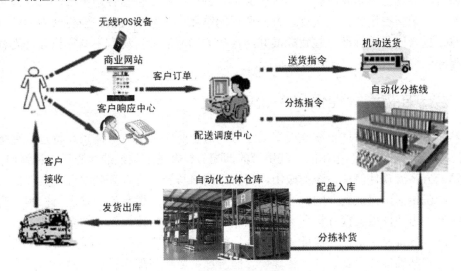

图 6-9 配送处理业务流程图

补货作业的目的是保证拣货区有货可拣，通常是以托盘为单位，从货物保管区将货品移到另一个按订单拣取用的拣货区。拣货是指配送中心根据订单所规定的商品品名、数量和储存库位地址，将商品从货垛或货架上取出，搬运到理货场所，在现代化配送中心，在货架的每一货格上都安装有电子数字显示器，作业人员按照货位指示灯和数字显示器立即可以获知所需商品在货架的具体位置和数量,并可按照指令取货,这就是所谓的电子标签拣选系统。

拣货作业完成后,再将商品按照不同的客户或不同的配送路线进行分类被称之为分货。目前,一个配送中心的日分拣量超过 5 万件、一次分拣的客户超过 100 个的情况已很常见。人工分拣根本无法满足大规模配送中心的要求,随着激光扫描计算机控制和条形码等高新技术日新月异的发展,国内外许多大中型配送中心都广泛使用了自动分拣系统。自动分拣系统大体上是由收货输送机、喂料输送机、分拣指令设定装置、合流装置、分拣输送机、分拣卸货道口和计算机控制器等七部分组成,并实现对车辆的分层次监控调度、信息交流、报警等功能。

配送系统的目标有下列几点。

(1) 提高单位时间内的商品处理量,降低备货的差错率。通常利用自动选货、分货系统,每小时的处理量可达 6000~10 000 箱,错误率在万分之零点几。

(2) 要确保能在指定的时间内交货,如途中因意外不能准时到达,必须立刻与总部联系,由总部采取紧急措施,确保履行合同。

(3) 货品应完好无缺、准确无误地送达目的地。

(4) 配送系统最重要的是要给客户提供方便,因而对于客户的送货计划应具有一定的弹性,如紧急送货、辅助资源回收等,建立企业的快速市场反应机制。

### (五)财务结算

财务结算就是对企业所有的物流服务项目进行结算,包括各项费用,如仓储费用、运输费用、装卸费用、行政费用、办公费用的结算,与客户应收、应付款项的结算等。系统将根据合同货币标准、收费标准并结合相关物流活动自动产生结算凭证,为客户提供完整的结算方案和各类统计分析报表。

## 二、第三方物流管理信息系统的构成

第三方物流管理信息系统是根据第三方物流企业实际的业务需求和特点,围绕三流(物流、资金流、信息流)运作的,其资源的调配与整合是该系统的核心运作和管理目标。通过第三方物流软件信息系统的应用,将物流网络与资源进行高效整合,实现信息流的高速与准确传递,保证企业的快速反应与处理能力,利用资金流的管理与控制,提供系统内在推动力并提供经营分析和考核的数据,通过分析与监控工具结合管理方法,为物流体系资源配备提供依据并保证体系良性运作。第三方物流管理信息系统的主要功能模块包括客户基础信息管理、订单管理、仓储管理、运输与配送管理、商务结算管理、决策支持管理和系统维护。其综合实现并能够满足整个第三方物流各个执行环节的业务运作和管理决策的需要,各系统既能独立使用,又能集成使用,如图 6-10 所示。

### (一)基础信息管理系统

基础信息管理系统包括如下三个部分。

### 1. 客户基础信息管理

通过对客户资料的收集、分类、存档、检索和管理，全面掌握不同客户群体、客户性质、客户需求、客户信用等客户信息。以提供最佳客户服务为宗旨，为客户提供方案、价格、市场、信息等各种服务内容，及时处理客户在合作中遇到的各类问题。妥善解决客户合作中发生的问题，培养长期忠诚的客户群体，为企业供应链的形成和整合提供支持。该子系统包括客户登录管理、客户资料管理、会员管理、客户身份验证和客户查询等。

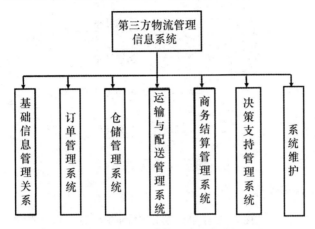

图6-10　第三方物流管理信息系统功能模块图

### 2. 企业基础设施资源管理

企业基础设施资源管理包括设备资源管理、人力资源管理和车辆资源管理等。设备资源管理既包括第三方物流企业对自己的设备资源如叉车、货架等的信息管理，也包括对租用的外部企业的这些资源设备信息进行管理，提高设备资源利用的效率。人力资源管理包括对企业内部管理层员工及操作层员工的信息进行管理。车辆资源管理包括对企业内部车辆及外部租用车辆的运行占用情况、维修、保险、监控等信息的管理。在执行各种作业时会根据资源类型、使用单位选择各种资源。资源和作业的对应关系可以通过操作配置模块进行配置。

### 3. 路线信息管理

路线信息管理包括对每条固定运输路线的路况、路线里程、运输时间、运输费用(包括过路过桥费)等信息进行管理。

## (二)订单管理系统

订单是物流业务和费用结算的依据，系统通过对订单的规范化、模式化和流程化，合理地分配物流服务的实施细则和收费标准，并以此为依据分配相应的资源、监控实施的效果和核算产生的费用，并可以对双方执行订单的情况进行评估以取得客户信用、资金的相关信息，供客户服务和商务部门作为参考。该子系统包括订单类型、订单录入与处理和订单查询等。

### 1. 订单类型

在第三方物流企业中，订单类型主要包括如图 6-11 所示的六种类型。

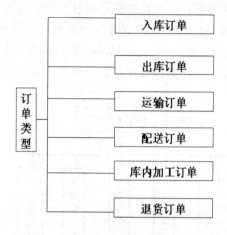

图 6-11 订单类型

### 2. 订单信息录入与处理

订单信息录入与处理包括核对订单信息的准确性与有效性、检查商品的信息、审核客户的信用、分不同种类进行录入。订单信息包括主信息和明细信息，其中主信息包括订单号、订单类型(入库单、调拨单、运输订单、退换货单)、订单等级(自提单、正常订单、加急订单)、出货仓库、客户信息、配送地址、送货路线、承运商信息(非必需)、计划送货日期、客户订单号等；明细信息包括订单号、行号、货品编号、客户货品编号、送货数量、包装单位等。如有必要，还可以附加一些特殊送货指令或其他备注信息。

### 3. 订单的查询

订单的查询可分为三种：可以根据时间点来查询订单，也可以根据不同的客户来查询订单，还可以根据不同的订单类型来查询。

## (三)仓储管理系统

仓储管理系统可以对所有的包括不同地域、不同属性、不同规格、不同成本的仓库资源实现集中管理，采用条码、射频识别等先进的物流技术设备，对出入仓货物实现联机登录、存量检索容积计算、仓位分配、损毁登记、简单加工、盘点报告、租期报警和自动仓租计算等仓储信息管理。支持包租散租等各种租仓计划，支持平仓和立体仓库等不同的仓库格局，并可向客户提供远程的仓库状态查询、账单查询和图形化的仓储状态查询。仓储管理系统功能结构如图 6-12 所示。

### 1. 基础设置

基础设置包括以下几项内容。
(1) 仓库货位设置：根据仓库的布局对货位进行编号。

# 第六章 第三方物流管理信息系统

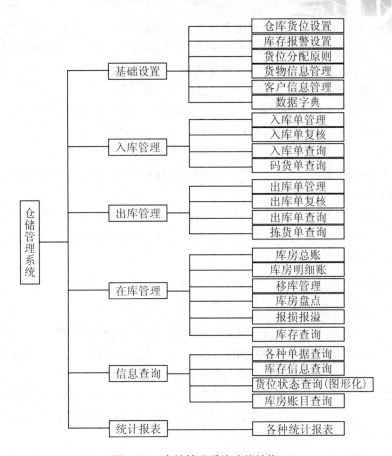

图 6-12 仓储管理系统功能结构

(2) 库存报警设置：在系统中设置一个报警值，当库存水平高于设定值时会自动提示，企业人员就会对库存进行优化设置。

(3) 货位分配原则：企业根据需要通过建模来设置货位分配原则，比如按照先进先出原则来分配货位。

(4) 客户信息管理：包括对客户的基本信息、信用等级等信息进行管理。

(5) 数据字典：包括对使用系统的用户的权限、用户的设计、数据库的统计信息进行管理。

## 2. 入库管理子系统

入库管理子系统包括以下几项内容。

(1) 入库单数据录入：入库单可包含多份入库分单，每份入库分单可包含多份托盘数据。入库单的基本结构是在每个托盘上放一种货物，因为这样会使仓储的效率更高、流程更清晰。

(2) 条码打印及管理：条码打印及管理的目的仅仅是为了避免条码的重复，以使仓库内的每一个托盘货物的条码都是唯一的标识。

(3) 货物装盘及托盘数据登录标注：入库单的库存管理系统可支持大批量的一次性到货，这个管理系统的操作过程是：批量到货后，首先是分别装盘，然后进行托盘数据的登录标记。所谓托盘数据，是指对每个托盘货物分别给予一个条码标识，登录标记时将每个托盘上装载的货物种类数量、入库单号、供应商、使用部门等信息与该唯一的条码标识联系起来，标记完成后，条码标识即成为一个在库管理的关键，可以通过扫描该条码得到货物的相关库存信息及运作状态信息。

(4) 货位分配及入库指令的发出：托盘资料标记完成后，该托盘即进入待入库状态，系统将自动根据存储规则为每一个托盘分配一个合适的空货位，并向手持终端发出入库操作的要求。

(5) 已占的货位重新分配：当所分配的货位实际已有货时，系统会指出新的可用货位，通过手持终端指挥操作完成。

(6) 入库成功确认：从完成登记到终端返回入库成功的确认信息前，该托盘的货物始终处于入库状态，直到收到确认信息，管理系统才会把该托盘货物状态改为正常库存，并相应地更改数据库的相关记录。

3. 出库管理子系统

出库管理子系统包括以下几项内容。

(1) 出库单数据处理：是指制作出库单的操作，每份出库单可包括多种、多数量的货物。

(2) 出库内容的生产及出库指令的发出：系统根据出库内容以一定的规律(如先进先出、就近)具体到托盘和货位，生成出库内容，并发出出库指令。

(3) 出库成功确认：手持终端确认货物无误后，发出确认信息，该托盘货物即进入出库运行状态，在出库区现场终端确认出库成功完成后，即可取消数据库中的托盘条码，并修改相应的数据库的记录。

(4) 出库单据的打印：是指打印与托盘相对应的出库单据。

4. 在库管理及信息查询

在库管理及信息查询包括对货位管理查询(查询货位使用情况，如空、占用、故障等)、以货物编码查询库存(查询某种货物的库存情况)、入库时间查询(查询以日为单位的在库库存)、盘点作业(生成盘点表、盘点实存录入、盘点审核、盘点损益报表)、预警及报表管理、库存货物查询、作业指令查询、超期货物报警、合同到期报警、仓库使用率统计和仓库库存图。

5. 统计报表

对第三方物流企业运营的各项指标进行统计分析。

(四)运输与配送管理系统

1. 运输管理系统

运输管理系统结构如图 6-13 所示。
1) 车辆管理系统
该模块利用专业的信息管理软件对运输车辆(包括企业自用车辆和外用车辆)的信息

进行日常的管理与维护，随时了解车辆的运行状况，以确保在运输任务下达时，有车辆可供调配。具体功能如下所述。

(1) 管理每天的出车记录，输入运单号，显示出车日期、出车车辆、客户名称、工作内容、吨位、单价、提货地和目的地等信息。

(2) 输入车辆编号，查看车辆维修与保养计划、车辆维修查询、添加零件、车辆违章查询、车辆事故查询等多项信息。

(3) 查看出车的车辆、待命车辆、维修车辆等信息。

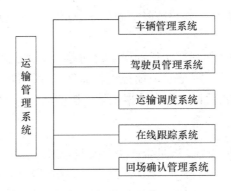

图 6-13　运输管理系统结构

2) 驾驶员管理系统

驾驶员管理系统的功能包括下述几项内容。

(1) 驾驶员档案管理。它是对驾驶员档案资料信息的管理，主要包括驾驶员名称、家庭详细住址、详细常用居住地、联系方式、身份证号码、所属公司、驾驶证主证号和副证号、上岗证、通行证、准营证及劳动合同等众多信息。

(2) 驾驶员查询。分日常和月度对不同驾驶员的业绩、经费等进行统计查询，显示驾驶员月度和年度的业务量情况，对某一驾驶员发生的经费进行统计。

(3) 对驾驶员进行绩效管理。

3) 运输调度系统

该模块包括运输计划安排、运输方式的选择及运输线路优化三个环节，具体功能如下所述。

(1) 根据客户的要求安排运输计划，如按照运输货物的数量、客户时间等实际要求制订运输计划，并生成运输计划书。

(2) 根据货物的性质、特点、运输批量及运输距离等实际情况，综合考虑运输的经济性、安全性、迅速性等服务特点，在保证按时到货及运费负担力所能及的前提下选择合适的运输方式，制定适当的运输方式后，系统提供自动路线规划。

(3) 调度完成后，系统可自动产生送货单、装车单等单据；同时有运输状况报告和运输任务统计报告等的输出。

4) 在线跟踪系统

该模块主要功能如下所述。

(1) 提供运输任务的实时监控和查询。实现数据网络共享和对营运车辆的实时网络追踪管理(包括车号、车种、车型、所在区域、状态)。

(2) 提供预警功能。当在任务执行的考察点发生应到而未到的现象时,系统即会自动提出警示,提醒可能产生的延误。

(3) 集成 SMS 功能。当发生例外事件时触发 SMS,使相关人员及时得到信息,提高反应能力。

(4) 支持外部用户通过互联网或 GSM 网络等方式进行货况查询。

(5) 发生车辆遇险或出现意外事故时,系统便会自动报警并自动执行相应的处理。

5) 回场确认管理系统

该模块实现的功能为:驾驶员把货物送至目的地、车辆回场后,将客户收货确认带回,输入本次执行任务后的一些信息,如行程、油耗、台班数、货物有无损坏和遗失,以及是否准点到达等,这些数据将作为数据统计分析的基础。

**2. 配送管理系统**

配送管理系统按照 JIT 原则,满足生产企业按照合理库存生产的原材料配送管理,满足商业企业小批量多品种的连锁配送管理,满足共同配送和多级配送管理,支持在多供应商和多购买商之间的精确、快捷、高效的配送模式,支持以箱为单位和以部件为单位的灵活配送方式,支持多达数万种配送单位的大容量并发配送模式,支持多种运输方式,支持跨境跨关区的跨区域配送模式,结合先进的条码技术、GPS/GIS 技术、电子商务技术实现智能化配送。

# 任务三　云服务模式的第三方物流信息系统

## 一、物流云服务的内涵

物流云服务模式是在现有物流服务模式的基础上,融合现有的物流网络、服务供应链、云计算、云安全、物联网等技术发展起来的一种新型的物流服务模式,其实施过程涉及技术、管理等多方面的关键技术,主要包括物流云服务模式、机制和流程、物流云服务平台及云端化技术、物流云服务工程技术、物流云服务管理技术和云安全管理技术等。

### (一)云技术

"云计算"(Cloud Computing)有广义云计算和狭义云计算之分。广义云计算是指服务的交付和使用模式,这种服务可以是信息技术与软件互联网相关,也可以是提供包括计算能力在内的其他服务,这就意味着计算能力可作为一种商品通过互联网进行流通;狭义云计算是指信息技术基础设施的交付和使用模式,指通过网络以按需、易扩展的方式获得所需的资源(硬件、平台、软件、数据)。广义云计算和狭义云计算的概念明确指出,云计算是一种让用户能够方便获取的、资源共享的、随机应变的和可实时访问的网络模式。进一步说，就是通过把计算部署在大量的分布式计算机上，用户能够将资源切换到需要的应用上，根据需求访问计算机和存储系统。

无论广义云计算还是狭义云计算，都具有快速部署资源或获得服务、按需扩展和使用、按使用量付费、通过互联网提供等特征。

(1) 快速部署资源或获得服务。提供资源的网络被称为"云"。专业网络公司搭建计算机存储、运算中心，用户通过一根网线借助浏览器就可以很方便地访问，把"云"作为资料存储以及应用服务的中心。

(2) 按需扩展和使用。"云"中的资源在使用者看来是可以无限扩展的，并且可以随时获取，按需使用，随时扩展，这种特性经常被称为像水、电一样使用信息技术基础设施。就像用水不需要建立水厂，用电不需要家家装备发电机，可以直接从水厂、电力公司购买一样。

(3) 按使用量付费。在云计算模式中，用户按需获取资源，并只为这部分付费。

(4) 通过互联网提供。云计算是将互联网看作一个大的资源池，用户除了具有基本功能(可视、可输入、发声、网络接入)的终端设备(如个人计算机、手机、电视等)之外，其余的能力直接从互联网上获取。这种形式如同有线电视中的"点播"和"回看"系统，用户只要配备电视和机顶盒即可收看所需的电视节目。

### (二)物流云

运用云计算分类的方法，物流行业中的"行业云"就是"物流云"。所谓"物流云"，就是一个平台开放资源共享终端无限的网络，"物流云"是物流信息的共享平台。

正确认识"物流云"的相关概念与"云"的相关技术，有利于"物流云"这朵"行业云"在物流行业的发展与应用。"物流云"是物流信息化条件下的一个应用子项，物流云利用云计算的强大通信能力、运算能力和匹配能力，集成众多的物流用户的需求，形成物流需求信息集成平台。用户利用这一平台，可以最大限度地简化应用过程，实现所有信息的交换、处理、传递，用户只需专心管理物流业务即可。同时，"物流云"还可以整合零散的物流资源，实现物流效益最大化。从长远看，物流云具有广阔的发展前景。计算机的信息系统不仅支撑起物流系统的运营，发挥物流系统中枢神经的作用，而且在充分利用云计算的基础上，物流云有可能使物流的许多功能发生质的变化。

## 二、物流云服务模式的体系架构

### (一)物流云服务模式的业务架构

面向供应链、多用户、多资源提供者，基于服务的物流云服务业务架构如图 6-14 所示。从业务的角度来看，物流云服务模式主要由三部分组成：物流云服务需求端(Logistics Cloud Service Demander，LCSD)、物流云服务提供端(Logistics Cloud Service Provider，LCSP)和云服务平台(Cloud Service Platform，CSP)。LCSD 是指物流云服务使用者，这里指的是整个供应链或供应链上个别成员；LCSP 指的是提供物流服务资源的运输车队、货代公司等，它主要向云服务平台提供各种异构的物流资源和物流服务；CSP 充当两者之间的桥梁和枢纽，负责建立健壮的供需服务链。LCSD 通过 CSP 提出个性化服务需求，

CSP 对 LCSP 提供的物流云进行整合、检索和匹配，建立起适合客户的个性化服务解决方案并进行物流云调度，同时在服务过程中对服务质量进行管理和监控，为双方创造不断优化的服务质量和服务价值。

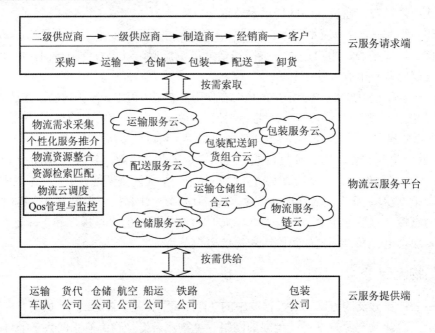

图 6-14　物流云服务业务架构

### (二)物流云服务模式的技术架构

为了实现物流云服务模式，需要从技术的角度构建一个面向云请求端和云提供端的物流云服务平台，协调双方共同完成物流服务任务。该平台自上而下由云应用层、云接口层、云业务服务层、云虚拟资源层和物理资源层等五个层次组成，具体如下所述。

#### 1. 云应用层

该层主要面向制造业产业供应链和物流服务供应链上的企业用户。它可为用户提供统一的入口和访问界面，用户可以通过门户网站、用户界面访问和使用云服务平台提供的各种云服务。制造业供应链上的用户可以通过平台获得最适合的单个物流云服务或一套物流服务解决方案，物流服务供应链上的用户也可以通过平台整合各类物流资源，协同为客户提供高效、优质廉价的个性化服务。

#### 2. 云接口层

该层主要为各类用户提供接口，包括云端的系统接口、技术标准接口以及用户注册等其他接口。

#### 3. 云业务服务层

该层是物流云服务平台的核心部分，是实现物流云服务最为重要的结构。它可为物流云服务的运行提供以下功能和服务：云用户管理，它面向物流云服务平台可为用户提供账号管理、交互管理、认证管理以及接口管理等服务；云服务管理，它主要完成物流云服务的核心功能，包括物流任务管理、物流云发布、云整合、云解决方案、云检索、云匹配、云调度、云监控、QoS 管理以及云优化等核心服务；云基础管理，它面向物流云服务可提供数据管理、系统管理、云标准化、云存储、交易管理、技术服务、信用管理等基础服务；云安全管理，该管理是物流云服务不可忽视的一环，它可为物流云服务提供身份认证、访问授权、访问控制、综合防护、安全监控等安全服务。

### 4. 云虚拟资源层

该层主要是将分布式的物流资源汇聚成虚拟物流资源，并通过资源建模、统一描述、接口实现，将局部的虚拟物流资源封装成全局的各类云服务，发布到云服务平台中，以一致透明的方式供客户访问和使用。该层的主要功能包括资源建模、服务接口、虚拟化、封装管理、发布管理和资源质量管理等。

### 5. 物理资源层

物理资源是虚拟物流资源的载体，它主要包括基础设施、物流设备、人力资源、配送中心等分布式异构资源。该层主要通过 GPS、RFID、物联网等技术将各类物理资源接入到网络中，实现物理资源的共享和协同。

知识拓展

**发网：云物流服务平台有哪些？仓储配送服务流程及费用**

随着电商的发展，物流供应链也逐渐发展为传统物流和现代云物流服务这两个分支。那么，传统物流和现代云物流服务之间有什么区别呢？区别在于传统物流服务方面主要适合 B2B 物流模式，特点是体量大，发货批次少，一对一发货模式。而现代云物流服务主要适合 B2C 物流模式，特点是频率高，单量大，一对多发货模式。下面主要介绍云物流服务平台相关内容。云物流服务平台主要分为两种模式：自建物流模式和第三方物流模式。

(1) 自建物流模式：如苏宁物流。大型电商企业自己建的物流供应链，对物流的监管施行有较好的监控能力，一般速度都比较快，但是自建物流在电商大促时，平台整体单量大时，仓库运作力可能会出现不足，在特殊时期不利于增强消费者购物体验。

(2) 第三方物流模式：如发网物流。就是独立第三方物流公司，拥有自己的仓库设备及系统等。他们是专门从事仓储配送代发货服务第三方物流公司。这类能减少电商企业前期资金投入，规避经营风险共担，电商企业可以自己选择物流公司，如顺丰、申通、韵达等快递公司，既能满足消费者的需求，还增加了顾客的认可度。

云物流服务平台有京东物流、苏宁物流、发网物流。

仓储配送服务流程及费用具体如下：仓储生产服务：为客户提供从商品收货入库、库存管理到订单生产、逆向物流所有环节的服务。

配送管理服务：包含承运商管理、线路优化、配送跟踪、异常处理、快速理赔、KPI考核、干线运输、区域调拨等服务。

消费者服务：收寄快递、退换货服务、物流跟踪、售后服务、退换货服务。

包装一体化服务：包含纸箱纸盒、封箱胶带、气泡膜、充气柱等各类包装辅料。仓储配送流程具体包括：①货物入仓。②仓储管理。③打印订单。④仓库拣货。⑤复核打包。⑥称重贴面单。⑦出库配送。

仓储配送费用：根据服务项计费。比如，仓储费(0.5以上，根据仓库地方所在地和仓库面积收取租金价格有所调整)，管理费(3.5以上，根据包装费、发单量、货物种类、价格有所调整)，配送费(3.5以上，根据所选物流公司、货物重量种类、配送距离价格有所调整)，其他附加服务(仓单质押、代发短信、发票代打印、代收货款根据相应比例收费)。

以上就是费用分解，根据您的需要自行计算费用，让您做到心中有数，防入坑！

(资料来源：http://www.sohu.com/a/292179584_246926)

## 任务四　第三方物流管理信息系统实训操作

### 一、实训目的

让学生掌握第三方物流企业的主要业务及操作过程中遇到的术语的含义。学生根据所给任务分解出各项基础数据，而且要掌握各类基础数据的实际情况，通过该实训任务的操作，掌握第三方物流企业运营业务流程，掌握如何维护各项数据的方法。

### 二、实训设备

**1. 硬件设备**

(1) 机房应给教师和学生准备计算机60台。
(2) 投影仪一台，其他多媒体教学系统设备。
(3) 装好第三方物流信息系统的服务器一台。

**2. 软件环境**

(1) Windows XP操作系统。
(2) 北京络捷斯特第三方物流管理信息系统软件。

### 三、实训任务

**1. 任务实施准备**

(1) 将全班学员分成几组，每组8人，具体分配如下：仓管2人，收货1人，路单管理1人，运单管理1人，监装员1人，调度员1人，货物交付员1人。一组操作完成以后，轮流进行。

(2) 项目小组在进入项目之前，查阅或学习相关的理论知识点。
(3) 教师准备好计算机、相关软件，并安装好。
(4) 本项目使用北京络捷斯特公司出品的第三方管理信息系统实训。

**2. 任务要求**

(1) 登录第三方物流信息系统，并了解该系统的模块构成。
(2) 能熟练操作仓储、运输的各项作业。
(3) 掌握第三方物流企业管理信息系统作业流程，并能够借助系统来模拟实际的仓储、运输作业。

## 本 章 小 结

通过本章的学习，可以对第三方物流企业的信息管理系统有一定的了解。而本章分为两个任务，即"第三方物流信息系统识别"和"第三方物流信息系统结构功能"，能够使学生们学习后通晓、识别相关信息系统软件的配置和使用，能运用模拟第三方物流企业信息系统软件，掌握第三方物流企业的运作流程和数据维护管理的方法。

## 习 题

**简答题**

1. 试简述第三方物流企业运作流程。
2. 试简述第三方物流企业信息化的意义。

## 案 例 分 析

### 京东物流上线"秒收"系统 入库效率增10倍

2019年3月11日，京东物流上线了全球首套机器视觉批量入库系统——秒收。由京东物流自主研发，应用于物流作业中的进货环节，有针对性地解决了大批量条码扫描、信息采集、自主纠错等问题，相比传统的繁重人工操作方式，秒收系统的作业效率提升了10倍以上。

在以往，员工需要用扫码枪对商品条码逐一扫描，不仅效率低下，而且容易出错，漏扫和重复扫描的情况经常发生。同时，商品条码尺寸小，排列密集，多种条码混杂，容易造成员工扫错码，一次扫码成功率低，在分辨难度高的长期重复劳动下，员工疲劳度大大增加。

而秒收系统的投用减轻了员工的劳动强度，催生了智能物流作业下新的"人机CP"，一人一机即可轻松完成商品入库这一关键环节，打破了"瓶口效应"对物流作业的局限性。

秒收系统操作非常简单高效，一位员工即可在 10 秒钟内完成近 2000 件商品的信息采集，通过摄像头对排列整齐的商品条码墙进行旋转式扫描，操作方式如同用微信扫描二维码，四面条码墙依次扫描完成后即可实现整托盘商品的入库。

秒收系统之所以能够实现效率的跃升，其核心在于将自动化机器设备和机器视觉技术的完美结合。为配合高效读码，硬件系统采用业内顶级的 16K 线扫相机，拥有超微视觉分辨率和视觉动态聚焦等强大性能，通过自动移动机器手背负视觉相机矩阵，以 2 米/秒的速度高速运行，通过机器视觉技术及先进算法完成图像辨认、纠错、识别，将扫码读码、信息收集、仓储入库、货物分类等多个细分作业一气呵成，实现操作环节的完全智能化、自动化。

京东物流设备规划部负责人王琨表示，"条码扫描、信息采集是智能物流作业中最常见的场景之一，秒收系统拥有超高读码率、灵活性高、效率提升更是立竿见影，可广泛应用于 3C、汽车制造、电商快递、第三方物流、零售、食品饮料、光伏、医疗、烟草、服装等行业。"

(资料来源：http://news.mydrivers.com/1/618/618837.htm)

### 思考题

京东物流上线"秒收"系统对你有哪些启示？

# 第七章 企业物流信息管理系统

## 【知识目标】

企业生产物流信息管理系统的基本概念;
企业生产物流信息管理系统的结构功能。

## 【能力目标】

- 能掌握生产企业物流的各种业务流程。
- 能熟练操作企业生产物流信息管理系统(比如ERP)。

## 【素质目标】

团队协作、解决问题的能力。

### 为什么你的企业信息化建设注定会失败？

信息化建设给企业带来的帮助已经不言而喻。

效率提高、降低成本、优化沟通协作、改进供应链结构，最终帮助企业提升自身核心竞争力，这些明显的优势让不少企业纷纷加入了信息化建设的大潮中。

但在信息化建设的过程中，有些企业不仅没有改变企业现状，反而还加重了企业的负担。

企业如何才能成功地实施信息化建设？这几个关键点你一定要掌握，信息化建设不是一拍脑袋决定了就开始实施的，它必须要有规划，循序渐进地进行，否则一定会失败！

**1. 信息化建设之前先优化你的管理流程**

有些企业，在自己的内部流程管理混乱、业务标准不清晰的情况下就盲目地实施信息化建设，以为只要使用一套管理软件，这些管理问题就能完全解决了，这种想法既不理性也不现实。

信息化建设的难点说到底还是管理的问题，如果企业现在的管理模式与管理软件的思想内涵有严重冲突时，即使再先进的企业管理软件，也很难帮助企业去改变现状。

企业管理软件只是一个工具、一种手段，它的作用，是固化你的流程、你的规则，然后使之标准化、规范化。没有具体的流程、标准，那软件就没法去切合你企业的真实场景需求。

打个比方，你要使用软件来管理你的产品生产全过程，那你的前提至少要做到两点：

(1) 确定产品生产的流转流程。发起人是什么角色？从发起到产品确认生产成功，需要哪几个流程、哪几个部门的配合、哪几个角色的审批？

(2) 制定好流程执行时的规则。在每个流程节点提交时，需要提交哪些文件？如果中间某个角色提交的流程不符合规范怎么办？小额费用的产品生产申请是否可以省略一部分审批流程？如果这件事关联两个部门，部门和部门之间如何配合，工作如何划分？这些都需要把它形成标准。

管理流程、业务标准的制定是一个细致的过程，每个企业的情况也不尽相同，需要结合自己的流程优化目标来制定，这里就不展开来讨论了。

总之，在你认为你的企业需要通过信息化建设来实现某种目标的时候，先根据这个目标将企业的管理流程进行梳理和优化，并制定相应的业务标准，可以不那么完善，但是一定要有，之后才开始投入信息化建设中。

然后，我们仍然需要一边探索下一步发展的管理流程，一边借助信息化的手段来协助企业梳理管理流程。

因为企业多年来积累的灵活甚至有些随意的业务并不是一次流程梳理就可以改变的，而且信息化建设工作也不可能一步到位，尤其是软件系统也是需要不断地更新迭代的，这是一个企业和信息化建设互相磨合的过程。

## 2. 信息化软件的选型是决定成败的关键

管理流程优化完成后，企业可以开始对管理软件进行选型了。

现在市面上各类管理化软件特别多，如何挑选适合自己企业的软件尤为重要，挑选的过程是值得你花时间细致的去做的，因为一个糟糕的选型后面再怎么改，也挽救不了你失败的结局。

有些企业在选型时，往往会陷入一些误区中，比如直接照搬人家的成功经验，看别人运用这个信息系统成功了，自己也去使用，完全不顾企业的实际需求，这样的信息系统在实际使用中必然会有许多不合理的地方，久而久之就成了摆设。

还有些企业在制定自己的信息化目标时，总是太过于着急，希望一下子就上大而全的软件，以为这样就可以把企业的所有问题都解决，殊不知一些大而全的软件对于管理落后的小企业其实就是种累赘！

关于如何选型，之前写过一篇文章《企业如何选购服务软件来成功实施信息化？必须要掌握的9大要点！》，感兴趣的可以去看一看，在这里就不另行赘述了！

## 3. 管理软件要高效推行，须循序渐进、逐点突破

选好软件系统后，有些企业会直接通知员工开始使用新系统，然后你会发现，在员工中全面推行新系统非常难。

有些员工总会因为各种各样的原因反对新系统的上线，有可能是对旧系统的不舍，有可能是不想去改变已经熟悉的工作模式，也有可能是新系统会剥夺他们的一些利益或者权利。即使员工表面上执行了，但心底并不认可这个软件，那最后这个系统也只会成为一种形式。

那企业应该怎么做？首先，你应该去加深员工对信息化的认识。你决定实施信息化建设之前，就应该有意识地给员工灌输信息化的理念。可以是对企业现有的效率低下的工作环节进行探讨，引导大家往信息化的方向去思考；可以是组织大家学习关于信息化建设的一些知识；也可以是给大家分享一些企业实施信息化的成功案例，等等。

总之，你在全面推行信息化之前，绝不能是悄无声息的，你至少得让员工提前意识到现有的业务环节是存在问题的，是需要去改变，让他们有一个适应的过程，而不能是直接空降。

其次，应该去找几个典型的部门或者业务场景，小范围执行。不要一下子要求员工把企业的所有数据、流程都搬到软件系统里去，这个执行起来一定是非常困难和费时的。你应该先看看公司的哪个部门或者哪个业务场景，最迫切需要这个软件，比如你要推行一个移动办公的软件，那你可以让使用频率最高的项目组先去试用一下，如果这个软件可以帮助他们更好地完成项目的协作沟通，提高了效率，那他就会愿意使用这个软件。

此外，通过小范围的执行，也可以了解到软件实际使用中不合理的地方，进而可以让软件服务商配置出更合理的软件(即使是SaaS软件未来的趋势也必须是可配置化)。

有了一些员工基础后，再大范围地去向全公司推行，则会容易很多。

企业信息化建设是一个逐步适应和优化的过程，一时的小成就或挫折都不足以代表

什么。成功时不骄不躁，始终保持风险意识，当市场或技术发展等外部变化时，可以及时调整规划目标，不让自己处于被动的局面；挫折时不轻言放弃，继续探索合适自己的信息化建设之路，这条路你必须是要走下去的，因为回头你将会离这个时代越来越远！

(资料来源：http://baijiahao.baidu.com/s?id=1579773488602333739&wfr=spider&for=pc)

讨论：

企业信息化成功的关键包括哪些因素？

# 任务一　企业物流概述

## 一、企业物流的内涵

企业物流(Internal Logistics)是指企业内部的物品实体流动。它是从企业角度来研究与之有关的物流活动，是具体、微观的物流活动的典型领域。企业物流又可区分为以下不同典型的具体物流活动：企业供应物流、企业生产物流、企业销售物流、企业回收物流和企业废弃物流等。

企业系统活动的基本结构是投入→转换→产出，对于生产类型的企业来讲，是原材料、燃料、人力、资本等的投入，经过制造或加工使之转换为产品或服务；对于服务型企业来讲，则是设备、人力、管理和运营，转换为对用户的服务。物流活动便是伴随着企业的投入→转换→产出而发生的。生产企业物流可细分为采购物流、生产物流、销售物流、退货物流和废弃物回收物流等物流活动。

企业物流内涵见图7-1。

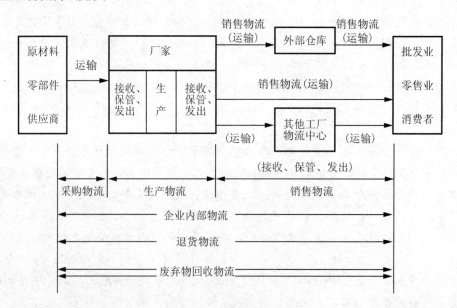

图7-1　企业物流内涵

## 二、企业物流的分类

按企业性质不同,企业物流可以划分为工业生产企业物流、农业生产企业物流和流通企业物流三种不同种类。

### (一)工业生产企业物流

工业生产企业物流是对应生产经营活动的物流,这种物流有四个子系统,即供应物流子系统、生产物流子系统、销售物流子系统及废弃物物流子系统。

工业生产企业种类非常多,物流活动也有差异,按主体物流活动区别,可大体分为以下四种。

#### 1. 供应物流突出的类型

这种物流系统,供应物流突出而其他物流较为简单,在组织各种类型工业企业物流时,供应物流组织和操作难度较大。例如,采取外协方式生产的机械、汽车制造等工业企业便属于这种物流系统。一个机械的几个甚至几万个零部件,有时来自全国各地甚至外国,这一供应物流范围内的零件问题解决以后,其销售物流便很简单了。

#### 2. 生产物流突出的类型

这种物流系统,生产物流突出而供应、销售物流较为简单。典型的例子是生产冶金产品的工业企业,供应是大宗矿石,销售是大宗冶金产品,而从原料转化为产品的生产过程及伴随的购物流过程都很复杂,有些化工企业(如化肥企业)也具有这样的特点。

#### 3. 销售物流突出的类型

例如,很多小商品、小五金等,大宗原材料进货,加工也不复杂,但销售却要遍及全国或很大的地域范围,是属于销售物流突出的工业企业物流类型。此外,如水泥、玻璃、化工危险品等,虽然生产物流也较为复杂,但其销售时物流难度更大,问题更严重,有时还会出现大事故或花费大代价,因而也包含在销售物流突出的类型中。

#### 4. 废弃物物流突出的类型

有一些工业企业几乎没有废弃物的问题,但也有废弃物物流十分突出的企业,如制糖、选煤、造纸、印染等工业企业,废弃物物流组织得如何几乎决定企业能否生存。

### (二)农业生产企业物流

农业生产企业中农产品加工企业的性质及对应的物流与工业企业是相同的。农业种植企业的物流是农业生产企业物流的代表,这种类型企业的四个物流系统的特殊性如下所述。

#### 1. 供应物流

以组织农业生产资料(化肥、种子、农药、农业机具)的物流为主要内容;除了物流对象不同外，这种物流和工业企业供应物流类似，没有太大的特殊性。

#### 2. 生产物流

种植业的生产物流与工业企业生产物流区别极大，主要区别如下所述。

(1) 种植业生产对象在种植时是不发生生产过程位移的，而工业企业生产对象要不断位移，因此农业种植业生产物流的对象不需要反复搬运、装放、暂存，而进行上述物流活动的是劳动手段，如肥、水、药等。

(2) 种植业一个周期的生产物流活动，停滞时间长而运动时间短，最大的区别点在于工业企业生产物流几乎是不停滞的。

(3) 生产物流周期长短不同，一般工业企业生产物流周期较短，而种植业生产物流周期较长且有季节性。

#### 3. 销售物流

以组织农业产品(粮食、棉花等)的物流为主要内容。其销售物流的一个很大特点是诸功能要素中，储存功能的需求较高，储存量较大，且储存时间较长，"蓄水池"功能要求较高。

#### 4. 废弃物物流

种植生产的废弃物物流也具有不同于一般工业企业废弃物物流的特殊性，主要表现在以重量计，废弃物物流重量远高于销售物流。

### (三)流通企业物流

流通企业物流又可以分为批发企业的物流和零售企业的物流两种。批发企业的物流是指以批发据点为核心，由批发经营活动所派生的物流活动。这一物流活动对于批发的投入是组织大量物流活动的运行，产出是组织总量相同物流对象的运出。在批发点中的转换是包装形态及包装批量的转换。零售企业物流是以零售商店据点为核心，以实现零售销售为主体的物流活动。零售企业的类型有一般多品种零售企业、连锁型零售企业和直销企业等。

## 三、企业物流的特点

企业物流有以下几个特点。

### 1. 实现价值的特点

企业生产物流和社会物流的一个最本质的不同之处，也即企业物流最本质的特点，主要是企业生产物流不是实现时间价值和空间价值的经济活动，而是实现加工附加价值的经济活动。

企业生产物流一般是在企业的小范围内完成的，当然这不包括在全国或者世界范围内布局的巨型企业。因此，空间距离的变化不大，在企业内部的储存与社会储存的目的也不相同，这种储存是对生产的保证，而不是一种追求利润的独立功能，因此时间价值不高。

企业生产物流伴随加工活动而发生，实现加工附加价值也即实现企业主要目标。所以，虽然物流空间、时间价值潜力不高，但加工附加价值却很高。

2. 主要功能要素的特点

企业生产物流的主要功能要素也不同于社会物流。一般物流的功能其主要要素是运输和储存，其他是作为辅助性或次要功能或强化性功能要素出现的。企业物流主要功能要素则是搬运活动。

许多生产企业的生产过程实际上是物料不停的搬运过程，在不停搬运的过程中，物料得到了加工，改变了形态。

即使是配送企业和批发企业的企业内部物流，实际也是不断搬运的过程，通过搬运，商品完成了分货、拣选、配货工作，完成了大改小、小集大的换装工作，从而使商品形成了可配送或可批发的形态。

3. 物流过程的特点

企业生产物流是一种工艺过程性物流，一旦企业生产工艺、生产装备及生产流程确定，企业物流也因而成了一种稳定性的物流，物流便成了工艺流程的重要组成部分。由于这种稳定性，企业物流的可控性、计划性便很强，一旦进入这一物流过程，选择性及可变性便很小。对物流的改进只能通过对工艺流程的优化，这方面和随机性很强的社会物流也有很大的不同。

4. 物流运行的特点

企业生产物流的运行具有极强的伴生性，往往是生产过程中的一个组成部分或一个伴生部分，这决定了企业物流很难与生产过程分开而形成独立的系统。

在总体的伴生性的同时，在企业生产物流中也的确有与生产工艺过程可分的局部物流活动，这些局部物流活动有本身的界限和运动规律，当前企业物流的研究大多是针对这些局部物流活动进行。这些局部物流活动主要包括仓库的储存活动、接货物流活动、车间或分厂之间的运输活动等。

### 现代企业物流的战略目标

**1. 政府起到积极引导作用**

现代物流运作横跨不同的行业和地区，必须协调运作，形成合力。其中主要涉及计划、经贸、财税、工商、内贸、外贸、铁道、交通、民航、邮政、信息、海关、质检等多个部门。我国政府和各个部门正加强对发展现代物流的统一领导，建立了必要的政府部门间的综合协调机制，负责研究、制定发展现代物流的规划，并负责协调现代物流发展中的相关政策措施，为构建全国统一、高效的现代物流体系创造体制环境。

除了各个部门的联系以外，我们看到美国企业推行物流现代化管理用了几十年，分成几个阶段。我国的生产企业可以缩短这一个摸索的过程，但也要经历三个过程，即企业内部局部物流整合、企业内部物流一体化和外部一体化。因此，企业要从实际出发，制定企业分阶段、分层次的物流战略。

**2. 加强企业物流管理**

加强企业物流管理，首先是提高认识，实现企业管理的信息化和加强现代物流与市场营销的互动。

实现企业物流管理信息化，是对企业内部的管理特性不断进行改造和优化，对各个管理层面进行重新整合，建立健全企业内部统一的信息管理体系，从而降低设备和人力的重复性投入，减少企业的运营成本。而且通过网络化建设，将与本企业相关的各个企业联系在一起，形成人力、设备、技术、信息共享格局。同时，企业可以将供应商与客户联系起来。既可快速向客户提供优质服务，又可及时向供应商反馈各种供需信息。

加强现代物流和市场营销的互动，现代物流概括起来主要包括运输、仓储、配送、流通加工、包装、搬运装卸、信息处理等环节。而产品的营销过程和满足消费需求的过程与物流有着极其紧密的联系。物流的有效性、通畅性和及时性直接决定了产品生产和创新，物流各个环节的成本直接影响产品价格的构成。物流的通畅性和网络结构直接影响分销渠道的有效性与多功能的增值服务，直接影响了促销策略的实施。因此，加强现代物流与市场营销的互动，有利于企业的进一步发展，提高企业的效率，增强企业的竞争力。

**3. 实现协同化物流，降低成本**

企业降低物流成本可以借鉴美国的物流管理理念，制定企业的服务水平标准体系，并根据用户的需求，动态地修正这一体系；和上下游的企业联合，建立合作伙伴关系；选择第三方物流合作伙伴，利用专业化物流的规模效益带来的低成本。

其中，最有效的方法就是实现协同化物流，通过相互协调和统一，创造出最适宜的物流运行结构。具体有以下三种方法。

(1) 横向协同物流战略，是指同产业或不同产业的企业之间就物流管理达成协调、统一运营的机制。企业在承认并保留企业原有的配送中心的前提下，实行商品的集中配送和处理；各企业放弃自建配送中心，通过共同配送中心的建立来实现物流管理的效率性和集中化。

(2) 纵向协同物流战略，是流通渠道不同阶段企业相互协调，形成合作性、共同化的物流管理系统。在厂商力量较强的产业，为了强化批发物流机能或实现批发中心的效率化，厂商自身代行批发功能，或利用自己的信息网络对批发企业多频度、小单位配送服务给予支援；是在厂商以中小企业为主、批发商力量较强的产业，由批发商集中处理多个生产商的物流活动。

(3) 第三方物流，是通过协调企业之间的物流运输和提供物流服务，把企业的物流业务外包给专门的物流管理部门来承担。它提供了一种集成物流作业模式，使供应链的小批量库存补给变得更经济，而且还能创造出比供方和需方采用自我物流服务系统运作更快捷、更安全、更高服务水准，且成本相当或更低廉的物流服务。

现代企业对于物流越来越重视，各行各业都很注重物流的发展。企业应该充分借鉴国外先进的管理理念和技术，大力发展物流信息化，充分运用电子商务这一新兴营销方式，不断地适应千变万化的市场需要，提高企业的核心竞争力。

(资料来源：http://www.chinawuliu.com.cn/zixun/201203/15/179754.shtml)

## 任务二 企业物流管理信息系统的结构功能

### 一、企业物流业务流程分析

以生产企业物流为例，企业物流由采购物流、生产物流、销售物流和逆向物流(回收与废弃物物流)所组成。生产企业物流的过程如图7-2所示。

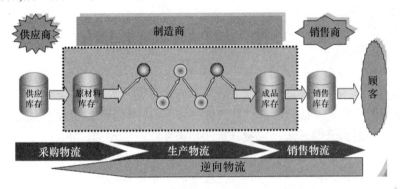

图7-2 生产企业物流过程示意图

### (一)采购物流

#### 1. 采购物流的含义

从目标市场取得满足质量、数量和价格要求的相应物质的过程，包括确定采购需求、选定供应商、谈妥价格、确定交货时间及相关条件、签订合同并按要求收货付款；组织相应的物流活动，实现采购物资的实物转移。采购物流是企业为保证生产节奏，不断组织原材料、零部件、燃料、辅助材料供应的物流活动，这种活动对企业生产的正常、高效率进行发挥着保障作用。企业采购物流不仅要实现保证供应的目标，而且要在低成本、少消耗、高可靠性的限制条件下来组织采购物流活动，因此难度很大。

#### 2. 采购物流的一般流程

企业采购流程通常是指有制造需求的厂家选择和购买生产所需的各种原材料、零部件等物料的全过程。首先，根据采购请求，制订采购计划；其次，对供应商进行选择确认，可采用询价或招标方式；第三，合同洽谈，这是采购工作的核心；第四，签发采购订单，合同签订完毕后，即进入双方合同履行阶段；第五，跟踪订单，进行进货控制；第六，接受、检验货物、入库；第七，核对发票，划拨货款对供应商进行评价。采购物流的一般流程如图 7-3 所示。

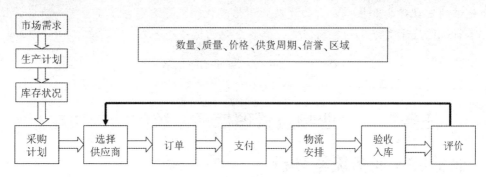

图 7-3　采购物流的一般流程

### 3. 典型的采购模式

1) 传统采购模式

传统采购模式是以申请为依据,以填充库存为目的,库存积存大。

2) 订货点采购模式

订货点采购,是由采购职员根据各个品种需求量和订货的提前期的大小,确定每个品种的订购点、订购批量或订货周期、最高库存水平等,然后建立起一种库存检查机制,当发现到达订购点时,就检查库存,发出订货指令,订购批量的大小由划定的标准确定。订购点采购包括两大采购方法:定量订货法和按期订货法。

定量订货法,是预先确定一个订货点和一个订货批量,然后随时检查库存,当库存下降到订货点时,就发出订货指令,订货批量的大小每次都相同。

按期订货法,是预先确定一个订货周期和最高库存水准,然后以划定的订货周期为周期,周期性地检查库存,发出订货指令,订货批量每次都不一定相同,订货批量的大小都是当时的实际库存存量与划定最高库存水准的差额。订货点采购模式都是以需求分析为依据,以填充库存为目的,采用一些科学方法,兼顾满足需求、降低库存、控制成本,原理比较科学,操纵比较简单。但是因为市场的随机因素多,该方法同样具有库存大、市场响应不敏捷的缺陷。

3) MRP 采购模式

MRP 采购模式(Material Requirement Planning)主要应用于生产企业。它是由企业采购职员采用 MRP 软件制订采购计划而实施采购的。MRP 采购原理是根据 MPS(Master Production Schedule,主生产计划)和 BOM(Bill Of Materials,物料清单或产品结构文件)以及主产品及其零部件的库存量,逐步计算出主产品的各个零部件、原材料所应该投产时间、投产数目,或者订货时间、订货数目,也就是产生出所有零部件、原材料的出产计划和采购计划。然后按照这个采购计划进行采购。MRP 采购模式也是以需求分析为根据,以满足库存为目的。因为计划比较精细、严格,所以它的市场响应敏捷度及库存水平都比以上方法有所提高。

4) JIT 采购模式

JIT 采购,又称为准时化采购,是一种完全以满足需求为依据的采购方法。需求方根据自己的需要对供给商下达订货指令,要求供给商在指定的时间将指定的品种、指定的数目送到指定的地点。

JIT 采购做到了敏捷地响应市场,满足用户需求,又使用户的库存量最小。因为用户不需要设库存,所以实现了零库存,是一种比较科学、理想的采购模式。

5) VMI 采购模式(Vendor Managed Inventory,供给商把握用户库存)

其基本思想是在供给链机制下,采购不再由采购者操纵,而是由供给商操纵。VMI 采购是用户只需把自己的需求信息向供给商及时传递,由供给商自己根据用户的需求信息猜测用户未来的需求量,并根据这个猜测制订自己的生产计划和送货计划,用户的库存量的大小由供给商自主决议计划的采购模式。

这是一种比较理想科学的采购模式,最大受益者是用户,但是供给链采购对企业的信息系统和供给商的业务运作的要求较高。

6) 电子采购模式

电子采购,即网上采购,是在电子商务环境条件下的采购模式,是一种很有前途的采购模式。它简化了手续,减少了采购时间,降低了采购成本,提高了工作效率。这种采购模式依赖于电子商务的发展和物流配送水平的进步。

知识拓展

### 惠普公司采购流程变革

惠普公司在采购方面一贯是放权给下面的制造单位,50 多个制造单位在采购上完全自主,因为它们最清楚自己需要什么,这种安排具有较强的灵活性,对于变化着的市场需求有较快的反应速度。但是对于总公司来说,这样可能损失采购时的数量折扣优惠。现在运用信息技术,惠普公司重建其采购流程,总公司与各制造单位使用一个共同的采购软件系统,各部门依然是订自己的货,但必须使用标准采购系统。总部据此掌握全公司的需求状况,并派出采购部与供应商谈判,签订总合同。在执行合同时,各单位根据数据库,向供应商发出各自订单。这一流程重建的结果是惊人的,公司的发货及时率提高 150%,交货期缩短 50%,潜在顾客丢失率降低 75%,并且由于折扣,所购产品的成本也大为降低。

(资料来源:http://wenku.baidu.com/view/04c862196bd97f192279e9c1.html)

## (二)生产物流

### 1. 生产物流的含义

生产物流是指企业在生产过程中涉及原材料、在制品、半成品、产成品等所进行的物流活动(GB/T 18354—2006)。从购进原材料入库时起,到产品进入成品库为止的期间内发生的所有物流活动都属于生产物流的范畴。

企业生产物流所涉及的对象包括原材料、配件、半成品等物料;企业生产物流的路径主要是指伴随的生产流程、生产工艺和工厂布局;所包含的范围在供应库与车间、车间与车间、工序与工序、车间与成品库之间流转。

### 2. 生产过程中和物流有关的业务环节

生产过程中和物流有关的业务环节包括以下几个。

(1) 工厂布置:包括工厂范围内各生产手段的位置确定、各生产手段之间的衔接,以及实现这些生产手段的方式。

(2) 工艺流程:即产品的技术加工过程。

(3) 装卸搬运:是生产物流过程中发生频率最高的物流活动。

(4) 仓库作业:用于生产过程中半成品、在制品短暂停留的场所。

### 3. 影响生产物流的主要因素

影响生产物流的主要因素包括以下几项。

(1) 生产类型。不同类型的生产企业其物流活动的表现不同,这是影响企业生产物流的最主要的关键因素。它可影响生产物流的构成和比例。

(2) 生产规模。一般而言,生产规模越大,生产过程的构成越齐全,物流量越大。它可影响物流量大小。

(3) 企业的专业化与协作水平。影响生产物流的构成与管理。如果企业的专业化与协作水平提高,生产物流将趋于简化,物流流程缩短。

### 4. 合理组织生产物流的基本要求

合理组织生产物流的基本要求包括以下几项。

(1) 物流过程的连续性:为保证生产的连续性,物流过程必须有序、连续地进行,使物料能顺畅、最快、最省地走完各个工序,直到成为产品。

(2) 物流过程的平行性:物料在生产过程中要实行平行交叉作业,各个支流能平行流动。

(3) 物流过程的节奏性:从投料到最后完成入库,保证按计划有节奏或均衡地进行,避免出现忙闲不均的现象,生产过程中各阶段都能有节奏、均衡地进行。

(4) 物流过程的比例性:考虑各工序内的质量合格率,以及装卸搬运过程中的可能损失,零部件数量在各工序间有一定的比例,形成了物流过程的比例性。(考虑回收物流)

(5) 物流过程的适应性:即较强的应变能力。企业生产组织向多品种、少批量发展,要求生产过程具有较强的应变能力,同时物流过程也应具备相应的应变能力。

## (三)销售物流

### 1. 销售物流的含义

销售物流是指生产企业、流通企业出售商品时,物品在供方与需方之间的实体流动。销售物流是企业物流系统的最后一个环节,是企业物流与社会物流的又一个衔接点。它与企业销售系统相配合,共同完成产成品的销售任务。销售活动的作用是企业通过一系列营销手段出售产品,满足消费者的需求,实现产品的销售价值和使用价值。

## 2. 销售物流的主要环节

销售物流的主要环节如图 7-4 所示。

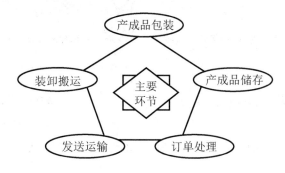

图 7-4　销售物流的主要环节

现将销售物流的主要环节分述如下。

1) 产品包装

销售包装的目的是向消费者展示、吸引顾客和方便零售。运输包装的目的是保护商品，便于运输、装卸搬运和储存。

2) 产品储存

储存是满足客户对商品可得性的前提。通过仓储规划、库存管理与控制、仓储机械化等，提高仓储物流工作效率、降低库存水平、提高客户服务水平。帮助客户管理库存，有利于稳定客源，便于与客户的长期合作。

3) 货物运输与配送

运输是解决货物在空间位置上的位移。配送是在局部范围内对多个用户实行单一品种或多品种的按时按量送货。通过配送，客户可以得到更高水平的服务，企业可以降低物流成本、减少城市的环境污染。要考虑制定配送方案以及提高客户服务水平的方法和措施。

4) 装卸搬运

装卸是物品在局部范围内以人或机械装入运输设备或卸下。搬运是对物品进行水平移动为主的物流作业。主要考虑：提高机械化水平，减少无效作业，集装单元化，提高机动性能，各环节均衡、协调，系统效率最大化。

5) 订单及信息处理

客户在考虑批量折扣、订货费用和存货成本的基础上，合理地频繁订货；企业若能为客户提供方便、经济的订货方式，就能引来更多的客户。

## 3. 销售物流的组织形式

企业的销售渠道按结构通常可分为三种情况：生产者→消费者，生产者→批发商→零售商→消费者，生产者→零售商或批发商→消费者。

销售物流的组织形式主要分三种：企业自己组织销售物流、委托第三方组织销售物流和消费者上门取货，这三种组织形式与销售渠道的关系如图 7-5 所示。

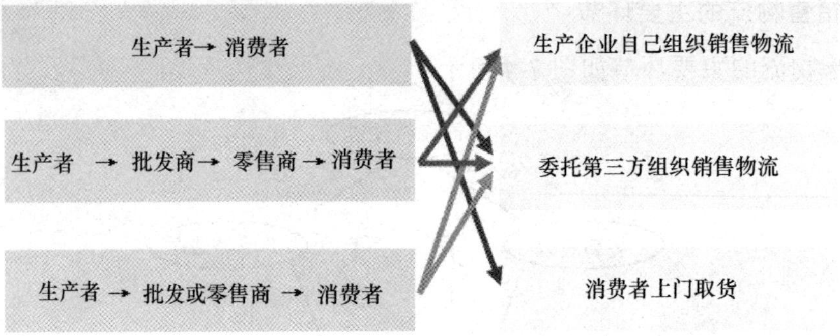

```
生产者→消费者                    生产企业自己组织销售物流

生产者 → 批发商 → 零售商 → 消费者    委托第三方组织销售物流

生产者 → 批发或零售商 → 消费者      消费者上门取货
```

图 7-5　销售渠道与物流组织形式的匹配关系

## (四)逆向物流

### 1. 逆向物流的含义

逆向物流是指物品从供应链下游向上游的运动所引发的物流活动。目前,理论界对逆向物流的概念表述也有很多,较专业、准确地概括其特点的定义是:与传统供应链反向,为价值恢复或处置合理而对原材料、中间库存、最终产品及相关信息从消费地到起始点的有效实际流动所进行的计划、管理和控制过程。

可见,逆向物流的表现是多样化的,从使用过的包装到经处理过的电脑设备,从未售商品的退货到机械零件等。也就是说,逆向物流包含来自客户手中的产品及其包装品、零部件、物料等物资的流动。简而言之,逆向物流就是从回收客户手中用过的、过时的或者损坏的产品和包装开始,直至最终处理环节的过程。但是现在越来越被普遍接受的观点是,逆向物流是在整个产品生命周期中对产品和物资的完整、有效和高效地利用过程的协调。然而对产品再使用和循环的逆向物流控制研究却是过去的 10 年里才开始被认知和展开的。

### 2. 逆向物流的意义与作用

逆向物流的情况举例:问题产品由于拒收和退货,由消费者处返回到经销商或生产商处;生产商或经销商出于对产品质量的负责,主动要求招回产品;报废产品对于消费者而言,没有什么价值,随着逆向回流,报废产品在生产商终端可以实现价值再造;由于信息传递失真,产品从客户处重新流回企业。逆向物流的作用有以下几方面。

(1) 降低物料成本,增加企业效益。
(2) 提高顾客价值,增加竞争优势。
(3) 提高潜在问题的透明度。

**"退货"这件大生意:谁正在成为逆向物流的独角兽?**

电商年中大促渐入佳境,与往年类似,打折促销、快递包裹规模、快递送达时间再度成为行业与用户关注的焦点。不过，今年在这一片火热的场景下，一些新的东西正在受到关注。5月底，我国首个逆向物流国家标准《非危液态化工产品逆向物流通用服务规范》正式实施，逆向物流这一行业空白被填补。

那么何为逆向物流？在2006年的国家标准《物流术语》中提到，逆向物流是指物品从供应链下游向上游的运动所引发的物流活动。与正向物流相比，逆向物流无论在运营模式、分销与运输管理上都较正向物流有着明显的差别，同时由于国内逆向物流的智能化运营仍处在起始阶段，如何利用大数据最大化地降本增效，同时在此基础上发掘出新的商业模式，已经成为各大厂商新的聚焦点，可以说，逆向物流作为智慧物流领域的新蓝海，它将比逐渐成熟的正向物流有着更大的想象空间。

逆向物流争夺战在即，谁会成为行业的独角兽？

逆向物流成为物流行业下一个争夺点已是必然，那么在这一次的争夺中谁会成为真正的独角兽？其实，在当前的经济环境下，独角兽早已不"独"，入场时间、商业模式、背后拥有的资源等综合实力的比拼才是关键。而就当前的逆向物流市场现状来看，率先入场，几乎没有同行对手的中邮速递易无疑是种子选手。其原因有以下三点：

(1) 先发优势。作为行业中最早进入逆向物流的企业，中邮速递易已经形成了自己的产品矩阵。目前除了小黄筒，中邮速递易还有兼具物流两端的智能信报箱。完整并不断丰富的产品矩阵让中邮速递易构建起了属于自己的逆向物流壁垒，这对于后入者来说，压力不小。

(2) 资源优势。中国邮政拥有世界上最大的邮政网络，这意味着背靠中国邮政的中邮速递易有着其他企业难以比拟的国家资源优势。如小黄筒和智能信报箱将有能力覆盖全国大中小城市，尤其是其他物流企业难以进入的三四线城市及农村地区。有消息透露，中邮速递易小黄筒将按照邮政绿筒的路径向全国铺设。除此之外，大力推进物流末端服务始终都是中国邮政的便民策略，智能信报箱作为社区基础设施，能以免租金的方式进入事业单位、居民小区等地，参与国家邮政服务基础设施建设，这更是中邮速递易所拥有的独家资源优势。

(3) 逆向物流品牌认知已初步形成。作为最早进入逆向物流行业的企业，经过近几年的深耕，中邮速递易逆向物流产品已经在市场教育等方面取得阶段性成果，并获得了行业和用户的认可。再加上央视新闻、京交会、交通设备展、全球智慧物流峰会等媒体新闻和重要会议的高调亮相，中邮速递易更是隐隐有了逆向物流代名词的称号。而品牌认知度的形成，也再度提高了行业的准入门槛。

**逆向物流+的未来：星火燎原**

而更值得注意的是，在首个逆向物流国家标准推出的同时，全国物流标准化技术委员会又在沪设立逆向物流标准化工作组(TC/269/WG4)，将结合我国逆向物流发展的实际情况，深入研究、积极采用国际标准和国外先进标准，加速逆向物流标准的制定和修订工作。这意味着，在国家政策及行业的积极推动下，逆向物流不仅将很快打破无规则可循的状态，还将呈现星火燎原之势，围绕逆向物流产生更多的经济形态和价值。

中邮速递易小黄筒亮相京交会，引发关注

业内人士也表示，纵观全球物流行业发展，逆向物流将成为新的经济利润中心。围绕逆向物流+，我国将从物流大国真正走向物流强国。在此基础上，物流、信息流、资金流高度整合，电商和线下零售都将因逆向物流而改变，新零售得以实现真正的落地。与此同时，再销售、再利用、再循环和再制造等方式则在获得额外利润的同时产生更多的社会意义，而以中邮速递易小黄筒为代表的逆向物流智能终端的到来，也将赋予逆向物流更多时代的意义与更多可能。

(资料来源：http://finance.ifeng.com/a/20180519/16335471_0.shtml)

## 二、企业物流管理信息系统的构成

越来越多的生产型企业实施了流程再造和ERP(企业资源计划)系统，使企业内部计划与资源管理迈上了一个新的台阶。企业的业务流程不断规范、操作日趋标准化，企业的物流管理信息化也提上了议事日程。企业物流管理信息化就是指企业在生产制造过程中，按照生产计划或者订单对生产线的供应、生产及销售的管理，以及按照分销计划或者订单对产成品从生产下线到经销商或零售商或最终用户手里的过程管理信息化，它是对企业ERP中物流管理功能的加强，是现代企业不可或缺的决策管理手段。

以生产企业为例，企业物流信息管理系统的功能如图7-6所示。

### (一)采购管理模块功能

采购管理能够帮助采购管理人员降低管理成本；快速有效地完成请购、采购、接收的过程；使管理人员更关注于资金的分析，确定合理的订货量、优秀的供应商和保持最佳的安全储备，随时提供采购和验收的信息，跟踪和催促对外购或委外加工的物料，保证货物及时到达。采购管理模块的主要功能如表7-1所示。

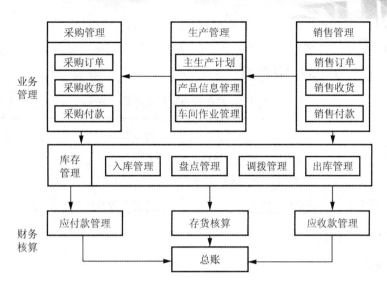

图 7-6　企业物流信息管理系统功能结构图

表 7-1　采购管理模块功能表

| 模块名称 | 详细功能 |
|---|---|
| 采购申请计划管理 | 系统自动汇总各供应站发送来的月度材料申请计划，进行系统库存物料平衡，自动生成采购计划，计划员对采购计划进行必要的修改后，即可以打印正式的采购计划 |
| 查询比价管理 | 采购合同签订之前，采购计划员可以利用系统提供的分析功能。对所需要采购的物料和供应商进行查询比价 |
| 供应商管理 | 包括供应商的自然情况和同企业的交易情况 |
| 合同管理 | 所有的采购行为都必须以合同为准，提供合同签订功能 |
| 物料仓库管理 | 物料入库管理、出库管理、物料维护管理 |
| 物料运输与配送管理 | 对物料的运输与配送进行管理 |

## (二)生产管理模块功能

### 1. 主生产计划管理功能

主生产计划管理功能如表 7-2 所示。

表 7-2　主生产计划管理功能表

| 模块名称 | 详细功能 |
|---|---|
| 生产计划编制 | 原始数据的管理、人工修改与调整、生产能力需求、材料工艺需求等 |
| 生产计划调整 | 计划变更、计划调整、计划追加、计划删除等 |
| 生产能力审查 | 生产能力数据维护、生产计划审查 |
| 材料供应审查 | 材料供应数据维护、材料数据审查 |
| 生产计划查询 | 生产计划查询、生产计划调整查询、生产能力查询、材料供应查询 |
| 生产计划报表 | 生产计划报表、生产计划调整报表、生产能力报表、材料供应报表 |

## 2. 产品信息管理功能

产品信息管理功能如表 7-3 所示。

表 7-3 产品信息管理功能表

| 模块名称 | 详细功能 |
| --- | --- |
| 产品代码管理 | 产品代码的输入、修改、删除等维护功能 |
| 产品结构维护 | 产品结构代码维护、产品结构维护、替代产品结构维护、零件替代维护等 |
| 产品工艺线路维护 | 作业信息维护、工序说明维护、工具与运输设备信息维护 |

## 3. 车间作业管理功能

车间作业管理功能如表 7-4 所示。

表 7-4 车间作业管理功能表

| 模块名称 | 详细功能 |
| --- | --- |
| 车间作业计划编制 | 车间作业计划编制模型、有关参数的选择、人工调整、下达作业清单、车间作业任务分析等 |
| 车间基本信息管理 | 设备能力、设备修理、人员情况 |
| 工序事务管理 | 工序完成事务处理、工序转移事务处理、工序事务处理浏览查询 |
| 车间作业管理查询 | 作业计划查询、作业调整查询、基本信息查询、工序事务查询等 |
| 车间作业管理报表 | 作业计划报表、作业调整报表、基本信息报表、工序事务报表 |

# (三)销售管理模块功能

销售管理业务模块功能包括实现销售报价、销售订货、仓库发货、销售退货、销售发票处理、客户管理、价格及折扣管理、订单管理和信用管理等功能的综合运用。

销售管理模块包括下列主要功能模块。

## 1. 客户档案管理功能

客户档案管理功能包括对国内客户档案和国外客户档案的管理，具体内容如表 7-5 所示。

表 7-5 客户档案管理模块功能表

| 模块名称 | 详细功能 |
| --- | --- |
| 客户基本信息 | 客户地址、名称、联系电话、邮政编号、联系人等 |
| 客户的特征信息 | 如使用的货币、开户行、银行账号、付款方式、税号、信用额度等 |
| 客户的要求信息 | 如订货的特殊技术与包装要求等、客户信息的查询 |
| 客户信息报表 | 如客户付款报表、客户信用报表、客户订货特殊要求报表 |

### 2. 销售订单管理功能

销售订单管理功能包括价格管理、订单审查、信用审查、订单处理和订单合同管理，如表 7-6 所示。

表 7-6　销售订单管理模块功能表

| 模块名称 | 详细功能 |
| --- | --- |
| 价格管理 | 包括产品基本价格信息、产品价格折扣信息、随即备品备件价格信息、售后服务价格信息、新开发产品或特质产品附加价格信息等 |
| 订单审查 | 根据客户提供的初步订单，由企业技术部门和生产管理部门对订货产品的技术指标和交货期进行审查，确定是否接受该客户的订单 |
| 信用审查 | 检查客户信用情况、信用额度、信用保留 |
| 订单处理 | 接受客户的初步订单信息，在全部审查合格时生成订货合同 |
| 订单合同管理 | 对已经签订的订货合同进行管理 |

### 3. 销售预测管理功能

销售预测管理功能包括对销售历史数据的管理、对销售预测模型的选择、对预测结果的修改和调整以及对预测的模拟和查询。

### 4. 销售分析功能

销售分析功能包括按地区、产品对销售数量、销售金额、销售利润和销售业绩的分析；对销售员业绩的分析；对销售数据的查询如销售数量查询、销售金额查询；指导销售业绩报表、销售人员报表等。

## (四)库存管理模块的功能

库存管理模块的功能是控制存储物料的数量，以保证稳定的物流支持正常的生产，但又最小限度地占用资本。该模块包括的主要功能如表 7-7 所示。

表 7-7　库存管理模块功能表

| 模块名称 | 详细功能 |
| --- | --- |
| 实物入库管理 | 物料到货通知单的录入、修改、查询；开出物料单，物料送检合格后的录入、确认 |
| 实物出库管理 | 物料送检不合格时的退货登记，配料单的生成、发货确认，提货单的录入、修改、查询 |
| 实物盘点 | 实物盘存表的录入，盘存结果自动转入实物账<br>月末结算和初始化 |
| 账面库管理 | 开收料单和供应商发票、账面红冲 |
| 综合信息查询 | 实物库查询、发票查询 |
| 统计报表 | 收发料查询、物资消耗明细表 |

## 任务三　企业物流管理信息系统实训

### 一、实训目的

实训目的是让学生掌握生产制造企业物流管理的流程及企业物流管理信息系统的结构功能。学生应根据所给任务分解出各项基础数据，而且要掌握各类基础数据的实际情况，通过该实训任务的操作，掌握企业物流管理信息系统的构成，掌握如何维护各项数据的方法。

### 二、实训设备

#### 1. 硬件设备

(1) 机房应给教师和学生准备计算机 60 台。
(2) 投影仪一台，其他多媒体教学系统设备。
(3) 装好金蝶 ERP 系统的服务器一台。

#### 2. 软件环境

(1) Windows 7 操作系统。
(2) 金蝶 ERP 软件系统。

### 三、实训任务

#### 1. 任务实施准备

(1) 给每个学生建立一个金蝶 ERP 的账套。
(2) 项目小组在启动项目之前，查阅或学习相关的理论知识点。
(3) 教师准备好计算机、相关软件，并安装好，同时制定具体的实训方案。
(4) 本项目使用金蝶 ERP 管理信息系统实训。

#### 2. 任务要求

(1) 登录金蝶 ERP 系统，并了解该系统的模块构成。
(2) 能熟练操作采购模块、库存管理模块、销售管理模块的各项作业。
(3) 掌握企业物流管理信息系统作业流程，并能够借助系统来模拟实际的生产制造企业的业务过程。

## 本 章 小 结

通过本章的学习，学生可以对企业物流管理信息系统有一定的了解。本章分为三个任务，由浅入深地使同学们学习后通晓、识别相关企业物流信息系统软件的配置和使用，能运用模拟 ERP 信息系统软件掌握生产企业物流的运作流程和数据维护管理的方法。

# 习 题

**简答题**

1. 试简述企业物流的内涵。
2. 试简述企业物流信息管理系统的功能。

# 案 例 分 析

## 未来 ERP 技术的发展方向和趋势

由于 ERP 代表了当代的先进企业管理模式与技术,并能够解决企业提高整体管理效率和市场竞争力问题,近年来 ERP 系统在国内外得到了广泛推广应用。随着信息技术、先进制造技术的不断发展,企业对于 ERP 的需求日益增加,进一步促进了 ERP 技术向新一代 ERP 或后 ERP 的发展。

推动 ERP 发展有多种因素:全球化市场的发展与多企业合作经营生产方式的出现使得 ERP 将支持异地企业运营、异种语言操作和异种货币交易;企业流程重组及协作方式的变化使得 ERP 支持基于全球范围的可重构过程的供应链及供应网络结构;制造商需要应对新生产与经营方式的灵活性与敏捷性使得 ERP 也越来越灵活地适应多种生产制造方式的管理模式;越来越多的流程工业企业应用也从另一个方面促进了 ERP 的发展。计算机新技术的不断出现将会为 ERP 提供越来越灵活与强功能的软硬件平台,多层分布式结构、面向对象技术、中间件技术与 Internet 的发展会使 ERP 的功能与性能迅速提高。ERP 市场的巨大需求大大刺激了 ERP 软件业的快速发展。

未来 ERP 技术的发展方向和趋势是:

**1. ERP 与客户关系管理 CRM(Customer Relationship Management)的进一步整合**

ERP 将更加面向市场和面向顾客,通过基于知识的市场预测、订单处理与生产调度;基于约束调度功能等进一步提高企业在全球化市场环境下更强的优化能力,并进一步与客户关系管理 CRM 结合,实现市场、销售、服务的一体化,使 CRM 的前台客户服务与 ERP 后台处理过程集成,提供客户个性化服务,使企业具有更好的顾客满意度。

**2. ERP 与电子商务、供应链 SCM、协同商务的进一步整合**

ERP 将面向协同商务(Collaborative Commerce),支持企业与贸易共同体的业务伙伴、客户之间的协作,支持数字化的业务交互过程;ERP 供应链管理功能将进一步加强,并通过电子商务进行企业供需协作,如汽车行业要求 ERP 的销售和采购模块支持用电子商务或 EDI 实现客户或供应商之间的电子订货和销售开单过程;ERP 将支持企业面向全球化市场环境,建立供应商、制造商与分销商间基于价值链共享的新伙伴关系,并使企业在协同商务中做到过程优化、计划准确、管理协调。

### 3. ERP 与产品数据管理 PDM(Product Data Management)的整合

产品数据管理 PDM 将企业中的产品设计和制造全过程的各种信息、产品不同设计阶段的数据和文档组织在统一的环境中。近年来 ERP 软件商纷纷在 ERP 系统中纳入了产品数据管理 PDM 功能或实现与 PDM 系统的集成，增加了对设计数据、过程、文档的应用和管理，减少了 ERP 庞大的数据管理和数据准备工作量，并进一步加强了企业管理系统与 CAD、CAM 系统的集成，进一步提高了企业的系统集成度和整体效率。

### 4. ERP 与制造执行系统 MES(Manufacturing Executive System)的整合

为了加强 ERP 对于生产过程的控制能力，ERP 将与制造执行系统 MES、车间层操作控制系统 SFC 更紧密地结合，形成实时化的 ERP/MES/SFC 系统。该趋势在流程工业企业的管控一体化系统中体现得最为明显。

### 5. ERP 与工作流管理系统的进一步整合

全面的工作流规则保证与时间相关的业务信息能够自动地在正确时间传送到指定的地点。ERP 的工作流管理功能将进一步增强，通过工作流实现企业的人员、财务、制造与分销间的集成，并能支持企业经营过程的重组，也使 ERP 的功能可以扩展到办公自动化和业务流程控制方面。

### 6. 加强数据仓库和联机分析处理 OLAP 功能

为了企业高层领导的管理与决策，ERP 将数据仓库、数据挖掘和联机分析处理 OLAP 等功能集成进来，为用户提供企业级宏观决策的分析工具集。

### 7. ERP 系统动态可重构性

为了适应企业的过程重组和业务变化，人们越来越多地强调 ERP 软件系统的动态可重构性。为此，ERP 系统动态建模工具、系统快速配置工具、系统界面封装技术、软构件技术等均被采用。ERP 系统也引入了新的模块化软件、业务应用程序接口、逐个更新模块增强系统等概念，ERP 的功能组件被分割成更细的构件以便进行系统动态重构。

### 8. ERP 软件系统实现技术和集成技术

ERP 将以客户/服务器、浏览器/服务器分布式结构、多数据库集成与数据仓库、XML、面向对象方法与 Internet/Extranet、软构件与中间件技术等为软件实现核心技术，并采用 EAI 应用服务器、XML 等作为 ERP 系统的集成平台与技术。

ERP 的不断发展与完善最终将促进基于 Internet/Extranet 的支持全球化企业合作与敏捷虚拟企业运营的集成化经营管理系统的产生和不断发展。

(资料来源：http://www.huaaosoft.com/news/opinion/440.html)

**思考题**

未来 ERP 的发展趋势是什么？

# 第八章　商业零售商物流信息管理系统

## 【知识目标】

零售商使用物流管理信息系统的类型分类、选择方法。

## 【能力目标】

能识别、分类、遴选适合零售商使用的物流信息管理系统。
提升零售商使用物流信息管理系统的能力。

## 【素质目标】

系统辨识、操作能力。
与系统操作者的沟通能力。

引导案例

## 新零售企业的信息化建设

新零售企业的一个主要特征就是全供应链的数字化并信息贯通。没有数字化，或者虽然数字化，但是信息没有贯通，依然很难达到提升整体运营效率的目的。实现数字化并信息贯通对新零售企业具有以下好处。

(1) 能提高企业经营管理信息的准确性和及时性，有助于企业决策的进一步科学化。

(2) 能促使企业业务流程和管理程序更加合理，更加规范，也有助于增强企业的快速反应能力。

(3) 能进一步促进企业资源的合理组合及利用，使其在现有资源条件下获得最佳利用效果，从而大大提高企业的生产经营效率和管理效率。

(4) 能积累海量的实时的流通的大数据，给新零售的大数据运营提供了条件，从而可以实现商品画像和消费者画像，达到优化整个价值链的目的。

信息化建设虽然有很多好处，但是不可能一股脑全上，尤其是对中小企业而言，必须有取有舍，否则会造成企业很大的负担，得不偿失。那么对新零售企业而言，哪些是必需的，哪些又是重要的？

我们首先从一个企业的全貌看，企业外部包含供应市场、消费市场、资本市场和知识市场，企业与这些外部市场接口在内部就存在供应管理、客户关系管理、销售与分销管理、价值管理和知识管理。企业内部还有财务管理、制造管理和人力资源管理。对于中小型的新零售企业而言，最重要的就是供应管理和客户关系管理，不可缺少的还有财务管理和人力资源管理。其中供应管理又包含三个部分：仓库管理、供应商管理和采购管理。

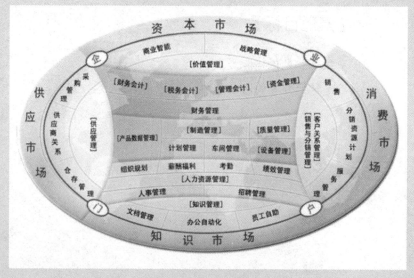

企业信息管理全貌

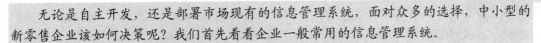

第八章 商业零售商物流信息管理系统

无论是自主开发，还是部署市场现有的信息管理系统，面对众多的选择，中小型新零售企业该如何决策呢？我们首先看看企业一般常用的信息管理系统。

### 1. ERP

企业资源计划(Enterprise Resource Planning，ERP)包括以下主要功能：供应链管理、销售与市场、分销、客户服务、财务管理、制造管理、库存管理、工厂与设备维护、人力资源、报表、制造执行系统 (Manufacturing Executive System，MES)、工作流服务和企业信息系统等。此外，还可能包括金融投资管理、质量管理、运输管理、项目管理、法规与标准和过程控制等。ERP 主要是一种主要面向制造行业进行物质资源、资金资源和信息资源集成一体化管理的企业信息管理系统，提供跨地区、跨部门，甚至跨公司整合实时信息的企业管理软件。针对物资资源管理(物流)、人力资源管理(人流)、财务资源管理(财流)、信息资源管理(信息流)集成一体化的企业管理软件。ERP 太庞大了，并不适合中小企业，也不适合零售行业。根据相关资料统计表明，ERP 的整体实施成功率只有 10%～20%。

### 2. WMS

仓库管理系统(Warehouse Management System，WMS)包括以下几个功能模块：管理单独订单处理及库存控制、基本信息管理、货物流管理、信息报表、收货管理、拣选管理、盘点管理、移库管理、打印管理和后台服务系统。仓库管理系统是通过入库业务、出库业务、仓库调拨、库存调拨和虚仓管理等功能，对批次管理、物料供应、库存盘点、质检管理、虚仓管理和即时库存管理等功能综合运用的管理系统，有效控制并跟踪仓库业务的物流和成本管理全过程，实现或完善企业仓储信息管理。

WMS 和进销存管理的最大区别在于：进销存管理的目标是针对特定对象(如仓库)的商品、单据流动，是对仓库作业结果的记录、核对和管理；而 WMS 则除了管理仓库作业的结果记录、核对和管理外，最大的功能是对仓库作业过程的指导和规范：即不但对结果进行处理，更是通过对作业动作的指导和规范保证作业的准确性、速度和相关记录数据的自动登记，增加仓库的效率、管理透明度、真实度，以降低成本。

完善的 WMS 一般采用 RFID 系统，因为 WMS 的高效率运作，是以快速、准确、动态地获取货物处理数据作为其系统运行的基础。而 RFID 系统使 WMS 实时数据处理成为可能，从而大大简化了传统的工作流程。WMS 对于新零售企业来说，也是一个至关重要的信息管理系统。孚利购 WMS 系统通过实践证明，以 RFID 技术为基础的 WMS，无论是在确保企业实时采集动态的数据方面，还是在提高企业效率与投资回报率方面都具有很大的优势。孚利购 WMS 通过 RFID 技术已经实现了智能装箱入库、智能盘点、智能分拣和智能出库。

### 3. CRM

客户关系管理(Customer Relationship Management，CRM)包括市场营销中的客户关系管理、销售过程中的客户关系管理、客户服务过程中的客户关系管理。CRM 是企业为提高核心竞争力，利用相应的信息技术以及互联网技术协调企业与顾客间在销售、营销和服务上的交互，从而提升其管理方式，向客户提供创新式的个性化的客户交互和服务的过程。其最终目标是吸引新客户、保留老客户以及将已有客户转为忠实客户，增加销售额。

新零售企业相对于传统零售企业最大的区别就是，从以自我为中心或以商品为中心转变为以用户为中心，以"渠道为王"转变为以"用户为王"。如何洞察客户，如何吸引客户，如何留住客户，是新零售企业最关心的问题，所以 CRM 对于新零售企业来说至关重要。

### 4. SRM

供应商关系管理(Supplier Relationship Management，SRM)包括战略采购与货源管理：采购战略开发，采购费用分析，供应商选择，合同管理；操作性采购：自助服务采购，服务采购，计划驱动采购；供应商协同：新供应商注册，产品研发协同，订单执行协同，库存管理协同，与供应商系统的互连。

SRM 正如 CRM 是用来改善与客户的关系一样，SRM 是用来改善与供应链上游供应商的关系的，它是一种致力于实现与供应商建立和维持长久、紧密伙伴关系的管理思想和软件技术的解决方案，它旨在改善企业与供应商之间关系的新型管理机制，实施在企业采购业务相关的领域，目标是通过与供应商建立长期、紧密的业务关系，并通过对双方资源和竞争优势的整合来共同开拓市场，扩大市场需求和份额，降低产品前期的高额成本，实现双赢的企业管理模式。新零售企业注重拉通整个供应链实施统一管理，所以供应商关系管理也是其中必不可少的重要一环。

### 5. PM

采购管理(Procurement Management，PM)是计划下达、采购单生成、采购单执行、到货接收、检验入库、采购发票的收集到采购结算的采购活动的全过程，对采购过程中物流运动的各个环节状态进行严密的跟踪、监督，实现对企业采购活动执行过程的科学管理。采购管理包括采购计划、订单管理及发票校验。因为该系统一般与库存管理结合应用，所以也可以将系统集成在 WMS 系统中。

### 6. SCM

供应链管理系统(Supply Chain Management，SCM)是对企业供应链的管理，即对市场、需求、订单、原材料采购、生产、库存、供应、分销发货等的管理，包括了从生产到发货、从供应商到顾客的每一个环节。SCM 能为企业带来如下益处：①增加预测的准确性。②减少库存，提高发货供货能力。③减少工作流程周期，提高生产率，降低供应链成本。④减少总体采购成本，缩短生产周期，加快市场响应速度。SCM 是 ERP 的一个子集，而且 SCM 主要针对制造型企业，对零售企业并不适合。

财务管理系统和人力资源管理系统相对比较通用和独立，不再赘述。综上所述，对于中小型新零售企业来说最重要的信息化建设就是建立自己的 WMS、CRM 和 SRM 三大系统，并基于这三大系统实现整个零售价值链的数字化和统一贯通，打通商品流、资金流和信息流，并通过自动化、智能化、大数据等技术提高整体运营效率，降低运营成本。

孚利购在实践中,为了快速响应市场的需求,自主研发了 WMS、CRM 和 SRM 系统,并实际应用到无人智慧零售中,取得了良好的效果。

(资料来源:https://baijiahao.baidu.com/s?id=1592798455627599400&wfr=spider&for=pc)

讨论:

请结合实际谈谈你对新零售企业的看法?

# 任务一  商业零售商物流信息管理系统概述

## 一、零售商物流管理信息系统的功能及分类

零售商物流管理信息系统主要是帮助零售企业实现货品、企业计划、供应、销售等各个环节的高效管理。同时为了适应不同类型的零售企业和不同部门,信息系统还有不同的类别。以下主要介绍零售业信息系统的功能和分类。

1. 零售业信息系统具备的功能

零售业信息系统具有以下几项功能。

(1) 系统管理:对组织架构、安全权限等进行管理。

(2) 品类管理:对品类组合、商品和供应商引入等进行管理。

(3) 计划管理:销售计划、资金预算、计划跟踪等。

(4) 供应管理:采购、配送、调拨、库存管理等。

(5) 营销管理:POS 销售监控、调价折让促销等管理。

(6) 财务管理:财务核算、厂家结算、税务处理等。

(7) 人事管理:人员档案、岗位薪酬等管理。

(8) 统计分析:统计分析、数据挖掘等。

由上可见,零售商物流信息管理系统作为一个子系统(可以是以上功能中的品类管理系统、供应管理系统等的整合)"嵌入到"零售业信息系统中,与其他系统相互关联,在整体中发挥作用。

2. 零售商物流管理信息系统的分类

零售企业从业态来讲,可分为超市、百货、综合超市(大卖场)、专业店、专卖店、便利店和 Shopping Mall 等形式。根据不同的业态,有适应不同业态的信息系统。

(1) 超市模式的物流管理信息系统:柜类合一,统一收银。

(2) 百货模式的物流管理信息系统:开单销售,按柜核算。

(3) 便利店模式的物流管理信息系统:简单便利,直营加盟。

(4) 专卖店模式的物流管理信息系统:远程终端,分销管理。

(5) 专业店模式的物流管理信息系统:突出专业,加强深度。

(6) Shopping Mall 的物流管理信息系统:销售与收银分离,摊档管理。

### 3. 零售商信息管理系统的分类

从不同管理角色来看零售企业的信息系统，又可分为多种不同的管理信息系统。

(1) 零售业业务管理系统(Management Information System，MIS)。该系统通过总部管理系统、区域中心管理系统和分店管理系统可分别实现总部、区域中心和分店的零售业务。这是整个IT系统的基础和根本。包含了主要的业务处理：主档管理、采购管理、经营管理、物价管理、配送管理、物料管理、生鲜管理、核算管理和厂家管理等。

(2) 供应链管理系统(Supply Chain Management，SCM)。该系统可将业务系统中的中央结算在网上实现，并对此进行深化处理，为供应商和下游客户提供更好的服务，并因此得以优化供应链、减少库存资金、减少采购成本，充分利用供应商资源。

(3) 客户关系管理系统(Customer Relationship Management，CRM)。该系统能够密切关注会员及大客户的购买趋势，为他们提供更贴心的服务，以更好地巩固客户基础。

(4) 物流配送系统(Logistic Information System，LIS)。该系统可将仓储和配送业务全面深化，加快库存周转率、实现零库存、降低运输成本、降低采购成本，并向第三方物流过渡，为企业创建新的利润中心。

(5) 办公自动化系统(Office Automatization，OA)。随着集团的扩大，特别是地区的发展带来了制度、人员等方面的管理困难。通过办公自动化可以轻松实现公文流转，得以辅助集团的管理和发展。

(6) 人力资源管理系统(Human Resource Management，HRM)。企业的管理问题，最终是人的问题。如何更好地调动人员的工作积极性、合理调度人员的使用、降低人力资源的成本等成为企业管理的重要问题。而人力资源管理系统正是帮助企业解决这些问题的有力工具。

(7) 业务培训系统(Business Process Trainning，BPT)。企业的发展离不开人员的培训，如何更好地对业务人员进行技能培训和考试是集团总部需要解决的问题。业务培训系统可以协助人力管理人员进行职工的职业培训。

由此可见，零售商物流管理信息系统是零售商信息系统中的一个组成部分，需要和零售商信息系统"有机融合"才能发挥作用。

## 二、零售商物流管理信息系统的特点

零售商物流管理信息系统的特点有以下几点。

### 1. 开放性、模块化及适应性

零售商物流管理信息系统能够与其他管理信息系统对接，能够成为或者将其他管理信息系统变成其某个功能模块，能够适应各种管理需求，满足零售商需求。

### 2. 满足各系统间的数据交换，数据交换的方法必须确保数据的完整性及安全性

数据库中的数据是从外界输入的，而数据的输入由于种种原因会发生输入无效或错误信息。保证输入的数据符合规定，成为数据库系统，尤其是多用户的关系数据库系统

首要关注的问题，数据完整性因此而提出。本章将讲述数据完整性的概念及其在 SQL Server 中的实现方法。

数据完整性是指数据的精确性和可靠性。它是为了防止因数据库中存在不符合语义规定的数据和防止因错误信息的输入输出造成无效操作或错误信息而提出的。数据完整性可分为四类：实体完整性、域完整性、参照完整性和用户定义的完整性。

数据完整性是保障数据安全的基础，是零售商物流管理信息系统与外部系统进行有效对接的前提。

3. 数据交换只需通过通用的数据定义、信息格式及通信协议即可

通过在一定管理通信协议上的数据交换，可以规范零售商物流管理信息系统与其他管理信息系统之间的通信，操作者只需要通过对其门店的物流管理信息系统进行"上层"操作，即可将门店物流信息数据发送至如"决策管理信息系统""财务管理信息系统"等交叉的管理信息系统。

4. 与现有系统及较新通信技术兼容

新型通信技术包括光纤通信、USB 通信技术等。

光纤即为光导纤维的简称。光纤通信是以光波作为信息载体、以光纤作为传输媒介的一种通信方式。从原理上看，构成光纤通信的基本物质要素是光纤、光源和光检测器。光纤除了按制造工艺、材料组成以及光学特性进行分类外，在应用中，光纤常按用途进行分类，可分为通信用光纤和传感用光纤。传输介质光纤又可分为通用与专用两种，而功能器件光纤则指用于完成光波的放大、整形、分频、倍频、调制以及光振荡等功能的光纤，并常以某种功能器件的形式出现。

USB 是英文 Universal Serial BUS(通用串行总线)的缩写，而其中文简称为"通串线"，是一个外部总线标准，用于规范计算机与外部设备的连接和通信，是应用在 PC 领域的接口技术。USB 接口支持设备的即插即用和热插拔功能。USB 是在 1994 年年底由英特尔、康柏、IBM、Microsoft 等多家公司联合提出的。常见的 USB 通信接口如图 8-1 所示。

图 8-1　常见的 USB 通信接口

## 三、零售商物流管理信息系统的功能

零售商物流管理信息系统的功能有以下几点。

### 1. 对零售库存进行管理

在货物的包装、拆卸和库中货物的调配过程中，如果采用物流管理信息系统，就可以实现对货物库存量、出库量、入库量、结存量等数据的精确掌握，从而实现物流订单信息的预测管理。

### 2. 对零售运输流程进行管理

在企业运输的流程中，对于其中的四环节实施的接单管理、发货管理、到站管理、签收管理和运输过程的单证管理，如路单管理、报关单管理、联运提单管理和海运提单管理等，均可以实施物流信息化管理，这样就可以大大提高服务效率，同时对于运输过程中出现的企业货物配载、车辆调度、车辆返空等问题也能加以及时解决。

### 3. 对零售物流全过程实施监控

业务流程的集中管理、各环节的收费管理、各环节的责任管理、各环节的结算管理、各环节的成本管理、运输环节的管理、仓储环节的管理、统计报表系统等，这些物流过程数据的获得有利于对各个环节进行具体的统计与分析，从而对当前的企业运营进行系统的指导，以便于科学统筹、合理安排和部署。

### 4. 对零售物流费用实施监控

在管理物流业务工作中，常常会产生一系列和费用相关的数据，而这些数据可以与专业财务系统的数据实现对接，从而有利于对物流费用进行全程监控，以达到减少支出、节约开支的目的。

### 5. 实现零售商客户与物流企业信息的共享

货物的物流分配状况、货物的在途运输状况——实时的货物跟踪、货物的库存情况、货物的结存情况、货物的残损情况、货物的签收情况等，这些常常都是客户最关心的问题。如果对其实施物流信息管理，就可以便于客户随时查询，从而提高物流管理服务的质量并增强自己在客户心里的信誉。

## 任务二　电子订货系统

电子订货系统(Electronic Ordering System，EOS)是指将批发、零售商场所发生的订货数据输入计算机，即通过计算机通信网络连接的方式将资料传送至总公司、批发商、商品供货商或制造商处。

因此，EOS能处理从新商品资料的说明直到会计结算等所有商品交易过程中的作业，可以说EOS涵盖了整个物流过程。在寸土寸金的情况下，零售业已没有许多空间用于存放货物，在要求供货商及时补足售出商品的数量且不能有缺货的前提下，更有必要采用EOS。EOS因内含了许多先进的管理手段，在国际上使用非常广泛，并且越来越受到商业界的青睐。

最早把电子订货系统(EOS)引入商业的是连锁店，其目的是追求分店与总店的相互补货业务及管理运行上的合理化。

EOS 可分为 EOS 中心和 EOS 客户端，图 8-2 所示为 EOS 示意图。

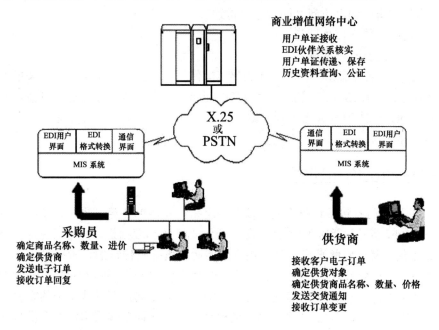

图 8-2　EOS 示意图

## 一、EOS 的组成

EOS 采用电子手段完成供应链上从零售商到供应商的产品交易过程，因此，一个 EOS 必须由如下几个部分组成，如图 8-3 所示。

(1) 供应商。商品的制造者或供应者(生产商、批发商)。
(2) 零售商。商品的销售者或需求者。
(3) 网络。用于传输订货信息(订单、发货单、收货单、发票等)。
(4) 计算机系统。用于产生和处理订货信息。

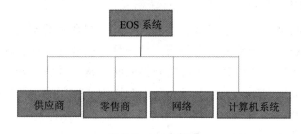

图 8-3　EOS 构成

## 二、EOS 的特点

EOS 具有以下几个特点。

(1) 商业企业内部计算机网络应用功能完善，能及时产生订货信息。
(2) POS 与 EOS 高度结合，产生高质量的信息。
(3) 满足零售商和供应商之间的信息传递。
(4) 通过网络传输信息订货。
(5) 信息传递及时、准确。

EOS 是许多零售商和供应商之间的整体运作系统，而不是单个零售店和单个供应商之间的运作系统。EOS 在零售商和供应商之间建立起了一条高速通道，可使双方的信息及时得到沟通，订货周期大大缩短，既保障了商品的及时供应，又加速了资金的周转，实现了零库存战略。

## 三、EOS 的结构和配置

EOS 的构成内容包括订货系统、通信网络系统和接单计算机系统。就门店而言，只要配备了订货终端机和货价卡(或订货簿)，再配上电话和数据机，就可以说是一套完整的电子订货配置。就供应商来说，凡能接收门店通过数据机传输的订货信息，并可利用终端机设备系统直接处理订单，打印出出货单和检货单，就可以说已具备了 EOS 的功能。但就整个社会而言，标准的 EOS 绝不是"一对一"的格局，即并非单个的零售店与单个的供应商组成的系统，而是"多对多"的整体运作，即许多零售店和许多供货商组成的大系统的整体运作方式。

### (一)根据 EOS 整体运作程序划分类别

根据 EOS 整体运作程序可以划分为如下几种类别。

#### 1. 连锁体系内部的网络型

即连锁门店有电子订货配置，连锁总部(或连锁公司内部的配送中心)有接单计算机系统，并用即时、批次或电子信箱等方式传输订货信息。这是"多对一"(即众多的门店对连锁总部)与"一对多"(即连锁总部对众多的供应商)相结合的初级形式的 EOS。

#### 2. 供应商对连锁门店的网络型

其具体形式有两种：一种是直接的"多对多"，即众多的不同连锁体系下属的门店对供应商，由供应商直接接单发货至门店；另一种是以各连锁体系内部的配送中心为中介的间接的"多对多"，即连锁门店直接向供应商订货，并告知配送中心有关的订货信息，供货商按商品类别向配送中心发货，并由配送中心按门店组配向门店送货，这可以说是中级形式的 EOS。

#### 3. 众多零售系统共同利用的标准网络型

其特征是利用标准化的传票和社会配套的信息管理系统完成订货作业。其具体形式有两种：一是地区性社会配套的信息管理系统网络，即成立由众多的中小型零售商、批发商构成的区域性社会配套的信息管理系统营运公司和地区性的咨询处理公司，为本地区的零售业服务，支持本地区 EOS 的运行；二是专业性社会配套信息管理系统网络，即按商品的性质划分专业，如食品、饼干、医药品、体育用品、玩具、衣料等，从而形成各个不同专业的信息网络。这是高级形式的 EOS，必须以统一的商品代码、统一的企业代码、统一的传票和订货的规范标准的建立为前提条件。

### (二)连锁门店订货系统配置

无论采用何种形式的 EOS，皆以门店订货系统的配置为基础。门店订货系统配置包括硬件设备配置与电子订货方式确立两个方面。

#### 1. 硬件设备配置

硬件设备一般由以下三个部分组成。

(1) 电子订货终端机。其功能是将所需订货的商品和条码及数量以扫描和输入的方式，暂时存储在记忆体中，当订货作业完成后，再将终端机与后台计算机连接，取出存储在记忆体中的订货资料，存入计算机。电子订货终端机与手持式扫描器的外形虽有些相似，但功能却有很大差异，其主要区别是电子订货终端机具有存储和运算等计算机基本功能，而扫描器只有阅读及解码功能。

(2) 数据机。它是传递订货主与接单主计算机信息资料的主要通信装置，其功能是将计算机内的数据转换成线性脉冲资料，通过专有数据线路将订货信息从门店传递给商品提供方的数据机，供方以此为依据来发送商品。

(3) 其他设备。如个人计算机、价格标签及店内码的印制设备等。

#### 2. 电子订货方式确立

EOS 的运作除硬件设备外，还必须有记录订货情报的货架卡和订货簿，并确立电子订货方式。常用的电子订货方式有三种。

(1) 电子订货簿。电子订货簿是记录包括商品代码或名称、供应商代号或名称、进价和售价等商品资料的书面表现形式。利用电子订货簿订货就是由订货者携带订货簿及电子订货终端机直接在现场巡视缺货情况，再由订货簿寻找商品，对条码进行扫描并输入订货数量，然后直接输入数据机，通过电话线传输订货信息。

(2) 电子订货簿与货架卡并用。货架卡就是装设在货架槽上的一张商品信息记录卡，显示内容包括中文名称、商品代码、条码、售价、最高订量、最低订量、厂商名称等。利用货架卡订货，不需携带订货簿，而只要手持电子订货终端机，一边巡货一边订货，订货手续完成后再直接输入数据机将订货信息传输出去。若有的日配品或不规则形状的商品难设置货架卡，便可借助于订货簿来辅助订货。

(3) 低于安全存量订货法。即将每次进货数量输入计算机，销售时计算机会自动将库存扣减，当库存量低于安全存量时，会自动打印货单或直接传输出去。

## 四、EOS 的操作流程

在零售店的终端利用条码阅读器获取准备采购的商品条码，并在终端机上输入订货资料，利用电话线通过调制解调器传到批发商的计算机中。

批发商开出提货传票，并根据传票开出拣货单，实施拣货，然后根据送货传票发货。

送货传票上的资料便成为零售商店的应付账款资料及批发商的应收账款资料，并输入应收账款的系统中去。

零售商对送到的货物进行检验后，就可以陈列出售了。

使用 EOS 时要注意订货业务作业的标准化，这是有效利用 EOS 的前提条件。商品代码的设计，商品代码一般采用国家统一规定的标准，这是应用 EOS 的基础条件；订货商品目录账册的设计和更新，订货商品目录账册的设计和运用是 EOS 成功的重要保证；计算机以及订货信息输入和输出终端设备的添置是应用 EOS 的基础条件；在应用过程中需要制定 EOS 应用手册并协调部门间、企业间的经营活动。

图 8-4 所示为 EOS 订货流程示意图。

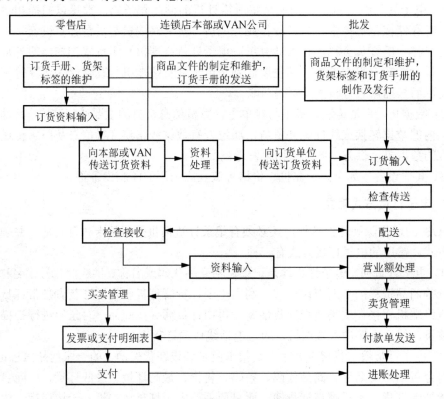

图 8-4 EOS 订货流程示意

## 任务三 销售时点信息管理系统

### 一、POS 概述

#### 1. POS 系统内涵

销售时点信息管理系统，又称销售时点情报系统(Point Of Sale)，简称 POS，在欧洲又简称 EPOS，即 Electronics at the Point Of Sale，是一种广泛应用在零售业界的电子设备。它的主要功能是统计商品的销售、库存与顾客的购买行为，零售业界可以通过此系统有效提升经营效率。可以说，POS 是现代零售业界经营上不可或缺的必要工具。

图 8-5 所示为 POS 收款机。

图 8-5　POS 收款机

### 2. POS 技术发展历史

过去传统的零售业者并没有一种得心应手的工具可以统计商品的库存，特别是无论哪一种商店的商品都动辄上千上万种，在订货与库存管理上都难以掌握，商家为了了解自身的库存状况，还必须浪费大量人力去盘点商品的数量，一些大型的零售业者为了管理的方便，往往要设计许多复杂的表格，导致成本上升、经营无效率。

随着计算机系统的进步，零售业界开始尝试使用计算机来管理店面的商品，在 20 世纪 70 年代商品的条形码规格确立，制造商在商品出厂时只要印制条形码，店家便可以利用此条形码来管理商品，这便是 POS 系统的主要功能。

当顾客结账时，商家透过雷射扫描仪阅读条形码，此数据可以提供收款机商品信息，通过此信息收款机可以计算价格，而计算机主机便可统计商品的销售状况，有些业者还会顺便要求职员输入顾客的信息，例如年龄、性别等，也可以结合信用卡、会员卡等来管理顾客信息，从而可以了解顾客的行为，提供业者经营上的信息。

POS 系统通常可与 EOS、EDI 和计算机会计系统综合运用，能给业者带来巨大的经济效益。

商业电子收银是微电子技术发展及现代化商品流通管理理念和技术发展相结合的产物，而商业电子收银机则是现代化、自动化商业管理必不可少的基本电子设备之一。世界上最早的收银机是在 1879 年由美国的詹敏斯·利迪和约翰·利迪兄弟制造的，其功能是实现营业记录备忘和监督雇用人的不轨行为。到 20 世纪 60 年代后期，随着电子技术的飞跃发展，日本率先研制成功了电子收银机(ECR)。电子收银机的发明具有划时代的意义，其技术性能和商业功能远远超过原来的机构式现金收款机，具有智能化、网络化多功能的特点，成为在商业销售上进行劳务管理、会计账务管理、商品管理的有效工具和手段。到20世纪80年代中期，功能强劲的商业专用终端系统(POS)产生，成为第三代收银机。POS 与 ECR 的最大区别在于它有着直接即时入账的特点，有着很强的网上实时处理能力。POS 将计算机硬件和软件集成，形成一个智能型的，既可独立工作，也可在网络环境下工作的商业工作站。

商业电子收银机如愿以偿地满足了全世界商店经营者的心愿，它在会计业务上的高准确性、销售统计上的高效率性、商品管理上的高实时性使商业经营者虽投资不大，但却可以迅速、准确、详细地掌握商品流通过程中的全部数据，并使经营者在市场调查、内部管理、决策咨询、雇员部门考评方面如虎添翼，并大规模地降低了经营成本。可以毫不夸张地说，离开了商业电子收银机，就谈不上商业自动化和现代化。在今后如果没有商业电子收银机的帮助，经营者将在市场竞争中处于绝对的劣势。

图 8-6 所示为以收银功能为主的 POS。

图 8-6　以收银功能为主的 POS

## 二、POS 的组成和功能

### (一)POS 的组成

POS 系统由收银台、收银副台、扫描器、计算机主机、钱箱收银机、键盘、打印机、顾客显示屏、计算机显示屏和刷卡器等组成。

### (二)POS 系统的功能

收银台的功能包括放置商品、扫描商品至计算机系统、放置营业款和备用金、手输条码及其他操作、打印计算机小票，方便顾客看到自己所购商品的价格，收银员核实商品资料与计算机显示资料是否相符。

### (三)POS 的开关程序

POS 的开机程序和关机程序如下所述。

(1) 开机程序：电源(URS 电源)→主机→显示屏→打印机。

(2) 关机程序：退出系统→打印机→显示屏→主机→电源。

### (四)POS 的键盘功能

POS 的键盘功能包括以下几项。

#### 1. 删除商品

录入错误或是顾客不要时可删除商品，但同条码商品都会删除，需重新输入正确的数量。

#### 2. 取消交易

可取消当前交易所有输入计算机里的全部商品。

#### 3. 重新打印

打印机故障没打出计算机小票，需重新打印，只能打印当前交易，需领班授权。

#### 4. 修改密码

计算机刚开始给每个收银员一个初始密码，可以更改。

#### 5. 取消收款

对已部分结算的操作取消，选择"是"或"否"确认。

#### 6. "是"或"否"

在出现对话框时选择，如储值卡消费、取消收款等。

#### 7. 设置数量

"×"在同种商品数量较多的情况下使用，数量×商品条码。

#### 8. "退出"键

计算机关机时使用，当注销后需按"退出"选择关机才可以。

#### 9. 退格

在输入(数字、条码、金额、数量)输错的情况下，需要逐个清除，使用"退格"键。

#### 10. 卡查询

出现菜单，请刷卡，出现卡金额。

#### 11. 锁机

锁机是在暂时离开收银台至返回再次工作时使用(除了当前本人，任何人都不能登录),起到一种保护作用。

### 12. 功能菜单

此键包含一个下拉菜单,内有开钱箱、注销、前台退货、商品改价、网络单机切换等。

### 13. 挂账

计算机上已有所购商品未进行结算之前,需要返回卖场,再次选购(价格不符需核查、商品未打价、需再次购买等许多原因所构成)。顾客不要的商品(原因有很多,如没有钱、银行卡不能用)、收银员操作失误,需要挂进计算机进行保存(特别注意:挂账商品放置收银台下)。再按一次挂单,将挂账商品调出来进行结算。

## 三、常见的 POS 品牌及型号

常见的 POS 品牌产品介绍如下。

### (一)实达(STAR)

STAR S-950 产品是实达集团近年来精心打造的 POS 品牌,该产品采用手持机的设计理念来设计座机,摆脱了传统台式 POS "臃肿"的形象,充分体现了实达电子支付产品"快、巧、全"的设计理念。

STAR MK-210 是通过 PCI 认证的密码键盘,具有多重安全保护措施。产品支持 3DES/DES、ANSI 9.8 等安全加密算法,拆机即自毁,提高了密码键盘抗逻辑攻击及抗物理攻击的强度,保证密钥等安全信息不被窃取。

实达新型 POS 外观如图 8-7 所示。

图 8-7 实达新型 POS 外观

### (二)利普门

以色列利普门电子工程有限公司(LIPMAN Electronic Engineering LTD., LIPMAN),成立于 1974 年,总部设在以色列特拉维夫,作为一家业务遍及全球的国际公司,LIPMAN

在多个国家建立了子公司和分支机构，股票也已在多个国家上市。1996年LIPMAN公司在北京设立代表处，2007年北京利普门电子有限公司在北京成立。

利普门公司在全球电子支付领域处于技术领先地位，其NURIT品牌系列电子支付产品和软件在设计、开发、生产和销售方面名列前茅，在努力满足全球电子支付市场和零售业需求的同时，利普门公司在不断创造着更加尖端的支付产品。

利普门公司可为用户提供硬件配置最高的系列支付产品，主要包括：高级无线和有线POS终端，收银、刷卡、计税一体机，以及嵌入式用在售货机里的小POS；各种类型的密码键盘，IC卡、磁卡读卡器，热敏和针式打印机，ATM自动柜员机等。利普门公司的支付系统几乎覆盖了此领域中的各种业态范围。网络产品包括支付网关和终端综合管理软件系统NCC。在世纪之交，利普门公司推出了一系列新产品，如：手持IC卡终端、支票阅读器/POS终端、第四代无线POS、新型ATM和圈存圈提机。

图8-8所示为利普门NURIT3020。

图8-8　利普门NURIT3020

### (三)瑞柏

瑞柏科技于1993年成立，是大中华区开发电子交易科技及解决方案的先锋，历年来一直致力于开发先进的技术产品，包括全球首个一体化分体电子交易终端及自助式电子交易终端等。由于瑞柏科技始终坚持融汇创新和实用两者兼备的产品发展方向，其T800无线彩屏终端机具有操作简易、高效、低成本等优点。因此该公司产品在各项评奖之中屡获殊荣，备受赞赏。

T800无线彩屏终端机如图8-9所示。

### (四)新大陆

新大陆科技集团于1994年由18位知识分子创办于福建省福州市，18年来坚持自主创新，以科技创新引领实业发展，已成为一个综合性高科技产业集团，走出了一条具有中国特色的价值成长之路。

图 8-9　T800 无线彩屏终端机

多年聚焦国计民生相关行业的应用和商业模式创新，集团在环保水体和空气处理、数字视讯服务、移动通信支撑网、智能交通信息化、金融电子支付、政府政务及财税信息化等领域作为行业信息化专家，扮演着重要角色；新大陆在动物与食品溯源、二维码移动电子凭证、"商 E 通"时空物流商和冷链物流上的开创性商业模式实践，成为事实上的物联网行业应用标准，奠定了公司在国内物联网知名企业的地位。

公司主要提供以嵌入式操作系统和数据采集模块为主线的各类产品，包括金融税控设备、自动识别数据采集器、数字电视机机顶盒等设备和产品。金融税控方面包含支付和税控终端 POS、银行 ATM 设备、IC 卡、磁卡读写设备、一维条码、二维码采集器设备、RFID 读写设备；提供各类 ASIC 芯片设计开发、嵌入式设备研发生产服务。尤其在二维码技术方面，可提供具有完全自主知识产权的二维码引擎模块级产品。

### (五)联迪商用

从 1992 年推出第一台自主研发的国产金融 POS、打破国外品牌垄断，到占据国内近 40%的市场份额，再至跻身于全球十大 POS 供应商之列，中国金融 POS 第一品牌——联迪商用设备有限公司(简称联迪商用)正稳步朝着"有电子交易的地方就有联迪商用"的企业愿景迈进。

联迪商用是一家集研发、生产、销售和服务于一体的高新技术企业，产品涵盖金融 POS、金融自助终端、IC 卡机具等多个种类。自成立以来，联迪商用在透彻理解全球电子支付发展趋势和国内客户需求的基础上，依托深厚的产业资源，迅速成长为国内最大的专业从事安全电子支付领域相关产品和系统解决方案的供应商。

联迪商用的产品和应用解决方案广泛应用于银联商务、中国银行、中国工商银行、中国建设银行、中国农业银行、交通银行、招商银行、中信银行等众多金融机构；还深入拓展到电信、移动、税务、铁路、保险、石化、交通等多个行业，并在亚太、欧洲等海外市场受到青睐。图 8-10 所示为联迪商用 E550 无线手持 POS 终端。

图 8-10　联迪商用 E550 无线手持 POS 终端

## 任务四　自助收银系统

### 一、自助收银终端介绍

#### 1. 概念

自助收银终端是指消费者在超市购物结账时，无须收银员为其操作，只需购物者独立操作就能完成商品支付的一种人机设备，是新型超市结算支付系统的子系统。

自助服务终端广泛应用于银行、电信、医疗、航空航天等行业，目前，专门用于零售行业的自助收银终端在国外超市应用较为普及，而国内超市考虑到投入成本和安全隐患，几乎无此设备应用。

#### 2. 自助收银系统的优势

自助收银终端的最大优势就是缓解消费者排队压力，提高购物者消费体验指数。众所周知，大型超市收银排队问题非常严重，甚至会因排队而爆发冲突，尤其是每日的晚高峰期和节假日。自助收银终端的使用，一是可以加快超市人流分散和循环，不仅可以减缓人工收银区的排队压力，无形中增加了超市的人流量，为超市带来可观的利益；二是自助收银终端的应用可以减轻收银员的工作压力，提高收银员的工作效率；三是自助收银终端与传统人工收银模式在成本效率上差距很大，因此采用自助收银终端在相同的效率下，企业获得的利润更多而成本却更少。四是自助收银终端作为一种人机交互设备，它的扫描和计算更加精确，可以识别伪钞，并且支持超市会员卡、银行卡、微信、支付宝和现金等多种支付方式，增加了消费者的购物乐趣和消费体验。

#### 3. 自助收银系统的弊端

自助收银终端最大的缺点一是存在商品安全隐患，尤其是大型超市中的盗窃现象屡屡发生。给超市带来了很大的损失。二是一些老年人或者文盲在无人帮助的情况下可能不会使用。三是为了加强商品防盗管理，该自助收银终端需要结合 RFID 射频识别技术使用，在安装 RFID 标签时增加了劳动力成本和耗费过多的安装时间。四是消费者自助付款时易出现被扫描两次的现象。五是维修与保养成本较高。

## 二、自助收银终端的需求分析

### 1．功能需求分析

(1) 该系统可提供购物服务，即顾客使用该系统可方便、快捷地自助购物。

(2) 当顾客完成购物离开超市时，应再一次确保该顾客已经购买所有商品。针对 POS 销售系统的报警门采用传统的声磁或射频系列的 EAS 防盗，而该系统是 RFID 付费系统，因此 RFID 报警门是必需的。在超市的出口处安装 RFID 报警门，顾客必须通过 RFID 报警门才是真正意义上完成购物。

(3) 支付方式多样，支持超市会员卡、银行卡、微信、支付宝支付，不支持现金支付。

(4) 该自助收银终端具有监视功能，可对前来付款的消费者进行监控记录。

(5) 可读取商品数据，包括价格、商品图片、生产日期和保质期、进货时间、生产厂家等信息，以防买家买错商品或 RFID 标签误贴。

### 2．性能需求分析

如今，社会信息化快速发展，如果仅仅实现该系统的功能就将产品投入应用，那么在后期的调试阶段必将出现一系列的故障，因此在应用之前必须对系统的稳定性、响应速度以及可扩展性等要求做硬性检测和调校。具体要求如下所述。

(1) 系统稳定性。该系统应有足够的稳定性且满足用户对系统的应用需求，在使用过程中应杜绝出现卡顿、闪屏甚至崩溃的情况。

(2) 响应速度。响应能力主要体现于系统的灵敏度和快速的反应速度。消费者对终端作出指示，系统必须在极短的时间内作出响应并将数据反馈给消费者，且避免较长时间的信息等待，尤其是电子扫描枪的扫描速度。

(3) 可扩展性。从系统硬件和软件功能的方面来看：系统的服务器应该有足够的扩展空间，以便随着业务应用的增加对该系统进行扩展和升级。

### 3．安全需求分析

(1) 自助付费系统包含于整个超市的运营系统中，所以在超市中，运营系统也包含安全系统和自助付费系统。超市的安全系统是建立在后台计算机服务器安全基础之上的，服务器是否安全，影响着整个超市系统的运行状态。因此，需要在每一层级的系统中安装杀毒软件、防黑客软件，以定期检查电脑的安全，及时发现操作系统的漏洞并采取相应的措施，确保系统软件的正常使用。

(2) 支付方式的安全性需求。系统采用高频 IC 卡实现电子支付，IC 卡中存储顾客的用户名、密码、金额等信息，该系统应防止顾客信息以及金额等信息被篡改、截获。因此，为保证支付过程的安全性，应选择安全性较高的 IC 卡。另外使用电商货币交易方式，这种方式极具保密性和隐私性，消费者最终付款可在用户手机上完成。

## 四、自助收银终端的各区功能介绍

根据自助收银终端的功能,可将其划分为五大区域。

### 1. 操作区

操作区是核心部分,主要包括:①操作显示屏,用于选择选项,显示商品数据和信息;②电子扫描枪,扫描商品 RFID 电子标签;③数字键盘,输入银行卡和会员卡密码;④插卡口,插入银行卡和会员卡;⑤凭条打印口,打印购物凭据。

### 2. 宣传区

宣传区包括:①广告显示屏,显示超市广告或其他广告;②标识灯,显示超市商标或自助收银终端商标。

### 3. 存放区

存放区主要用来放置购物车内的商品,包括:①搁置台,放置商品;②分隔板,区分其他消费者与自己的商品;③传送带,传送商品;④称重台,计算商品重量。

### 4. 机箱区

机箱是自助收银终端的主体部分,机箱内部主要是硬件设施,包括:①防滑滚轮;②防盗锁,打开机箱进行维修;③底座。

### 5. 警示区

警示区包括:①故障运行指示灯,当自助收银终端出现故障时会发出指示;②监控装置,对消费者进行全程监控,防止发生特殊情况;③号码牌,显示机器号码,显示使用状态(有无使用)。

## 本 章 小 结

通过对本章的学习,学生可以对零售商物流管理信息系统的软件及硬件组成部分有一定的了解。本章分为四个任务,即"商业零售商物流信息管理系统识别""电子订货系统""销售时点信息管理系统"和"自助收银系统",同学们学习后能够通晓、识别相关设备的配置和使用,同时也能对相关生产厂商的背景有一定了解,方便在工作中查询使用。

## 习 题

### 一、填空题

1. LIPMAN 的中文名称是_____,公司总部位于_____。
2. 无论采用何种形式的电子订货系统,皆以_____的配置为基础。门店订货系统配置包括_____与_____确立两个方面。

3._____密切关注会员及大客户的购买趋势，为他们提供更贴心的服务，以更好地巩固客户基础。

4. 使用 EOS 时要注意订货业务作业的_____，这是有效利用 EOS 系统的前提条件。

5. 在零售店的终端利用_____获取准备采购的商品条码，并在终端机上输入订货资料，利用电话线通过调制解调器传到批发商的计算机中。

二、实训操作

1. 通过互联网搜索目前在门店运营中普遍使用的 POS 产品，并罗列出具体型号。
2. 能够使用 POS 机采集数据和完成门店资金管理。
3. 设计一个便利店使用的自动收银系统的流程图。

# 案 例 分 析

## 自助收银机已悄悄布局，无人零售或许将成为常态？

不知道大家发现没有，就在这几个月有很多地方的传统商超都引进了"自助收银"的机器，这个机器下方有一个扫码口，我们买完东西后只要把商品背面的条形码对准机器下方的扫码口，屏幕上就可以显示出我们购买的东西，扫完之后点结算即可，支付宝或者微信一扫，我们就付账完毕了。在很多地方刚上线的自助收银吸引了很多年轻人的注意，大家都很愿意尝试自助收银，本来需要六个收银员和六个收银通道的地方，如今轻而易举地被 6 台轻薄机器所替代。

现在这种自助收银也还处于试水阶段，在很多小城市也没有开展多久，但是却有着很好的反响。每当傍晚人们下班后或者周六周日，超市总是排着长长的队伍，每个人平均等待的时间达到 3 分钟，而一个正常规模的超市，收银通道至多不过十个人，一到人

流高峰期，拥挤是常态。并且随着微信支付、支付宝支付的常态化，布局自助收银也成了一件再简单不过的事了。店内人员也表示在人流高峰期时，自动收银机可以很好地缓解排队拥挤现象。机器上可以先输入自己的会员账号，然后再结账，也一样可以积分和优惠，很多老年人中年人都愿意去尝试，而年轻人对这种新颖的支付方式都趋之若鹜。

当自助收银慢慢被我们大多数人所接受，而机器的价格又远低于人工费用，那自然而然的人工收银也将慢慢减少，但是就目前来说完全取代是不可能的，但是随着手机支付越来越频繁，越来越被大多数人所接受时，人工收银的未来就是一个不确定的未知数了。

并且现在很多超市都推出了新功能，它们都开发了自己的 APP，像是一些大型的连锁沃尔玛、美特好等传统商超，都打出了线上配送服务的牌，我们可以在相应的 APP 上下单，只要我们在超市附近的 3 公里以内都可以下单，并且配送速度最快可以达到 30 分钟。

这也足见传统商超为了对抗线上模式也作出了很多的探索和创新，针对当代人的特性开展新零售，开展快速到家方式，这对于我们消费者来说，无疑给了我们更好的购物渠道，以及自主收银机的布置也在很大程度上提高了我们的购物体验。所以在面对日益变化的时代时，没有什么东西是一成不变的，当线上的挑战来袭时，传统商超也不得不变了。

现在的自助收银还属于一种半自助化，我们还需要挨个地把东西扫码然后再结账，但是在日本已经推出了一种更为简便的收银结算方式。众所周知日本的老龄化非常严重，劳动人口是严重不足的，很多便利店也面临着用工人手短缺的问题，这时候一些高科技的出现就显得尤为重要了。据日经中文网报道，日本 7-11 和全家等 5 家大型便利店将在 2025 年之前，在日本所有的便利店都放置自动收银系统。

在此之前，日本的便利店巨头们就已经提出了要配备无人收银系统了，并且准备在 2020 年东京奥运会之前能够将无人收银系统投入使用。但是可能是因为技术等原因，让这个计划被推迟到 2025 年。

这里的无人收银技术相较于我们的半自动化收银，在科技层面又有了极大的提高。到便利店购物的消费者只需要把自己购买的东西放在购物筐和袋子中，然后再将东西放到无人收银台上，机器就可以自动扫描，瞬间完成结账。在这个过程中我们只需要把东西放上去然后机器结账，这个支付就完成了。

在不久的将来科技的力量会越来越强大，无人零售也许在不久的将来会成为一种常态。

(资料来源：https://baijiahao.baidu.com/s?id=1627991823369541359&wfr=spider&for=pc)

**思考题**

如何看待未来无人零售的模式？

# 第九章　物流公共信息平台

## 【知识目标】

公共信息平台的类别。
物流公共信息平台与公共信息平台之间的关系。
从理论与实践层面上熟悉、掌握与使用物流公共信息平台。

## 【能力目标】

- 能够通晓物流公共信息平台的组成模块。
- 能够识别目前主流的物流公共平台。
- 掌握一定的物流公共信息平台开发原理。

## 【素质目标】

系统辨识、操作能力；
与系统操作者的沟通能力。

### 引导案例

**重庆打造智慧物流公共信息平台 推动内陆国际物流枢纽和口岸高地建设**

2018年1月，国家发展改革委、交通运输部、中央网信办联合组织开展了首批骨干物流信息平台试点评选工作，确定了28家试点单位。其中重庆智慧物流公共信息平台与菜鸟、传化、满帮等"独角兽"级平台名列榜单中。这也是重庆唯一入选的企业。

"平台战略"是一场正在席卷全球的商业模式革命，横扫互联网及传统产业，所有企业都面临找平台、建平台和放大平台三种选择。

物流平台是实现物流业供给侧改革的重要抓手，是实现降本增效的重要载体，旨在解决物流价值链过长、标准化和个性化物流服务的冲突等痛点。

目前，国内的物流信息平台，主要聚焦于物流细分市场，如满帮聚焦在公路运输领域的车货匹配，货拉拉聚焦于城市物流配送。

重庆智慧物流公共信息平台是由重庆市发改委牵头，重庆交运集团作为投资主体建设的重庆物流行业公共信息平台。此次之所以能入选，源于其打造的是物流全产业链平台，构建的是共建共享的物流生态圈，即推动多式联运发展，实现铁公水多种运输方式互联互通，再依托多式联运、干线运输的大数据，发展城市物流共同配送。平台还将各个物流园区的生产、运输、配送等各个物流环节全部打通，支持供应链一体化物流运作发展。

目前，重庆智慧物流公共信息平台已有超过300家物流企业注册开展业务，已先后上线了用于线上线下货运市场相结合的货运信息交易子系统——蜜蜂智运，即将上线多式联运、物流园区云、城市物流配送等子系统。

"这些系统上线后，将形成覆盖物流全产业链的系统平台，实现公路、铁路、航运、航空等各种运输方式之间物流信息互联互通；实现区县与主城，以及与全国其他省市物流信息互联互通；实现从原材料到生产，到销售流通，再到终端消费者的供应链全程物流信息互联互通。"重庆交运集团相关负责人表示。届时，该平台的子系统将覆盖物流的各个环节和各种业态，大大降低物流企业尤其是中小物流企业物流成本，提升物流企业服务能力。同时，通过对平台数据的开发，也将强有力支撑物流业的创新。

（资料来源：https://baijiahao.baidu.com/s?id=1589480358563008950&wfr=spider&for=pc）

讨论：

重庆智慧物流公共信息平台的功能有哪些？

## 任务一 物流公共信息平台概述

物流公共信息平台是指基于计算机通信网络技术，提供物流信息、技术、设备等资源共享服务的信息平台，具有整合供应链各环节物流信息、物流监管、物流技术和设备等资源，面向社会用户提供信息服务、管理服务、技术服务和交易服务的基本特征。

物流公共信息平台是有效解决我国信息化水平程度偏低、供应链上下游企业之间沟通不畅等导致我国物流业发展水平低下、全社会物流成本偏高等关键问题的重要手段，是建立社会化、专业化、信息化的现代物流服务体系的基石，对促进产业结构调整、转变经济发展方式和增强国民经济竞争力具有重要作用。

在国外主流的物流公共信息平台有如美国 FIRST 物流配送服务平台、英国 FCPS 信息系统、新加坡 PORTNET 系统、澳大利亚 Tradegate 系统、韩国的综合物流信息系统和中国香港 DTTN 系统(数码贸易运输网络系统)等。它们的成功经验表明平台的建设能提高企业的营运效率、节约社会资源、提升行业水平、促进经济发展。其中新加坡以国家政策推动港口信息化，于 1988 年建设了世界上第一个电子通关系统 Trade Net，之后又在此基础上建设了全方位物流信息转换平台 Trade Palette。通过 Trade Palette，任何物流链上的企业都可以实现与任何其他物流服务供应商的直接联系，实现了物流业的广泛协同工作效应，加快了货物周转，刺激了外贸，加速了物流。

## 一、物流公共信息平台系统的服务对象分析

由于参与物流活动的单位较多，物流公共信息平台系统服务对象主要有企业和政府两大方面。

### 1. 企业方面

从事有关物流活动的企业其业务涉及市场调查、生产计划、采购、订购、运输、仓储、运输、销售、反馈等环节，其中每一个环节都涉及市场信息、货物信息、资金信息和单证凭据的流动。

### 2. 政府方面

政府是物流行业的管理者，主要发布物流行业的规范，对相关物流信息系统的数据库进行分析，监督物流市场情况，并制定政策、规划区域发展战略。各管理部门需完成诸如接受或检查企业的申请等工作，对企业的管理和监督等活动从系统的角度分析，第三方物流与工商企业物流、政府主管部门的信息系统既有独立性又有统一性，这种统一性主要体现在宏观物流与微观物流的运作关联性、互动性以及相关信息的共享性上。

## 二、信息需求分析

从物流企业、工商企业和政府部门三方面来调研分析信息需求情况。

### 1. 物流企业对物流信息服务的要求

物流企业对物流信息服务的要求包括公共物流基础设施资源信息、车辆和驾驶员信息、物流市场需求信息资源、物流业务运作信息资源、其他物流咨询服务等信息资源。

**2. 工商企业对物流信息服务的要求**

工商企业对物流信息服务的要求包括物流供应商的应用、物流业务交易管理、货物跟踪及其他增值服务等。

**3. 政府部门对物流信息服务的要求**

政府部门对物流信息服务的要求包括区域物流运行基本数据处理、物流企业信息、区域物流资源整合支持功能、区域物流分析及规划支持等。

## 三、信息需求特点

物流信息的需求情况和需求特点决定了物流公共信息平台的功能体系。综合各方面对物流公共信息平台的信息需求,物流公共信息有下述特点。

**1. 物流系统内外信息的依赖性**

物流企业对公共物流基础设施、交通运输网络等外部信息具有很大的依赖性,因为公共信息平台的存在,可以提高物流信息的获得性和减少信息成本。

**2. 物流信息需求的差异性**

物流企业、使用外购物流的客户和政府主管部门对物流信息的需求是不同的,其差别主要体现在时间差异性、内容差异性和程度差异性上。

**3. 物流信息交换的复杂性**

集成物流服务涉及客户在内的多个经营主体,各主体之间的经济关系、技术应用、企业文化及信息系统模块的差异性导致了物流信息交流的复杂性。数据交换是在不同企业、不同隶属关系管理体制下,采用不同运行模式在不同的系统间运行的,各系统的数据结构、存储形式和接口协议不一样,因此给物流数据共享和物流资源整合带来了一定的困难。

**4. 物流数据共享的有限性**

部分物流企业对其特定用户是按封闭系统运行的,物流内部信息与外部共享范畴非常有限。

## 四、物流公共信息平台系统的总体定位

物流公共信息平台代表了现代电子商务物流的发展方向,具有很大的发展潜力,但是在市场定位、经营模式、盈利模式、经营策略和发展方向上,需要深刻分析和全面规划。

**1. 平台用户主体的定位**

物流公共信息平台必须依靠提高市场主体档次来提升市场层次品位和实力规模,公

共信息平台应该成为企业物流交易和运行平台，其平台用户主体应该定位于大中型物流企业、大中型生产制造和商业批发企业，以提高平台进入门槛。大中型生产制造和商业批发企业对物流服务的要求是个体货运人员和小型货运企业所不能满足的，所以不能较轻易地找到合适的物流合作伙伴，因此客观上也需要物流公共信息平台发挥市场中介的作用。而大型物流企业实力雄厚、技术先进，对客户的物流需求规模和收益回报的要求高于其他货运从业者，同样需要利用物流公共信息平台的覆盖率和概念内涵的扩展优势来寻找商机。

2. 平台市场类型的定位

物流公共信息平台是运用了信息技术的虚拟市场，需要借鉴传统货运市场的成功经验实现市场功能的跨越，因此发展公共信息平台上的特色专业市场是重要思路。从货物类型角度看，可以发展钢铁、煤炭、电子产品、农产品等专门货品市场；从物流功能类型角度看，可以发展联合运输、多式联运、航运、配送、仓储等功能型市场等。进行市场细分后可以大大提高物流交易的效率、降低交易成本。同时，也能把信息流与物流有效地结合起来，在通关、质检、结算等诸多环节利用信息网络优势来缩短物流时间和降低物流费用。

3. 平台服务区域的定位

物流只有紧密依靠区域产业经济，才能创新优势、巩固阵地，公共信息平台只有抓住区域物流价值链中的关键环节才能吸引客户、实现自身应用价值。不同的经济区域需要不同特色的物流服务，如海港需要航运物流、保税仓储加工物流，而内陆需要汽车物流、铁路运输物流、转关物流，特色经济区需要煤炭物流、粮食物流、水果深加工物流等。缩小公共信息平台服务区域，使定位更加明确、服务更有针对性，这样就能够争取到地方物流供需客户，有效地为地方经济服务。

4. 平台服务功能的定位

在平台的服务功能定位中，要整体考虑服务功能的相互支撑作用，形成一个紧密联系的有机平台系统；同时，必须要有相应的辅助手段、配套体系，使平台逐步良好地运行起来。可积极利用电子政务、电子商务、电子银行等多种信息化成果，将市场监督管理、法律、银行、公证等多种交易服务引入公共信息平台，从而增强市场功能、完善市场机制、建立诚信体系，进一步确立市场优势。

# 任务二　物流公共信息平台的功能

## 一、物流公共信息平台系统的功能需求分析

进行物流公共信息平台需求分析是要明确平台的服务功能与性能要求，也是建设完善且可操作性强的平台的基础与先决条件。物流活动参与者对信息平台建设有不同的需求，应从不同的角度分析、识别各类用户的真实需求情况，识别用户对物流公共信息平

台的基础需求，明确用户显在与潜在的需求，从而明确物流公共信息平台的功能定位。

物流公共信息平台的特征应体现平台所在地区、城市的现代物流的特点，可以总结出以下基本特征：①跨组织协作性；②层次性；③开放性；④动态性；⑤网络化。而这些基本特征决定了要建立的物流公共信息平台的基本功能，进行需求分析时，需要全面反映需求的多目标性、复杂性和用户群体思想。

从行业需求的角度出发，对物流相关各单位部门的业务系统进行分析，识别系统各用户主体的关系和信息需求，考虑其期望的服务和需要平台提供的服务，综合各相关单位对信息平台建设的各方面要求，由此可以最终确定信息平台所应具有的基本信息与功能。

## 二、物流公共信息平台具备的功能

平台功能体系的总体定位应以数据获取、整合和共享为核心，以信息安全为基础，面向决策支持和公众服务。物流公共信息平台通过信息采集、信息融合、信息存储、信息共享及信息发布为企业提供公共信息，满足和适应企业信息系统多种功能的实现需要；促进企业群体间协同经营机制和战略合作关系的建立；为支撑政府部门间行业管理、市场规范管理等交互协同工作机制的建立及科学决策提供依据；提供多样化的物流信息增值服务。

### 1. 物流信息资源的整合与共享

物流企业与客户要对各种信息作全面了解和动态跟踪，通过平台将物流园区和物流中心的各类信息资源进行整合，在一定范围内对各种信息资源进行共享。

### 2. 社会物流资源的整合

对社会物流资源进行整合，可以提高物流资源配置的合理化和社会物流资源利用率，降低企业产品运营成本和运输周期，提高产品市场竞争力。

### 3. 政府管理部门间、政府与企业间的信息沟通

规范和加强政府的宏观决策和市场管理，提高政府行业管理部门工作的协同性，提高物流业的行业管理、发展与规划的科学性，可为企业参与国内外市场竞争提供平等发展的舞台与空间。

### 4. 现代物流系统运行的优化

通过平台减少物流信息的传递层次和流程、提高现代物流信息利用程度和利用率，可使物流系统以最短流程、最快速度、最小费用得以正常运行，实现全社会物流系统运行的优化，有效地降低物流成本。

### 5. 优化供应链

对现代物流市场环境快速响应，形成供应链管理环境下固定电子物流和移动电子物流两种模式共同支撑的平台体系结构；实现行业间信息互通、企业间信息沟通、企业与客户间信息交流，使现代物流信息增值服务成为可能，从根本上提升现代物流的整体服

务水平。确定物流公共信息平台的功能体系，不仅要考虑成熟的市场支持功能定位，还应该考虑培育新业务的功能定位和未来业务支持功能定位。

## 三、物流公共信息平台系统的功能设计

物流信息公共平台的核心功能部分是公共信息服务系统和数据交换处理系统，还应该包括车辆管理系统和诚信管理系统，在此我们初步介绍前两者。需要注意的是，这些基本功能是互相支持、紧密联系的，形成了一个有机平台系统整体。

### (一)公共信息服务系统

公共信息服务系统汇接全市各相关行业、各种物流运作设施以及物流企业的信息系统。它既是全市物流信息资源的汇接中心，也是国内外了解区域物流信息资源的窗口。公共信息服务系统应主要包括以下功能。

(1) 门户网站功能。
(2) 公共信息发布与查询功能。
(3) 交易服务功能。
(4) 相关部门服务功能。
(5) 用户信息服务功能。

### (二)数据交换处理系统

数据交换处理系统担负物流公共信息平台中公用信息的采集、加工、中转、发送，以及不同用户之间信息交换的数据规范、格式转换等功能。数据交换处理系统主要包括以下功能。

#### 1. 数据格式转换功能

通过数据规范化定义，支持各类不同格式和系统之间数据的转换与传输；实现各常见数据库、Web 数据、文本、图像等多种格式之间的自定义相互转换。

#### 2. 实现物流电子商务中交易双方的无缝对接功能

在交易双方进行询报价、网上磋商、订单签订等活动中，传输和转换数据，并确保交换数据的可读性、可靠性和安全性。

#### 3. 作为 ASP 服务管理平台，为物流企业提供信息系统支持服务的功能

采取完全托管或部分托管的方式，实现 ASP 服务的应用与物流信息平台的平滑衔接。

#### 4. 与其他城市物流公共信息平台的连接和数据交换的功能

通过数据交换平台的网络互联和数据转换功能建立与其他城市和地区物流公共信息平台的系统互联与信息共享。物流公共信息平台的功能定位如图 9-1 所示。

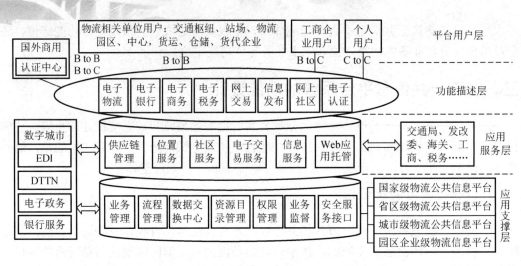

图 9-1 物流公共信息平台的功能定位示意图

## 任务三 物流公共信息平台的应用

随着物流信息化的飞速发展，各种各样的物流信息平台如雨后春笋般层出不穷，而物流信息平台选用何种商业模式是其成败的主要影响因素。本节主要分析了国内一些典型的物流公共信息平台的商业模式。

### 一、商业模式概述

商业模式可以定义为为了实现客户价值最大化，把能使企业运行的内外各要素整合起来，形成一个完整的高效率的具有独特核心竞争力的运行系统，并通过最优实现形式满足客户需求、实现客户价值，同时使系统达成持续赢利目标的整体解决方案。一个商业模式是对一个组织如何行使其功能的描述，是对其主要活动的提纲挈领的概括。它定义了公司的客户、产品和服务，还描述了公司的产品、服务、客户市场以及业务流程。商业模式一般由九个要素组成，可以通过对比其九个要素的差别来区分不同的商业模式，如表 9-1 所示。

表 9-1 商业模式

| 商业模式要素 | 简述 |
| --- | --- |
| 价值主张 | 公司通过其产品和服务所能向消费者提供的价值。价值主张确认公司对消费者的实用意义 |
| 消费目标群体 | 公司所瞄准的消费者群体。这些群体具有某些共性，从而使公司能够（针对这些共性）创造价值。定义消费者群体的过程也被称为市场划分 |
| 分销渠道 | 公司用来接触消费者的各种途径。这里阐述了公司如何开拓市场，它涉及公司的市场和分销策略 |

续表

| 商业模式要素 | 简述 |
|---|---|
| 客户关系 | 公司同其消费者群体之间所建立的联系,通常所说的客户关系管理即与此相关 |
| 价值配置 | 资源和活动的配置 |
| 核心能力 | 公司执行其商业模式所需的能力和资格 |
| 合作伙伴网络 | 公司同其他公司之间为有效地提供价值并实现其商业化而形成合作关系网络。这也描述了公司的商业联盟范围 |
| 成本结构 | 所使用的工具和方法的货币描述 |
| 收入模型 | 即公司通过各种收入流来创造财富的途径 |

通过这九个元素的商业模式描述框架可以看出,商业模式可以随着个别元素的不同而千差万别,即使是表面上看起来非常相似的项目,也可能随着个别元素的微小差异而形成完全不同的商业模式。商业模式是指一个完整的产品、服务和信息流体系,包括每一个参与者和其在其中起到的作用,以及每一个参与者的潜在利益和相应的收益来源和方式。在分析商业模式时,主要应关注一类企业在市场中与用户、供应商、其他合作者的关系,尤其是彼此间的物流、信息流和资金流。

## 二、物流公共信息平台的商业模式分析

经调查比对国内多家物流信息公共网站或平台后发现,虽然国内目前已经出现了很多公共物流信息平台,但还没有一家能够成为行业主导。尤其是在中西部地区,这些地区虽然拥有大量的物流园区,但是依托物流园区的信息平台还没有见到成功的案例。国内大量的公用物流信息平台主要由中小型企业提供,普遍存在着缺少实体作为依托、缺乏运营资金和缺乏商业模式创新的问题。当前互联网站的商业模式主要可以依据其收入模型的不同进行归类。例如,同为门户网站的新浪和网易,从网站外观上看区别不大,但新浪的主要收入来自网络广告,而网易的主要收入来自网络游戏。当前很多物流信息平台运营商来自IT产业而不是物流产业,因此它们的主要商业模式一般在沿用互联网站的商业模式。

目前市场上正在运营的物流类网站平台有很多,根据运输方式、区域、功能等的不同,可以把各物流网站平台分为综合门户型网站、专业型网站和垂直搜索型网站等,如表9-2所示。

在以上各种物流信息网站或平台中,有全国性的网站,也有区域性的网站,它们各有优劣。一般来说,全国性物流信息平台目标明确,旨在成为国内的物流信息服务领导品牌。如中国物流信息联盟网、全球物流联盟、中国物流联盟网、中国运输联盟。但是由于国内信息化发展缓慢,群体接受度还需要一个过程,形成一个全国性物流平台依然需要很长的时间。而区域性网站虽然认识到了网络的无边界性,但是在上线之初就确定了市场区域的定位。根据资料分析来看,很多网站的定位是为本区域内的企业提供最佳

的物流及相关服务，如车货源查询、仓储设备、采购等服务，这类网站包括长三角物流网、浙江物流网、广东物流网、华北商贸物流网等网站。

表 9-2　物流公共信息平台的类别

| 分　类 | 简　介 | 典型代表 |
|---|---|---|
| 综合门户型 | 主要是综合了物流行业所有内容，并提供相应的服务。目前被认为是综合门户物流网站，包括地方和全国性的网站有很多家。以提供信息类为主、物流交易为辅的网站，包括以提供信息为主的国家部委及各地协会政府支持的一些网站。这类网站一般是以信息知识提供、共享、交易培训提供等服务功能为主的网站 | 中国物流网、中国物流信息网、中国物流招标网、泛珠三角物流网等 |
| 专业型 | 根据信息服务的提供方式可划分为运输交易、设备、仓储、软件等专业。如设备仓储类有中国物流产品网、中国仓储网等。而按照运输方式来分，包括陆路(铁路和公路)、空运、海运。这类网站目标市场明确，针对性强。但是由于在国际运输行业，空运和海运是最基本的方式，因此大部分网站的空海运类交易并没有完全划分开来，如金桥物流网、锦城物流网等。以公路交易为主的网站相对比较多，如中华物流网、中华配货网、中国配货网等 | 设备仓储类：中国物流产品网、中国仓储网<br>海空运类：金桥物流网、锦城物流网等<br>公路交易类：中华物流网、中华配货网、中国配货网等 |
| 垂直搜索型 | 主要是针对物流行业及通过本网站的搜索内容和服务的垂直搜索类网站，其趋势是希望囊括大部分网站的内容，为物流相关人员提供方便的服务 | 浙江物流网旗下的物流易搜网 |

由于物流信息平台的运营商自身的资源禀赋，当前的物流信息平台主要还是以提供产品和服务以及利用不对称信息收费两种收入模式为主，而对于其他模式几乎没有涉及，这也给今后的物流信息平台留下了巨大的发展空间。当然，当前的物流信息平台在具体的运营操作上还存在很多微妙的不同，通过分析当前相对较为成功的物流信息平台的商业模式，能够对以后物流公共信息平台的商业模式设计提供有益的借鉴。

## 三、物流公共信息平台应用的影响因素

从技术应用角度而言，物流公共信息平台面向物流服务价值链的所有角色，包括各个 FPL(第四方物流商)、TPL(第三方物流商)、货运商、仓储商、客户以及政府等，它是一种开放式 IOS 形态，或称之为共生网络形态口。实践证明，相对于私有 IOS 来说，开放式 IOS 成功的概率更小。许多学者虽然研究了影响私有 IOS 应用的因素，却对物流公共信息平台等共生网络应用的影响因素没有太多的关注。然而，分析影响物流公共信息平台实施的影响因素不仅有理论上的意义，还可以对实践起到指导作用。

物流公共信息平台是为了支持物流服务价值链中各组织协调和协作的公共需求而建立的从 IT 基础设施到通用的 IT 应用服务的一系列硬件、软件、网络、数据和应用的集

合。新加坡、韩国等国家的经验证明：物流公共信息平台的实施有利于整合区域性物流资源、提高地区整体物流的竞争优势。

对私有IOS(主要是EDI)实施影响因素的研究一般是基于革新传播理论、交易成本理论、市场和物流理论以及元组织理论。罗杰斯普(Rogerspl)等人应用革新传播理论，从革新的五个属性维度研究了影响EDI应用的因素，包括相对优势、兼容性、复杂度、可观察性和可试验性。其中技术革新所能带来的相对优势被认为是先行者应用的主要因素。托马斯克(Tomasky)等人认为对技术应用所能带来的直接收益和无形收益的认知影响着企业对EDI的应用。从交易成本理论分析，EDI使生产外包意味着减小生产所需的大量沉淀成本的产生、减小交易过程中的不确定性以及提高交易频率，使先动者具有领导EDI建设的积极性。但由于EDI收益在网络伙伴之间是不均等分布的，且相互独立，因而跟随者多是迫于供应链领导者的压力或竞争者的压力。

在总结相关研究成果的基础上，结合考虑本领域的一些新的特征(时间维)和我国特殊的应用环境(空间维)，概念模型设计如图9-2所示。整个框架包括四个维度：技术因素、组织因素、组织间因素和外部环境。

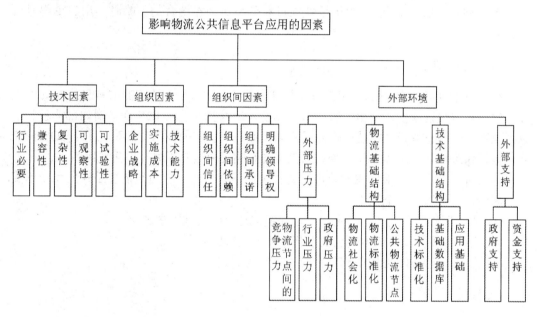

图9-2 影响物流公共信息平台应用的因素

## (一)技术因素

依据革新传播理论，技术因素包括技术优势、兼容性、复杂性、可观察性和可试验性。本书用行业必要取代了技术优势。实施EDI所能带来的相对竞争优势(成本减少、资产利用率提高以及改进服务水平等)曾经是用户选择应用的主要因素。由于EDI应用的成熟和普及，以及商业环境的发展，EDI应用从战略竞争工具转变为行业必要。因而，得出以下推论。

(1) 物流公共信息平台的应用成为一种技术角度的行业必要。兼容性是指EDI应用与企业内部信息系统及业务流程的兼容程度，它意味着较小的接入成本和转换成本。平台所规定的物流领域的物理接口标准和信息接口标准能保证平台具有容纳大多数用户的柔性，因而得到推论一。

(2) 平台具有较好的技术兼容性，有利于吸引用户的参与。复杂性是指技术体系的可理解性和易用性。较低的复杂性降低了实施和应用的技术门槛，因而得到推论二。

(3) 平台具有较低的复杂性时，有利于吸引用户的参与。可观察性意味着用户对技术收益具有清晰的感知。一般来说，平台应用的收益包括信息流改进的收益，以及信息流使物理流程改进的收益，第一种收益直观有形，容易感知。但第二种收益是长期的、无形的，不容易直接感知。因而平台要吸引用户参与，应为用户设计清晰、易被感知的价值创造模式，因而得到推论三。

(4) 平台具有清晰的价值创造模式时，有利于吸引用户的参与。可试验性是指在有限范围和有限规模的基础上进行试验，以减小应用风险和积累应用经验的属性。事实上，许多 EDI 专家也指出，EDI 的实施应该基于一些试验性项目，采用分步实施的策略。因而得到推论四。

(5) 物流公共信息平台采用示范性项目和分步实施相结合的策略时，用户更愿意应用。因面得到推论五。

### (二)组织因素

组织因素包括企业战略、实施成本和技术能力。加入平台所需的成本包括 IOS 的硬件、软件和网络设施投入、相关的技术人员投入，以及为适应 IOS 而需对内部流程和信息系统所做的调整的成本。技术能力保证了企业具有一定的技术资源可以用于 IOS 的安装、运行和维护。除两者之外，企业战略也是影响其决策是否参与的重要因素。

扩大市场份额、追求低成本等都需要扩大组织间协作，相应地需要组织间系统的支持。因而，得出以下三个推论。

(1) 有无明确的发展战略是企业决定其参与与否的关键因素之一。

(2) 可以接受的实施成本是企业选择应用的关键因素之一。

(3) 具有一定的 IT 应用基础是企业选择参与的因素之一。

### (三)外部环境

外部环境对 IOS 实施的影响因素的研究一般局限于行业压力和政府压力两方面。本书将一些时间维特征和地理维特征糅合进来，从四个维度进行考察，包括外部压力、物流基础结构、技术基础结构和外部支持。

#### 1. 外部压力

外部压力包括物流节点间的竞争压力、行业压力和政府压力。公共的物流信息平台能有效增加一个行业或地区的经济福利，是一些物流节点(如港口、陆路物流园区等)、城市和国家竞争优势的来源之一。行业压力主要是基于供应链或价值链中强势地位的伙伴的压力、同业中其他竞争对手实施所带来的压力或行业协会施加的压力。政府压力是政府通过立法或行政推动发展行业性或地区性物流公共信息平台的努力,政府压力的作用在新加坡案例中是有力的证明。由此,可得出以下推论。

(1) 物流节点间的竞争压力是推动节点建立公共信息平台的有利因素。

(2) 行业压力是推动行业内成员参与物流公共信息平台的有利因素。

(3) 政府压力是推动区域性物流公共信息平台实施的有利因素。

2．物流基础结构

物流基础结构在物流社会化、物流标准化和物流产业化的推动下发生了显著的变化。首先,物流社会化推动着更多的物流外包,因而需要更多的组织间协作。作为公共信息平台基础结构重要组成部分的物流标准化和物流信息标准化,对于建立更具开放性、模块化、柔性化的物流公共信息平台具有重要的意义。另外,许多城市都把发展物流产业作为经济的支柱性产业,公共物流节点(包括空港、海港和陆路物流中心和公共配送中心)通过组织间的地理集聚性和价值链的相互依赖性,更容易发展协作型关系,也更有利于组织间信任和协调机制的建立,因而公共物流节点可能是实施公共信息平台的突破口。由此,可得出以下推论。

(1) 物流社会化的发展有利于企业参与公共物流信息平台。

(2) 物流标准化有利于提高企业对公共物流信息平台前景的预期。

(3) 公共物流节点价值链中的企业有更大的参与积极性。

3．技术基础结构

技术基础包括技术标准化、基础数据库和应用基础。技术标准化是指 IT 技术基础结构、硬件、软件、操作系统、网络协议等已形成一系列事实上的标准,从而保证平台结构设计具有足够的互操作性、兼容性和柔性,有利于减小技术风险。基础数据库是指物流领域的一些基础数据服务,基础数据库有利于实现物流领域的语义层次的标准化,使平台建设具有标准性和开放性。应用基础是指现在物流领域的一些私有 IOS 解决方案、电子政务解决方案、ITS 解决方案,这些基础性应用对于推动物流公共信息平台的建设具有重要意义。因而,可得出以下三个推论。

(1) 对技术标准化程度的认知会影响企业选择是否应用。

(2) 对基础数据库完善状况的认知会影响企业选择是否应用。

(3) 对领域内应用基础绩效的认知会影响企业选择是否应用。

4．外部支持

外部支持主要包括政策支持和资金支持。事实上,国外在开发相应的公共性平台的过程中都采用了政策支持和资金支持的手段。尤其是对一些前期性的试验 IT 项目,一些政府都采取了给予优惠政策、注资联合研发的措施来解决项目实施中遇到的资金、管理和协调等诸多问题。同时,平台运营方也应该对受财力、技术条件限制无力参与的企业给予一定的外部支持,如减免费用、进行培训等。因而,可得出以下两个推论。

(1) 政府政策和资金支持是企业选择参与的因素之一。

(2) 外部支持是解决我国中小型物流企业参与的关键因素之一。

### (四)组织间因素

组织间因素包括组织之间相互的信任关系,组织之间的相互依赖程度,组织之间的承诺。各个组织之间需要明确谁是领导方,才能在物流信息公共平台应用中起决策作用。

## 任务四 基于 SOA 的物流公共信息平台

### 一、SOA 物流公共平台的内涵

现代物流公共信息平台是基于计算机网络通信技术,整合供应链各环节的物流信息、物流监管、物流技术和设备等资源,面向社会用户提供信息服务、管理服务、技术服务和交易服务,是一个开放性的复杂信息系统。物流公共信息平台的建设对于实现供应链上下游企业信息共享和交换、促成企业业务协作、提高服务质量和企业物流运行效率、节约社会资源、提升政府行业监管能力和服务水平具有重要意义,平台应用也从早期的门户信息发布、物流信息(车源、货源)发布等较低应用层次发展到物流交易、物流信息的收集和交换、物流业务的协作等较高应用层次。随着平台用户业务应用范围的扩大、用户数量与系统规模的增长,平台将会面临更加复杂的用户需求,如用户 IT 资产的重用、服务的快速构建、数据交换的可靠性与实时性、不同平台之间的数据融合与交换等,基于面向服务的架构( Service-Oriented Architecture,SOA) 来构建的物流公共信息平台可以有效应对这些挑战,具有方便集成现有系统、便于重用当前服务、提高系统开发速度和便于业务流程重组的优势。

### 二、基于 SOA 的物流公共信息平台结构

基于 SOA 的物流公共信息平台在技术上多采用分层结构,从底层的网络设施、数据库等资源,到数据访问组件、业务逻辑组件等仓储管理服务、呼叫中心服务等,以及顶层的业务流程和数据展现,每一层次都最大限度地封装不同的服务,从而达到复用和灵活的目的。SOA 架构可划分为资源层、组件层、服务层、业务流程层和表示层五个层次,如图 9-3 所示。

#### 1. 资源层

资源层包括网络、服务器、应用软件、数据库等资源。网络基础设施包括互联网和企业内网。数据资源库将各业务系统的基础数据、业务数据,按照统一数据标准,对数据接口的定义、数据的持久化、数据的显示格式以及数据的转换格式等进行描述。

#### 2. 组件层

组件层用于实现相关的业务逻辑,组件层包括数据访问组件、业务逻辑组件和工作流组件等,数据访问组件是将分布在不同服务器上的异构数据源,通过一个完整数据定义,将各种数据对象描述成统一数据资源视图;业务逻辑组件采用图形化的方式将运算

逻辑、逻辑流和服务组装成更大粒度的组件；工作流组件可以把一个工作流程描述成一个服务，由其他模块或者其他系统来调用，其他模块看到的只是一个业务操作接口，而不必关心这个业务对应的是一个业务流程。

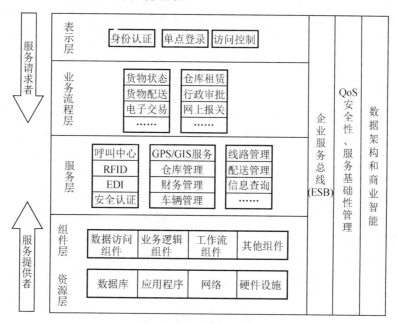

图9-3 基于SOA的物流公共信息平台结构

### 3. 服务层

服务层是将物流公共信息平台所设计的功能及原有系统功能封装为服务。服务提供者、服务请求者和服务注册中心三个实体通过发布、查找、绑定三个基本操作相互作用。服务提供者向服务注册中心发布服务，服务请求者通过服务注册中心查找所需的服务，并绑定到这些服务上服务提供者、服务请求者的角色只是逻辑上的，一个服务既可作为服务提供者，也可作为服务请求者。服务层和业务流程层通过服务紧密联系，服务组件提供了粗粒度的业务功能，它们能够映射业务流程中的任务。服务描述则为业务服务提供了定义明确的合理接口，使业务流程不必了解业务应用和技术平台的细节就可以方便调用。服务层中的注册服务确保了业务流程在必要的时候动态定位和访问服务。服务之间的通信采用XML格式，独立于业务应用系统。服务层为业务流程提供了基本的最小任务单元，通过对已注册服务和合理组合可以制定出灵活的业务功能，比如通过将线路优化服务、GPS定位服务、GIS地图服务、客户位置信息查询服务、呼叫中心服务进行组合可以构建出满足不同物流企业需求的货物配送业务、货物状态跟踪业务等。

### 4. 业务流程层

业务流程层由众多跨部门、端到端的业务流程和业务活动监督机制组成。一个业务流程由一组逻辑相关，按照合理顺序执行，并产生相应业务成果的任务组成，这些任务符合规定的业务原则。业务流程层同时具有业务流程管理的职能，承担着识别、建模、开发、部署和管理业务流流程的责任。业务流程通过对不同领域的业务服务组合和可服用服务进行编排而得。业务流程层利用已经封装好的各种服务，通过业务流程管理（Business Process Management，BPM)来构建新的业务流程，从而实现异构信息系统的综合应用。BPM 将流程作为一种新的数据结构，直接操作和管理。由于每个服务都具有基于标准的开放接口和松散耦合的特点，所以 BPM 可以方便地通过组合服务来实现业务流程的构建。

### 5. 表示层

表示层为用户提供了一个统一的交互门户和工作平台，用户通过表示层更容易进行业务操作，例如即时通信、查看任务列表、查看发布信息，也能够把已有数据、服务或界面快速组合到新应用中。表示层还包括SSO( Single Sign On)、统一身份认证、访问控制等实现一站式数据服务门户，用户无须访问多个业务系统，而是面对一个统一的平台完成需要的多种应用。企业服务总线是一种在松耦合的服务和应用之间标准的集成方式，用于实现 SOA 不同层次之间和内部消息的接收和转发，是 SOA 中实现服务间智能化集成和管理的中介。物流公共平台的众多用户使用着不同的操作系统、数据库系统、网络系统和应用软件，这些差异存在于不同的系统应用层面，应用 ESB 可以实现从系统底层到顶层的消息传递，为不同服务之间的交互和不同业务的组合提供切实帮助。

## 本 章 小 结

通过本章的学习，可以对物流公共信息平台有一定的了解。本章分为三个任务，即物流公共信息平台概述、物流公共信息平台的功能、物流公共信息平台应用、基于 SOA 的物流公共信息平台，能够使同学们通晓识别物流公共信息平台及其应用情况。

## 习 题

### 一、填空题

1. 公共物流基础设施资源信息，包括_____、_____、_____、_____。
2. 从事有关物流活动的企业其业务涉及市场调查、生产计划、采购、订购、运输、仓储、运输、销售、反馈等环节，其中每一个环节都涉及_____、_____、_____和_____的流动。
3. 依据_____，技术因素包括相对优势、兼容性、复杂性、可观察性和可试验性。本书用行业必要取代了技术优势。
4. 物流公共信息平台代表了现代电子商务物流的_____，具有很大的发展潜力，但是在_____、经营模式、_____、经营策略和发展方向上，需要深刻分析和全面规划。
5. 政府是物流行业的_____，主要发布物流行业的规范，对相关物流信息系统的数据库进行分析，监督_____，并制定政策、规划区域发展战略。

## 二、实训操作

1. 通过网页制作工具制作一个简单的物流公共信息平台界面。
2. 选定一个物流公共信息平台作为调研对象,找出其组成的功能模块,然后用SWOT法对平台进行分析。
3. 绘出选定的物流公共信息平台的结构图。

# 案 例 分 析

### 明伦高科:中国应急物流网

应急物流,就是指在突发事件发生后第一时间把数量合适、质量完好的应急物资以合理的方式送达目的地,以追求时间效益最大化和灾害损失最小化为目标的特种物流活动。

目前我国应急物流中存在的一个重大问题就是运输和调拨决策缺乏物流信息和应急基础数据的支持。通过对我国应急生产、流通、运输和应急管理的深入研究,明伦高科开创性地以长江物流网等地方商业物流信息平台的日常运营商业数据作为中国应急物流网的基础数据,通过采集、筛选、汇总、分析、统计等工作,为应急救灾提供决策辅助。中国应急物流网站的建设和运营,填补了我国没有全国性应急物流平台的空白,可以为政府应对突发事件提供支持,减轻和降低突发事件带来的影响和损失。

明伦高科本着"以商养网、平急结合"的思想,在规划设计和运营模式上进行大胆创新和实践,走出了一条应急物流网和商业物流网合作共赢的道路,形成自我复制和互相促进的良性机制。

**应用单位简况:**

为提高国家应急管理水平,有效应对突发公共事件,维护社会安全与稳定,2006年11月,经国家民政部批准,正式成立了中国物流与采购联合会应急物流专业委员会(以下简称应急物流专业委员会),以引导和促进应急物流事业的发展。

应急物流专业委员会是服务于应急物流行业的唯一全国性专业社团组织,是政府和军队开展应急物流建设与管理的辅助力量。在国家相关部委和中国物流与采购联合会的领导下,担负引领行业发展、促进行业规范的重任。是政府和企业、军队和企业、相关企业之间进行应急物流建设的桥梁和纽带。

应急物流专业委员会拥有数十位军地著名管理专家、物流专家组成的专家团队,以及清华大学、北京交通大学、北京科技大学、北京工商大学等合作伙伴;在应急物流理论研究、技术创新、标准制定、决策咨询、人才培训等方面广泛开展工作,得到了社会各界的广泛认可。

(一)项目建设背景:

政策背景:

1. 近年来,党中央、国务院十分重视应急信息及应急物流建设,为应急物流信息化的发展注入了动力。党的十六届六中全会通过的《中共中央关于构建社会主义和谐社会若干重大问题的决定》明确提出,"要按照预防与应急并重、常态与非常态结合的原则,建立统一高效的应急信息平台";《国务院关于全面加强应急管理工作的意见》(国发〔2006〕24号)明确提出,要"加快国务院应急平台建设,完善有关专业应急平台功能,推进地方人民政府综合应急平台建设,形成连接各地区和各专业应急指挥机构、统一高效的应急平台体系"。

2. "加快建设有利于信息资源共享的行业和区域物流公共信息平台项目,重点建设电子口岸、综合运输信息平台、物流资源交易平台和大宗商品交易平台。""建立应急生产、流通、运输和物流企业信息系统,以便在突发事件发生时能够紧急调用。"——摘自国务院《物流业调整和振兴规划》

3. 工业和信息化部《物流信息化规划(2010—2015)》也明确选择试点城市开展应急物流信息平台工作,推动应急物流信息化发展。

(二)应急管理背景:

近年来,我国重特大自然灾害、公共卫生等突发事件频发;各类重大国际国内活动的举办以及因经济决策失误引起的局部短时间内对某项物资的大量需求等都对应急物流提出迫切的需求。构建统一高效的应急物流公共信息平台,是有效应对突发事件和保障经济社会快速平稳发展的重要手段和有力支撑。

1. 目前我国缺乏统一高效的应急物流信息公共信息平台。

目前虽然全国许多地方政府都在建设物流公共信息平台,但从实际运用情况来看,无论是军队还是地方,都缺乏统一的应急信息共享机制,各个城市的应急指挥平台也不能进行信息共享,应急物流的各个环节都缺少必要的信息传递,导致节点运作无法得到有效控制。

2. 现有应急物流辅助决策指挥系统缺乏实时动态数据支持

在应急物流公共信息平台形成之前,一些地方或军队为了满足应急物流的需要,建立了区域性或专业的应急物流辅助决策指挥平台,但由于缺乏相应的动态物流数据的支持,其应急决策指挥功能也大打折扣,与实际严重脱节。

3. 应急物流信息化标准尚未形成

目前在我国尚未形成应急物流的指挥、组织、协调与决策的机制和体系,各地方、军队应急物流辅助决策指挥系统的数据标准、信息标准也未统一。建立统一的应急物流信息化标准,有利于应急物流信息平台的互联互通与信息共享,并将大大提高应急物流指挥决策的正确性和应急效率。

系统综述:

组织架构、功能架构和体系架构:

组织架构:中国应急物流公共信息平台组织构架采用纵向结构方式,按行政区域分全国性应急物流公共信息平台和省、市、县级应急物流公共信息平台。中国应急物流公共信息平台是全国性的应急物流信息管理平台,负责对全国应急事务的决策和分析,同时对各省、市的平台进行监督和管理,并提供相应的服务(见以下两图)。各地子平台基本功能与全国性平台相同,可根据各地的特殊地理位置、产业结构和经济条件增加当地特色的应急物流应用功能。

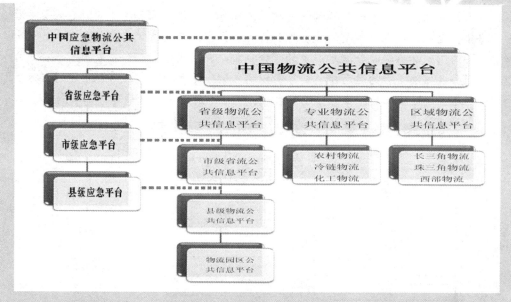

应急物流公共信息平台组织构架图

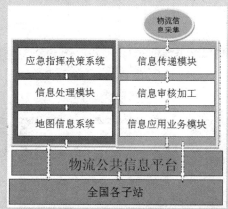

应急物流公共信息平台数据来源示意图

功能架构：应急物流的特点要求制定一个合理可扩展的物流信息系统体系结构，应急物流是一个不同功能物流企业和其他社会单位联动的系统，体系结构模型的制定一方面有利于信息系统的设计与实现，另一方面有利于物流配送算法的实现。一个完整的信息化应急物流系统主要应该包括：应急物流门户网站、政务监管系统、电子地图与地理信息系统、卫星导航与定位系统、应急物流决策系统、基础数据系统(指车站、粮库、医院、消防站等设施位置、基本情况数据)、物流数据采集分析系统、应急预警平台、征集平台、应急企业展示系统、应急协作系统、培训认证系统、应急技术应用系统、辅助工具(如身份证验证)等；平台留有与国家有关部委、各地政府部门的接口等。由于应急物流公共信息平台最关键、核心的物流数据必须为实时动态数据，而且要保证数据的真实、可靠，就必须确保能采集到足够的物流实时数据，工作量、资金量之巨大，必须需要大量的人力、物力并长时间坚持不断地采集和服务，方能实现这个目标，可以说如果让国家、政府出资在全国长期采集实时动态的物流信息,不仅在资金上,同时在人员安排、时间安排,也包括技术上都是不能实现的。为确保中国应急物流公共信息平台的运营,同时又不给国家和各级政府增加沉重的资金负担,北京明伦高科科技发展有限公司在长江物流网公共信息平台的运营中总结了"以商养网、平急结合、服务社会、造福人民"的运营思路。通过商业物流公共信息平台数据巧妙地解决了这一难题,如下图所示。

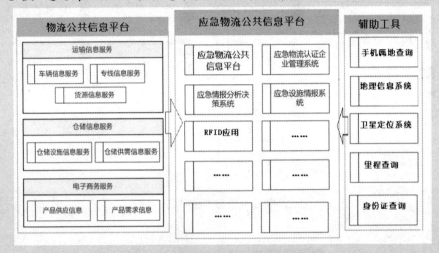

应急物流公共信息平台主要功能与数据交换示意图

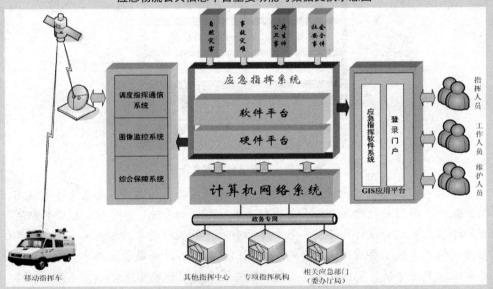

应急物流指挥系统示意图

体系结构:平台采用 B/S 架构,在互联网上运行。平时与国家应急平台、各相关政府部门以及物流行业和企业的相关信息系统互连互通,互相交换数据,并可以通过数据通信系统与各重要运输工具联系,实施监控与调度;在应对突发事件时,联通军队相关物流信息系统,以便于实施军地联动的应急物流调度指挥。

平台由系统硬件、操作系统软件、数据库、各功能子系统以及与外部信息系统的数据交换接口组成,整体结构如下图所示。

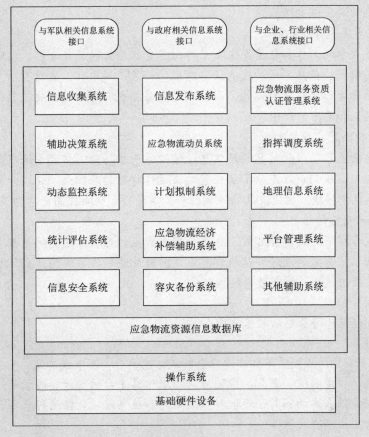

平台整体结构

建设目标：

分为业务目标和技术目标：

1. 业务目标：

(1) 自 2008 年起到 2010 年完成应急物流信息平台建设近期目标,强化信息基础设施建设,形成基本框架,目前已基本完成。

(2) 2011 年起至 2012 年完成应急物流信息平台建设中期目标,基本完成各大物流节点城市物流数据的采集和专用软件的整合,成为应急物流指挥的权威平台,目前正在积极与各地协调、沟通中。

(3) 2018 年全面建成全方位的应急物流指挥决策系统,成为国家应急指挥的重要组成部分。

2. 技术目标：

建设一个完善的应急物流信息平台应具备以下四个方面的内容：

(1) 灵敏的预警反应机制。

应急物流产生之前往往会有一些前兆,如在"非典"爆发的初期,深圳市白醋、板蓝根等抗"非典"用品的价格出现非理性上涨。这就给信息系统的预警提供了可能。因此，我们要加强对各种临界指标的研究，使信息系统具有灵敏的预警反应能力，从而为顺利开展应急物流提供主动权。

(2) 规范的应急转换机制。

应急物流大量的工作和信息发生在平时向应急状态转换的接合部，这既是信息保障的重点，也是难点。虽然不同的应急任务对应的信息流的内容、流量有所差别，但是信息系统的展开和运行流程是相似的。因此我们有必要也有可能建立规范的信息保障转换机制，防止混乱和无序的产生。

(3) 科学的决策处理机制。

提供应急物流各环节的信息只是信息保障的第一层功能，信息系统应更广泛地参与到决策处理中来。我们应在充分了解应急物流运作原理的基础上，通过分析大量的数据和信息，建立优化模块，优化应急物流流程和日常管理，从而提高应急物流的保障效率。

(4) 及时的反馈评估机制。

应急物流各环节运行是否有效，有无瓶颈或短板的存在，这些问题都有待于作出及时、正确的回答。有效的反馈评估机制可以适时地反映物流系统的薄弱环节，从而为及时改正错误、改进流程、提高效率提供可能。

建设原则：

建设原则包括业务原则和技术原则：

1. 业务原则

(1) "以商养网"原则。单独建设应急物流信息平台，不仅成本高，而且缺乏动态的物流运行数据，作用有限。因此，中国应急物流信息平台的设计和运营必须和商业信息平台合作，在降低成本的同时，还能对物流信息和应急基础数据进行采集，作为应对突发事件时的物流指挥决策依据。

(2) "平急结合"原则。长江物流网等在日常作为商业运营平台，一旦遇到突发情况通过中国应急物流信息平台则可快速形成应急物流保障方案，为政府应急采购与物流运作提供支持，减轻和降低突发事件带来的影响和损失。

(3) "平战结合"原则。应急物流和军事物流二者都是在特殊条件下进行的物流活动，都具有时间紧、任务重、难度大、要求高的突出特点。本平台在需要时还可为军队提供相应服务。

(4) 标准化原则：标准化原则是指系统致力于推动应急物流行业的信息化标准，所有在本系统中交换的数据都是基于标准的。

2. 技术原则

(1) 系统性原则。

现代物流的最终目标是要达到人流、物流、资金流和信息流的最佳融合，一个单一的信息系统是难以完成这项任务的。因此物流信息化的过程必须贯穿系统化原则，将信息系统建设与指挥、采购、配送、仓储系统通盘考虑，达到信息的无缝链接。应急物流是常规物流的特殊形态，其信息保障同样要求满足系统化要求。

(2) 兼容性原则。

一是由于应急物流系统中各成员企业本身都有一套信息管理的系统以保证各自正常

作业的实现，因此，信息平台应具有容纳兼容各系统的能力，实现相互间的无缝连接。二是应急物流信息系统在非常时期的扩充和使用必须有法可依，依法实行。国家动员法律的完善，必须将企业信息设施的动员和征用加以明确规定。

(3) 社会性原则。

首先，应急物流通常是国家或者社会非营利性机构组织的社会活动，整个过程大都是在社会大环境中完成的，因此其信息系统建设必须以社会公共信息平台为基础。其次，应急物流是临时性的行为，单纯地建立专门为应急物流服务的信息系统既不经济也没必要，因此应急物流信息系统的建设必须依托于社会现有力量。再次，高效的物流必然要走专业化道路，相应的信息保障应当交给社会上的专门机构去处理。

(4) 经济性原则。

为确保完成应急物流系统的目标，应急物流往往是高成本甚至不计成本运作的。但这并不是应急物流的本质属性，物流的本质追求是降低成本、提高效率。因此应急物流信息系统的设计必须自始至终贯穿经济性的理念，这既是信息系统运行的目标，也是应急物流信息系统自身建设过程中应遵循的原则。

服务对象：
1. 政府应急管理部门
2. 军队应急机构
3. 高校和科研院所
4. 物流企业
5. 应急产品供应商
6. 专家学者
7. 其他

**中国应急物流平台建设、应用情况**

根据规划，中国应急物流信息平台中门户网站及部分功能已顺利完成，中国应急物流网已于 2010 年 6 月正式上线。通过一年多的运营，已与国家应急办、发改委、民政部、卫生部、铁道部、国家地震局、红十字会以及主要省市应急办网站进行了链接，发布有关应急动态及相关资讯近 30000 条，日访问量 5000 左右 IP；同时，长江物流网、三江物流网、神华大物流网等区域性物流信息平台及大型企业集团的物流平台已开始与中国应急物流网进行数据对接；车辆监控系统对数十家运输企业开通了车辆监控、查询功能，预计年底将能监控一万辆以上的货运车辆。中国应急物流网已成为我国应急物流领域的权威网站。

目前中国应急物流网已开通的功能和应用情况介绍如下：

(一)功能介绍

1. 应急物流信息管理子系统：信息管理是应急物流的灵魂，中国应急物流网通过使用计算机技术、通信技术、网络技术和 RFID 电子标签等手段，加快了物流信息的处理和传递速度，使现在的各种物流企业从单一的储运功能向综合物流转变，从一般化服务转变到满足个性化服务需求，从局域化竞争布局向国际化竞争布局转化。

2. 应急物流会员管理子系统：为会员提供行业资讯、企业商铺、产品展示、供求信息、人才招聘、会展信息、应急物流电子杂志、网站广告、网上投稿、下载应急物流学术资源和装备技术资料等服务。

3. 物流企业应急能力管理子系统：一方面发挥物流商业信息平台的功能，为物流企业提供业务推广服务；另一方面，将与通过认证的优秀企业形成战略合作关系，进行常态下的物流信息和基础数据采集工作，以便在紧急状态下与国家有关部门、军队等协同应对突对事件。

4. 应急物流知识库子系统：提供学术研究成果、典型案例研究、装备技术信息和科普知识等服务。是了解业内动态和学习研究成果的知识平台。

5. 应急物流培训子系统：提供物流师、采购师认证的全面信息，同时介绍各地各部门的培训情况，并开展远程教育服务。

6. 应急物流专家子系统：行业发展的"智囊"团队，由军、政、企、学、研等各方权威专家和知名人士组成，是转变行业发展方式、促进应急物流信息化和协助企业发展的智力依托。

7. 应急物流电子商务子系统：实现应急物流平台的商业功能，是会员和相关企业经贸洽谈、项目合作的平台，也是维持应急物流网运营、实现"以商养网"目的的载体。

8. 应急物流监控子系统：为确保应急物流数据的真实有效，特别是运输车辆的数据的真实性，同时也为应急物流国家标准的推广、实施作准备，专委会在应急物流信息网中将GPS、北斗等定位系统与GIS相结合，对物流企业应急能力的运输情况实行实时监控，不但促进物流企业的商业运营，同时还可以对物流企业的商业运营数据进行采集、分类、整理、筛选、汇总，从而建立动态物流数据库，保证在应急状态下提供最可靠的物流决策数据。目前，与中国应急物流网联合运营的长江物流网，其商业运营数据的采集工作已经开展。

此外，中国应急物流网还设计了会展和人才等子系统，提供业内会展活动资讯和人才招聘服务。

(二) 网站作用：

中国应急物流网本着"平灾"结合的运营思路：平时作为商业信息平台运营，灾时作为应急物流信息平台。因此，在"平时"和"急时"分别发挥不同作用：

1. 平时

能够对地方物流企业应急能力有效实施服务资质的认证与管理，有助于建立规范的物流企业应急能力管理与动员机制。

能够收集、整理、挖掘、分析、汇总和统计地方应急物流资源信息，建立应急物流资源信息数据库，确保各类数据的准确、真实和有效。

通过地理信息等相关系统，能够收集道路交通、加油站等各种与物流密切相关的信息。

具有动态物流信息发布、政策宣传、应急产品和最新科技介绍宣传等功能，为社会提供相关物流信息服务，提高物流信息化建设水平。

通过建立应急物流的各种模型，能够为实施处置突发事件演习提供辅助指挥决策支持，为制定和优化各类应急预案提供参考。

2. 急时：

(1) 能够快速实施"平转急"，由国家应急管理相关机构控制管理，联通军地相关信息系统，迅速建立顺畅的应急物流信息通道，提高应急物流动员的速度和效率。

(2) 能够依托平时建立的应急物流资源信息数据库，为国家应急管理相关机构提供真实可靠的社会和军队应急物流信息数据，为应急决策提供支持。

(3) 能够有效整合军地物流资源，提供高效的物流调度指挥和管理工具，提高应急物流效率；同时对整个应急物流过程进行监控和记录，建立应急物流行动记录数据库。

(4) 通过对应急物流行动记录数据库进行分析，能够评估应急物流行动的效果，总结提炼相关事例和经验；同时，为实施应急物流经济补偿提供可靠依据并建立相应的信息渠道，为加强物流企业应急能力服务资质认证管理提供有效手段。

(5) 平台还可与应急物流指挥中心、地震、气象、卫生防疫、环保、交通等部门保持密切的联系，在需要时，可对外准确、及时、完备地发布政府公告和灾害、气象、交通等方面的最新动态以及应急物资的价格和需求情况等各方面的信息，使公众得到最新、最快、最可靠的应急物流信息。

**体会**

(一)填补了中国应急物流信息化的空白

分析近几年来国家应急救灾情况，出现问题的最主要环节是信息问题。信息不畅，一方面表现在不明确灾区需要什么、需要多少；另一方面，是灾区需要的物资在什么地方有，有多少，如何合理调配、运输。信息的缺失造成部分急需产品无法及时运抵灾区，影响到救灾工作；与此同时，部分物资大量积压，造成浪费。虽然有关部门早就建有应急救灾物资库，同时也有相应的信息管理平台，但由于部门利益等原因，这些平台一方面不能对外开放，同时又具有较大的局限性。应急救灾是一个复杂的系统工程，涉及部门多、范围广，但在时间、物资、数量等方面存在不确定性，仅靠某部门的数据很难支持应急救灾决策工作。经常发生社会上大量资源在关键的时候不能得到调用，造成闲置、浪费。在此情况下，明伦高科建设了中国应急物流信息网这一平台并正在建设成为跨部门、跨地域的统一高效平台，从而适时填补了中国应急物流信息化方面的空白。

(二)以商养网思路解决了社会团体开展工作的资金难题

中国物流与采购联合会应急物流专委会作为社会团体开展应急物流方面的工作，存在着人手少，资金短缺等困难。而应急物流信息化平台建设，不仅需要建立大量信息化系统，同时平台的推广和应用，需要大量的人力、物力和财力的支持，才有可能得到长足发展。明伦高科以高度的社会责任感，主动承担建设任务，并将日常长江物流网等商业平台运营中产生的利润来支持中国应急物流网的建设和运营，较好地解决了专委会这样的社会团体在开展工作的过程中存在的资金难题。

(三)平急结合模式创新了应急数据采集方式

按以往惯例，物资及车辆数据都是定期逐级申报。但由于这些数据都是动态的，在突发需要时，原来统计的数据大多已经失真而无法应用，造成应急救灾时供需失调的局面。明伦高科在建设中国应急物流网时提出的"平急结合"模式，创新了应急数据采集方式，为应急物流精确指挥提供了可能。由明伦高科开发、运营的长江物流网等商业平台，由于日常运营中会产生大量客观、真实、有效的物流数据，通过采集、分析、筛选和汇总，就可以很方便地解决应急救灾中需要的物资和运输问题，较好地解决了以往应急救灾无法解决的社会物资和运输车辆问题。该方式方法的全面推广，必将为中国应急物流网提供大量的物流数据，从而保证应急救灾使用。

**经济和社会效益测算：**

(一)经济效益：

多年来，我国应急救灾工作存在人力、物力浪费巨大的现象，如2008年汶川抗震仅接收的社会捐赠物资就达39亿元，国家投入的物资数目更为庞大。如果在救灾物资调运工作中使用物流信息平台，最低以节约5%的费用来计算，则仅社会资源一项就可节约近2亿元，因此中国应急物流网的应用和推广，每年将为国家节约大量资金。

(二)社会效益：

(1) 可以帮助政府和军队及时掌握并整合应急资源，提高应急救灾能力，做到快速准确决策和指挥，降低灾区损失，对保证人民生命财产安全和稳定社会发挥积极的作用。

(2) 中国应急物流网的建设和运营可为军民物流一体化建设、加强军队现代化后勤建设提供新模式。

(4) 中国应急物流网可以快速地将传统物流系统的资源转换为应急物流资源，实现快速衔接，方便调度应用。

(5) 通过中国应急物流网对物流信息和基础数据的采集和使用，还可以规范和统一物流信息格式和要求，促进国家物流信息化标准建设工作。

北京明伦高科科技发展有限公司<br>二〇一一年六月十日

(资料来源：http://60.12.202.163:8012，中国应急物流网)

**思考题**

1. 你对应急物流有什么看法？
2. 建设应急物流公共信息平台的重要性体现在哪些方面？

# 第十章　智慧物流新技术

## 【知识目标】

智慧物流技术。

物流机器人技术。

增强现实技术。

大数据技术的含义。

## 【能力目标】

- 了解智慧物流新技术的应用范围。
- 了解企业对新技术的要求。

## 【素质目标】

树立物流信息技术不断发展的观念和不断创新的意识。

## 引导案例

### 德邦快递黑科技"AR 量方"抢先一步

京东、菜鸟、顺丰等传统大型物流公司不断转型为科技型的物流公司,德邦、圆通、日日顺等物流公司也紧跟脚步不断转型成为科技型的物流企业。

德邦快递率先将 AR、人工智能、云计算、大数据等前沿技术引入一线应用场景中。拍张照片就能自动计算出货物的体积、坐在电脑前就能完成远程货物的调度、通过手机就能查看快递员的实时动向,这些曾是科幻电影里的画面,如今在德邦快递手中变为了现实。

AR 量方:拍张照就能智能计算物品体积

对于一线快递员来说,有一项烦琐但又必不可少的工作,那就是测量物品体积。快递员收货时,要自备卷尺,测量出货物的长宽高,然后手工计算出体积,手动录入系统。如果货物的外包装不规则,那就只能"目测"了。来自德邦快递的一线数据显示,通常情况下,快递员完成这些操作,平均用时 28 秒,如下图所示。

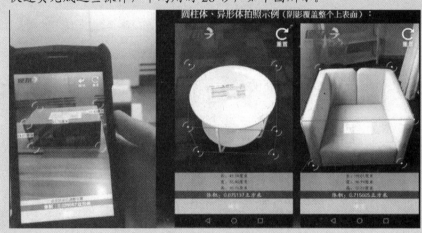

拍张照片,就能自动计算货物体积

该产品异方科技在 2019 年上海亚洲物流双年展时曾展出过,产品为全球首款"GS100——移动手持测量 PDA"。通过新技术,新款 GS100 实现了智能设备和算法软件的完美融合,借助 PDA 设备植入,仅为手机大小,口袋式便携,拍照后即可在一秒内获取货物体积,并同步存档。此外利用外设接口,一键上传货物数据信息至云端,提供了智能化物流的解决方案。今后在物流线最前端使用 Goodscan100 PDA 测量体积数据,实现"物流信息前置",将为后端运输配载节省大量时间空间,极大地提升了物流效率。

AR(增强现实)技术兴起后,德邦快递率先将其引入快递员的手持设备中,使其可以自动测量和计算货物的体积,并自动录入系统。经过德邦快递小哥的测试,不管货物是否规则,只要通过手持设备,拍张照片,货物的体积就会自动计算并录入系统,平均节省了近一半的时间。

> 除了测量体积之外，德邦快递还将 AR 应用领域进一步拓宽，比如 AR 自动下单、AR 快速开具发票、AR 快速识别地址、AR 快速自动扫描，所有这些功能的引入，让德邦快递的运营和管理效率大幅提升。
>
> (资料来源：http://wemedia.ifeng.com/65278136/wemedia.shtml)

讨论：

什么是 AR 技术，它与智慧物流是什么关系？

# 任务一　智慧物流技术应用方向及趋势

## 一、智慧物流技术的内涵

### 1. 含义

智慧物流是指通过智能硬件、物联网、大数据等智慧化技术与手段，提高物流系统分析决策和智能执行的能力，提升整个物流系统的智能化、自动化水平。根据中国物流与采购联合会数据，当前物流企业对智慧物流的需求主要包括物流数据、物流云、物流设备三大领域，2016 年智慧物流市场规模超过 2000 亿元，到 2025 年，智慧物流市场规模将超过万亿元。

### 2. 智慧物流市场发展趋势

智慧物流数据服务市场(形成层)：处于起步阶段，其中占比较大的是电商物流大数据，随数据量积累以及物流企业对数据的逐渐重视，未来物流行业对大数据的需求前景广阔。

智慧物流云服务市场(运转层)：基于云计算应用模式的物流平台服务在云平台上，所有的物流公司、行业协会等都集中整合成资源池，各个资源相互展示和互动，按需交流，达成意向，从而降本增效。

智慧物流设备市场(执行层)：是智慧物流市场的重要细分领域，包括自动化分拣线、物流无人机、冷链车、二维码标签等各类智慧物流产品。

## 二、智慧物流技术应用方向

智慧物流技术的应用方向如图 10-1 所示。

### (一)仓内技术

仓内技术主要有机器人与自动化分拣、可穿戴设备、无人驾驶叉车、货物识别四类技术，当前机器人与自动化分拣技术已相对成熟，得到广泛应用，可穿戴设备目前大部分处于研发阶段，其中智能眼镜技术进展较快。以下仅具体说明机器人与自动化技术与可穿戴设备。

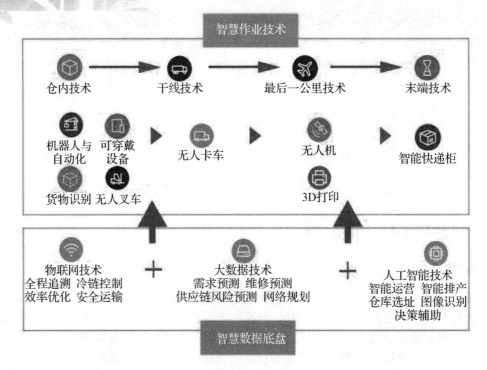

图 10-1 智慧物流技术的应用方向

1) 机器人与自动化技术

仓内机器人包括 AGV(自动导引运输车)、无人叉车、货架穿梭车、分拣机器人等，主要用在搬运、上架、分拣等环节。国外领先企业应用较早，并且已经开始商业化，各企业将把机器人的应用深入推进。

2) 可穿戴设备

此项技术当前仍然属于较为前沿的技术，在物流领域可能应用的产品包括免持扫描设备、现实增强技术-智能眼镜、外骨骼、喷气式背包，国内无商用实例，免持设备与智能眼镜小范围由 UPS、DHL 应用外，其他多处于研发阶段。整体来说离大规模应用仍然有较远距离。智能眼镜凭借其实时的物品识别、条码阅读和库内导航等功能，可提升仓库工作效率，未来有可能被广泛应用。

(二)干线技术

干线运输主要是无人驾驶卡车技术。无人驾驶卡车将改变干线物流现有格局，目前尚处于研发阶段，但已取得阶段性成果，正在进行商用化前测试，无人驾驶乘用车技术已经取得了阶段性成果，目前多家企业开始了对无人驾驶卡车的探索。由多名 Alphabet 前高管成立 Otto，研发卡车无人驾驶技术，核心产品包括传感器、硬件设施和软件系统，目前已经进入测试阶段，虽然公路无人驾驶从技术实现到实际应用仍有一定距离，但从技术上看，发展潜力非常大，未来卡车生产商将直接在生产环节集成无人驾驶技术。

目前，无人驾驶主卡车主要由整车厂商主导，如戴姆勒等，但也有部分电商、物流企业正尝试布局。

### (三)最后一公里技术

最后一公里相关技术主要包括无人机技术与 3D 打印技术两大类。无人机技术相对成熟，其凭借灵活等特性，预计将成为特定区域未来末端配送的重要方式。3D 技术尚处于研发阶段。

1) 无人机

无人机技术已经成熟，主要应用在人口密度相对较小的区域如农村配送，中国企业在该项技术具有领先优势，且政府政策较为开放，制定了相对完善的无人机管理办法，国内无人机即将进入大规模商业应用阶段。未来无人机的载重、航时将会得到不断突破，感知、规避和防撞能力有待提升，软件系统、数据收集与分析处理能力将不断提高，应用范围将更加广泛。

2) 3D 打印

3D 技术对物流行业将带来颠覆性的变革，但当前技术仍处于研发阶段，美国 Stratasvs 和 3D Systems 两家企业占绝大多数市场份额。未来的产品生产至消费的模式将是"城市内 3D 打印+同城配送"，甚至是"社区 3D 打印+社区配送"的模式，物流企业需要通过 3D 打印网络的铺设实现定制化产品在离消费者最近的服务站点生产、组装与末端配送的职能。

### (四)末端技术

末端新技术主要是智能快递柜。目前已实现商用(主要覆盖一、二线城市)，是各方布局重点，但受限于成本与消费者使用习惯等问题，未来发展存在不确定性。

智能快递柜技术较为成熟。已经在一、二线城市得到推广，包括顺丰为首的蜂巢、菜鸟投资的速递易等一批快递柜企业已经出现，但当前快递柜仍然面临着使用成本高、便利性智能化程度不足、使用率低、无法当面验货、盈利模式单一等问题。

### (五)智慧数据底盘技术

数据底盘主要包括物联网、大数据及人工智能三大领域。物联网与大数据分析目前已相对成熟，在电商运营中得到了一定应用，人工智能相对还处于研发阶段，是未来各家研发的重点。物联网技术与大数据分析技术互为依托，前者为后者提供部分分析数据来源，后者将前者数据进行业务化，而人工智能则是大数据分析的升级。三者都是未来智慧物流发展的重要方向，也是智慧物流能否进一步迭代升级的关键。

#### 1. 大数据技术

大数据已经成为众多企业重点发展的新兴技术，多家企业已成立相应的大数据分析部门或团队，进行大数据分析、研究、应用布局，各企业未来将进一步加强对物流及商流数据的收集、分析与业务应用。

大数据技术主要有以下四个物流应用场景。

(1) 需求预测：通过收集用户消费特征、商家历史销售等大数据，利用算法提前预测需求，前置仓储与运输环节。目前已经有了一些应用，但在预测精度上仍有很大提升空间，需要扩充数据量，优化算法。

(2) 设备维护预测：通过物联网的应用，在设备上安装芯片，可实时监控设备运行数据，并通过大数据分析做到预先维护，增加设备使用寿命。随着机器人在物流环节的使用，这将是未来应用非常广的一个方向。

(3) 供应链风险预测：通过对异常数据的收集，进行如贸易风险、不可抗因素造成的货物损坏等进行预测。

(4) 网络及路由规划：利用历史数据、时效、覆盖范围等构建分析模型，对仓储、运输、配送网络进行优化布局，如通过对消费者数据的分析，提前在离消费者最近的仓库进行备货。甚至可实现实时路由优化，指导车辆采用最佳路由线路进行跨城运输与同城配送。

### 2．人工智能技术

人工智能技术主要由电商平台推动，尚处于研发阶段，除图像识别外，其他人工智能技术距离大规模应用仍有一段时间。

人工智能技术主要有以下五个物流应用场景。

(1) 智能运营规则管理：未来将会通过机器学习，使运营规则引擎具备自学习、自适应的能力，能够在感知业务条件后进行自主决策。如未来人工智能将可对电商高峰期与常态不同场景订单依据商品品类等条件自主设置订单生产方式、交付时效、运费、异常订单处理等运营规则，实现人工智能处理。

(2) 仓库选址：人工智能技术能够根据现实环境的种种约束条件，如顾客、供应商和生产商的地理位置、运输经济性、劳动力可获得性、建筑成本、税收制度等，进行充分的优化与学习，从而给出接近最优解决方案的选址模式。

(3) 决策辅助：利用机器学习等技术来自动识别场院内外的人、物、设备、车的状态和学习优秀的管理和操作人员的指挥调度经验和决策等，逐步实现辅助决策和自动决策。

(4) 图像识别：利用计算机图像识别、地址库、合卷积神经网提升手写运单机器有效识别率和准确率，大幅度地减少人工输单的工作量和差错可能。

(5) 智能调度：通过对商品数量、体积等基础数据分析，对各环节如包装、运输车辆等进行智能调度，如通过测算百万 SKU 商品的体积数据和包装箱尺寸，利用深度学习算法技术，由系统智能地计算并推荐耗材和打包排序，从而合理安排箱型和商品摆放方案。

# 任务二　物流中的增强现实技术

## 一、AR 增强现实技术

增强现实(Augmented Reality，简称 AR)就是通过为真实的环境增加一层计算机生成的信息，从而对物理现实进行信息的扩展。增强现实技术不仅仅是一个简单的显示技术，它也是一种人机互动的新形式,它可为你看到的任何实物增加额外的有价值的信息,将真实世界信息和虚拟世界信息"无缝"集成,目标是在屏幕上把虚拟世界套在现实世界并进行互动。

增强现实技术包含了多媒体、三维建模、实时视频显示及控制、多传感器融合、实时跟踪及注册、场景融合等新技术与新手段,不仅展现了真实世界的信息,而且将虚拟的信息同时显示出来,两种信息相互补充、叠加。用户利用头盔显示器或 AR 眼镜,把真实世界与电脑图形多重合成在一起,便可以看到真实的世界围绕着它,将虚拟的信息应用到真实世界,被人类感官所感知,从而达到超越现实的感官体验。

应用举例:小明的车在上班途中发生了故障,按照以前他只能够打救援电话,慢慢地等待遥远的救援。有了 AR 技术小明只要戴上 AR 眼镜,启动汽车修理程序,然后把眼镜对准汽车,AR 眼镜就可以一边检查汽车,一边告诉小明应该如何来行动。小明同学用了 10 分钟就让汽车重新启动,这就是增强现实技术,如图 10-2 所示。Foodtracer 是这一类 AR 应用的典型产品,特别适合对某些食物过敏或者特别在意食材营养含量的人群。当把手机镜头对准各种食材,屏幕上的每种食材,会自动显示出其大致的成分和含量、过敏原信息等,如图 10-3 所示。

图 10-2　AR 眼镜检查汽车

图 10-3　Foodtracer 应用

## 二、AR 增强现实系统组成

一个完整的增强现实系统是由一组紧密联结、实时工作的硬件部件与相关的软件系统协同实现的，常用的有如下三种组成形式。

### (一)Monitor-Based

在基于计算机显示器的 AR 实现方案中，将摄像机摄取的真实世界图像输入到计算机中，与计算机图形系统产生的虚拟景象合成，并输出到屏幕显示器。用户从屏幕上看到最终的增强场景图片。它虽然简单，但不能带给用户多少沉浸感。Monitor-Based 增强现实系统实现方案如图 10-4 所示。

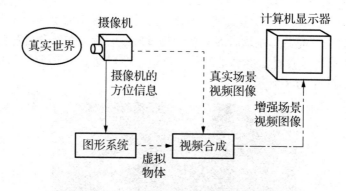

图 10-4　Monitor-Based 增强现实系统

### (二)光学透视式

头盔式显示器(Head-mounted displays，HMD)被广泛应用于虚拟现实系统中，用以增强用户的视觉沉浸感。增强现实技术的研究者们也采用了类似的显示技术，这就是在 AR 中广泛应用的穿透式 HMD。根据具体实现原理又可划分为两大类，分别是基于光学原理的穿透式 HMD(Optical See-through HMD)和基于视频合成技术的穿透式 HMD(Video See-through HMD)。光学透视式增强现实系统实现方案如图 10-5 所示。光学透视式增强现实系统具有简单、分辨率高、没有视觉偏差等优点，但它同时也存在着定位精度要求高、延迟匹配难、视野相对较窄和价格高等不足。

### (三)视频透视式

视频透视式增强现实系统采用的是基于视频合成技术的穿透式 HMD(Video See-through HMD)，实现方案如图 10-6 所示。

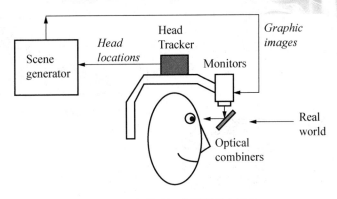

图 10-5　光学透视式增强现实系统

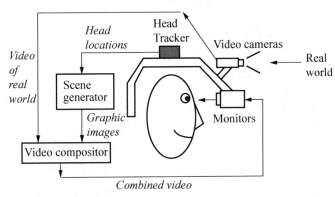

图 10-6　视频透视式增强现实系统

## 三、AR 增强现实技术原理

AR 从其技术手段和表现形式上，可以明确分为两类：一是 Vision Based AR，即基于计算机视觉的 AR；二是 LBS Based AR，即基于地理位置信息的 AR。

Vision based AR 基于计算机视觉的 AR 是利用计算机视觉方法建立现实世界与屏幕之间的映射关系，使我们想要绘制的图形或是 3D 模型如同依附在现实物体上一般展现在屏幕上，本质上来讲就是要找到现实场景中的一个依附平面，然后再将这个三维场景下的平面映射到我们二维屏幕上，然后再在这个平面上绘制你想要展现的图形。

LBS-Based AR 其基本原理是通过 GPS 获取用户的地理位置，然后从某些数据源(比如 wiki，google)等处获取该位置附近物体(如周围的餐馆、银行、学校等)的 POI 信息，再通过移动设备的电子指南针和加速度传感器获取用户手持设备的方向和倾斜角度，通过这些信息建立目标物体在现实场景中的平面基准。这种 AR 技术利用设备的 GPS 功能及传感器来实现，摆脱了应用对 Marker 的依赖，用户体验方面要比 Marker-Based AR 更好，性能方面也好于 Marker-Based AR 和 Marker-Less AR，因此对比 Marker-Based AR 和 Marker-Less AR，LBS-Based AR 可以更好地应用到移动设备上。

AR 通过实景捕捉、实景识别、实景处理、实景增强四个步骤把现实变成增强现实，如图 10-7 所示。

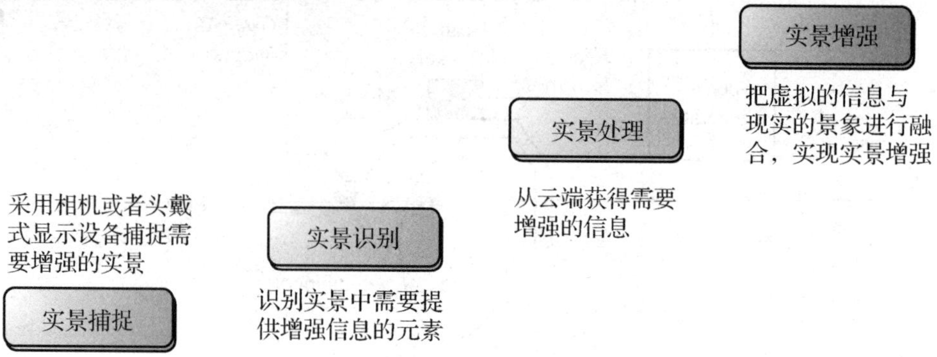

```
       实景捕捉  →  实景识别  →  实景处理  →  实景增强
采用相机或者头戴     识别实景中需要提   从云端获得需要   把虚拟的信息与
式显示设备捕捉需     供增强信息的元素   增强的信息      现实的景象进行融
要增强的实景                                        合，实现实景增强
```

图 10-7　AR 通过四个步骤把现实变成增强现实

## 四、AR 增强现实的应用领域

### (一)体育娱乐与游戏领域

增强现实的发展，对于娱乐业有着极大影响。增强现实产生的三维虚拟事物，能够增强我们的娱乐感触，将各种娱乐变成当今最前沿的科技体验。

增强现实目前常用于体育赛事的电视转播中。比如在美国橄榄球比赛的电视转播中，可以获取比赛场上的真实的场地和运动员，添加虚拟黄线表示第一次进攻线，通过增强现实的技术可以将虚拟的黄线融入真实的场景。而在游泳比赛的电视转播中，水道之间常常被加上一些虚拟的线条，用于显示当前比赛中运动员的位置；而比赛结束时的标示也可以清楚地显示运动员的名次和成绩。这些增强现实技术在体育运动转播中的运用，给能观众更清晰的视角，更全面立体的分析，更优质的赛事体验。

游戏产业是一个全球性的大行业，而增强现实的技术也一定会被游戏产业应用。索尼公司新推出的游戏平台 PS Vita 就是其中之一。这款移动社交网络平台具有增强现实功能，无论玩家身处何地，他们都能使用当前环境开始游戏，并获得更具有沉浸感的游戏体验。此外，增强现实对于三维会议、社交网络、电影电视、旅游等方面的影响也在逐步增强，交互式电视、交互式电影、实时翻译、方向提示等技术的运用也极大地丰富了人们的生活。

### (二)教育领域

AR 技术能够通过对所有物体及场景进行模拟仿真，再投射到现实场景中，让很多抽象难懂的概念内容都变得更直观、清晰。比如通过三维图形或动画以及音频或视觉信息等方式来增强特定内容，实现增强现实图书，能够给平面的纸质书籍注入新的活力。"AR+教育"优点十分多，无论是人机自然的交互性，或是内容酷炫的展示方式都给学校课堂教育带来了创新元素，带来了学习的欢乐。

### (三)修理和维护领域

由哥伦比亚大学的 Steve Henderson 和 Steven Feiner 程序的增强现实维护修理

(ARMAR)程序是增强现实在这一领域的著名应用案例。ARMAR 科技把计算机图案定位在需要维护的真实设备上,从而提高机械维护工作的效率以及安全性和准确性。增强现实辅助维修技术,能够使工程师尽快地确定故障位置,并开始修理工作,极大地减少工作消耗的时间。

此外,数字化的用户指南手册,采用增强现实技术,可将手册的文本和图片叠加显示在真实的设备上,让指南手册更容易理解。

### (四)医学领域

传统方法中,医生依靠 X 射线、CT、核磁共振和其他的成像技术,配合他们自身的知识和经验来了解患者的身体并制定手术方案,然而,这类技术并不完善。例如 X 射线,可能会歪曲器官并扭曲实际的身体,并且这一类成像都是 2D 图像,只有经过大量的学习和经验才能分辨其所表达的空间关系。AR 技术可以帮助医生在手术过程中实时获取各种必要的信息,包括 MRI(核磁共振)和 CT 等影像设备的检查结果,这样在手术过程中遇到不确定的情况时,医生们可以更精确地及时调整手术方案。

### (五)商业贸易领域

目前在广告牌、海报以及一些汽车广告方面,都已经使用了增强现实的技术。而在百货公司增强现实技术的应用,可以让购物者不用拿起实体,便可以体验尝试各种商品,如 Uniqlo 的魔镜,顾客站在魔镜前,可以变换选择的衣服的颜色,以看到哪个颜色更适合顾客的品位。不仅如此,像是肯德基、麦当劳、宝马、奔驰等巨头企业,都在尝试利用 AR 应用技术进行营销和推广。

## 五、AR 增强现实在物流中的应用

物流行业关键点也就是在于仓(仓储)、干(干线运输)、配(终端配送)、网(物流网络)的四位一体。以下将会从这四个方面分析 AR 增强现实在物流行业的应用。

### (一)AR 技术在仓储中的应用

随着科技的不断进步,市场环境的不断变化,仓库规划需要持续地改进,以满足商业的需求。我们熟悉了用 CAD 或者 Sketchup 来设计仓库,效率低,而且有时候设计的东西在仓库里会摆放不下,在 AR 的帮助下,工程师在仓库里进行仓库布局调整,调整结束后,直接出来三维仓库模拟图纸,仓库设计效率会因此极大地提升。

在仓库作业中,最难的在于拣货和复核。因此我们可以看到很多技术在拣货作业中应用,拣货的技术从 Pick by paper(按纸质拣货单拣货)、Pick by RF(用无线射频枪拣货)、pick to light(电子标签拣货)、Pick to voice(声音拣货),AR 技术的使用使 Pick by vision(目光拣货)成为可能。AR 技术的使用解决了 Pick to voice 的口音不能够拣货的问题。

AR 技术通过箭头导航到你相应的拣选货位,准确显示你需要拣选的数量,待完成拣选后,手在空中一挥,就确认完成了拣货,AR 技术使拣货工作流程变得更简单。通过

AR 技术拣选效率会大大提升，拣选错误率会大大降低。如图 10-8 所示。

图 10-8　AR 技术在仓储中的应用

### (二)AR 在干线运输中的应用

在运输装载过程中，有两个重要的决策，一是运输的配载，二是根据运输的线路决定装载的先后次序。有了 AR 技术和后台运算的帮助，可以优化运输的配载和装载的先后顺序。如在待装载区，AR 可以帮助装卸员确定哪个货物应该装载哪辆卡车中，同时能够帮助装卸员决定哪个托盘先装，哪个托盘后装。这样可以大大地提高员工的装卸效率和准确率。

### (三)AR 技术在终端配送中的应用

在运输过程中，通过 AR 增强现实技术可以优化配送的路线，实时显示路况。每次看到快递员从几百个包裹中寻找一个目标包裹，都会觉得困难重重。有了 AR 技术，带着 AR 眼镜，扫描包裹中的标签，就能迅速识别那个该送达的包裹，可以极大地提高快递员的配送效率。

### (四)AR 技术在物流网络中的应用

AR 眼镜上的摄像头可以不间断地扫描任何可见的二维码或条形码，并以 3D 图层的方式显示其信息，例如这是什么货物，什么时间入库的，最终要送到什么地方去，急需程度高低等。所有图层的前后显示位置均可以由眼镜佩戴者调整，这样就可使出错率得到有效的控制，作业效率得以大大的提升。

## 任务三　物流机器人

### 一、物流机器人

物流机器人目前在物流仓储中最广泛的应用应该是智能拣选/搬运/分拣，通过机器人搬运货架实现自动化仓储作业。从原来的"人到货"转变为现在的"货到人"，是一种非常先进的生产作业方式，大大提高了仓储作业效率，降低了人工成本。

智能拣选和智能搬运的机器人通常都是使用二维码导航，特别是最近新推出的 SLAM 导航机器人其运行方式更加灵活，可以实现完全无轨导航，成为柔性的输送带，代替传统的输送线。

物流机器人是指应用于仓库、分拣中心以及运输途中等场景进行货物转移、搬运等操作的机器人。近年来，机器人产业发展已成为智能制造中重要的一个方向。为了扶持机器人产业发展，国家陆续出台多项政策。其中，物流机器人受益最多。

随着物流市场的快速发展，物流机器人的应用加速普及。在不同的应用场景下，物流机器人可以分为 AGV 机器人(见图 10-9)、码垛机器人、分拣机器人、搬运机器人(见图 10-10)等。

图 10-9　AGV 机器人

图 10-10　搬运机器人

## 二、物流机器人的组成部分

从最基本的层面来看，人体包括五个主要组成部分，机器人也是如此，当然人类还有一些无形的特征，如智能和道德，但在纯粹的物理层面上，机器人基本都已具备。

机器人的组成部分与人类极为类似。一个典型的机器人有一套可移动的身体结构、一部类似于马达的装置、一套传感系统、一个电源和一个用来控制所有这些要素的计算机"大脑"。从本质上讲，机器人是由人类制造的"动物"，它们是模仿人类和动物行为的机器。

机器人的定义范围很广，大到工厂服务的工业机器人，小到居家打扫机器人。按照目前最宽泛的定义，如果某样东西被许多人认为是机器人，那么它就是机器人。许多机器人专家(制造机器人的人)使用的是一种更为精确的定义。他们规定，机器人应具有可重新编程的大脑(一台计算机)，用来移动身体。

### (一)可重新编程的大脑

机器人与其他可移动的机器(如汽车)的不同之处在于它们的计算机要素。许多新型汽车都有一台车载计算机，但只是用它来做微小的调整。驾驶员通过各种机械装置直接控制车辆的大多数部件。而机器人在物理特性方面与普通的计算机不同，它们各自连接着一个身体，而普通的计算机则不然。

机器人的计算机可以控制与电路相连的所有部件。为了使机器人动起来，计算机会打开所有需要的马达和阀门。大多数机器人是可重新编程的。如果要改变某部机器人的行为，您只需将一个新的程序写入它的计算机即可。

### (二)可以移动的身体

几乎所有机器人都有一个可以移动的身体。有些拥有的只是机动化的轮子，而有些则拥有大量可移动的部件，这些部件一般是由金属或塑料制成的。与人体骨骼类似，这些独立的部件是用关节连接起来的。

机器人的轮与轴是用某种传动装置连接起来的。有些机器人使用马达和螺线管作为传动装置；另一些则使用液压系统；还有一些使用气动系统(由压缩气体驱动的系统)。机器人可以使用上述任何类型的传动装置。

### (三)能量源

机器人需要一个能量源来驱动这些传动装置。大多数机器人会使用电池或墙上的电源插座来供电。此外，液压机器人还需要一个泵来为液体加压，而气动机器人则需要气体压缩机或压缩气罐。

### (四)传动装置

所有传动装置都通过导线与一块电路相连。该电路直接为电动马达和螺线圈供电，并操纵电子阀门来启动液压系统。阀门可以控制承压流体在机器内流动的路径。比如说，如果机器人要移动一只由液压驱动的腿，它的控制器会打开一只阀门，这只阀门由液压泵通向腿上的活塞筒。承压流体将推动活塞，使腿部向前旋转。通常，机器人大多使用可提供双向推力的活塞，以使部件能向两个方向活动。

### (五)传感系统

并非所有的机器人都有传感系统。很少有机器人具有视觉、听觉、嗅觉或味觉等功能。机器人拥有的最常见的一种感觉是运动感,也就是它监控自身运动的能力。在标准设计中,机器人的关节处安装着刻有凹槽的轮子。在轮子的一侧有一个发光二极管,它发出一道光束,穿过凹槽,照在位于轮子另一侧的光传感器上。当机器人移动某个特定的关节时,有凹槽的轮子会转动。在此过程中,凹槽将挡住光束。光学传感器读取光束闪动的模式,并将数据传送给计算机。计算机可以根据这一模式准确地计算出关节已经旋转的距离。计算机鼠标中使用的基本系统与此相同。

以上这些是机器人的基本组成部分。

## 三、物流机器人工作原理

物流自动化机器人完成的每一道程序,都会带来人力成本的下降和工作效率的提高。目前在仓库中,机器人主要可以在分拣、搬运、堆垛等方面代替人工。

### (一)自动识别

不同类型的分拣机器人无论外形如何,都带有图像识别系统,通过磁条引导、激光引导、超高频RFID引导以及机器视觉识别技术,分拣机器人可以自动行驶,"看到"不同的物品形状之后,机器人可以将托盘上的物品自动运送到指定的位置。

自动分拣机器在接受运送指令后,通过视觉扫描技术,可以按照商品的品种、材质、重量以及发往的地点进行快速的分类,然后将货物送到指定的货架上或出货站台处。与此同时,机器人也可以在最短时间内将货架上的商品配送到不同的站台向外运输。这样便可以极大缩短快递发货周期,提高服务水平。

拥有自动高效等优势的智能技术正成为快递企业关注的热点,而有一项技术可使机器人在快递界大展拳脚,这就是"视觉识别"。

### (二)自动条码扫描

应用自动化的条码技术,工作人员只需扫描商品上的条形码,将相关信息输入到分拣系统中,分拣机器人便会接收到指令,判断商品将会进入到哪一个分拣的区域中。这一项技术的核心在于分拣系统的控制装置,它可依据商家或货主提供的商品材质、重量等因素进行信息分类,发出分拣要求,机器人便会将商品运送到各分类区域。快递企业采用这种基于视觉识别的形状识别技术使工作效率不断提高,不仅可以节省空间,也可以提高商品向外配送的速度。

### (三)自动化数量检测

网络购物作为一种隐形的购物方式,及时补充货源,满足客户的需要是十分重要的。分拣机器人不仅仅可以对商品自动分类,还可以对仓库内的数据信息进行检测。为了及时了解库存,应对突发断货事件,快递企业可以通过自动分拣系统了解向外输送商品的数量、库存、客户退还等信息,从而为了解市场行情提供准确数据,还可以使快递公司和供货商之间形成更为科学的供货机制,提高双方业绩。

### (四)自动形状识别

对于不同的快递物品而言,最明显的特征就是"形状"。所以,基于视觉识别的形状识别技术,在快递企业分拣中发挥了巨大的作用。这种专门针对形状识别的技术能够促使工作效率不断提高。分拣机器人根据商品的形状能够进行快速、精准的分类,不仅可以节省空间,也可以提高商品向外配送的速度。

物流机器人就像人一样,需要有自动识别和自动条码扫描,相当于人的眼睛;需要自动形状识别,相当于人的手,除此以外还有比人更特殊的功能,自动化数量检测为其赋予了更强的计算和记忆功能,和不知疲劳的身体。

以最常用的分拣机器人为例,分拣机器人就像一个个橙色小工人,自己就有"眼睛",工作时能通过"看"地面上粘贴的二维码给自己定位和认路。所有小橙人都会听从一颗大脑——机器人调度系统的指挥。机器人成功领到包裹后,会头顶包裹穿过配有工业相机和电子秤等外围设备的龙门架。借助工业相机读码功能和电子秤称重功能,"大脑"很快就能识别快递面单信息,完成包裹的扫码和称重,并根据包裹目的地规划出机器人的最优运行路径,调度机器人进行包裹分拣投递。

每个投递口对应不同的目的地,下面有个斜坡,包裹被机器人投递下去后会集中等待被运往下一站。这些机器人不仅很萌很酷,与拣货员搭配干活的工作效率也十分惊人,一小时的拣货数量比传统拣货员多了 3 倍还不止。

**备战"双 11":京东"小黄人"物流机器人工作原理**

在打造一场全民消费狂欢的同时,"双 11"也给物流行业设计了一道难度颇高的考题。根据预测,2017 年"双 11"期间(11 月 11 日~16 日)全行业的快递处理总量将达到新的量级,预计会超过 10 亿件。但对于在物流行业耕耘多年的京东来说,今年的压力却并没有往年大,他们的物流机器人技术发展与应用功不可没。

近日,京东华南麻涌智能机器人分拣中心向外界开放,许多市民近距离接触到中国目前最先进的智慧物流科技,在接下来的"双 11"购物狂欢中,在京东购物的深圳消费者将会感受到物流高科技带来的暖意。

**1. "小黄人"分拣效率是人工的三四倍**

过去,快递包裹的分拣需要工人靠人眼识别订单,读出地址,然后再分配到各个滑道,一旦出错,就会面临用户退换货和投诉的双重压力。随着"小黄人"的出现,人工分拣过程中的弊端降到了最低。

在占地 1200 平方米的工作台上,300 余个代号为"小黄人"的分拣机器人正在进行取货、扫码、运输、投货等工作,整个过程井然有序。而这,也成为麻涌智能分拣中心一道亮丽的风景线。依靠惯性导航和二维码技术,这些"小黄人"不仅能自动识别快递面单信息,自动完成包裹的扫码及称重,以最优线路完成货品的分拣和投递。同时,还能自动排队、充电,即使出现故障,维修时间也仅仅需要 20 秒左右。

目前，麻涌智能机器人分拣中心日均分拣量为 4 万～5 万单，每小时最高产能可达 12000 件，分拣准确率 100%，分拣效率是人工分拣的 3 至 4 倍。

**2. 人工智能+大数据推动行业提速**

从 2007 年京东第一家配送站成立至今，京东物流正持续不断地通过对新技术的应用提升物流的效率，尤其是在人工智能和大数据方面的研发和应用。在无人技术应用领域，六轴机器人、智能搬运机器人和 SHUTTLE 货架穿梭车的无人仓配，以及无人站、无人机、无人车均已经全面落地，开始投入应用。

作为京东自建的亚洲范围内建筑规模最大、自动化程度最高的现代化智能物流项目之一，京东华南麻涌智能机器人分拣中心，不仅是华南地区第一个矩阵分拣中心，同时也是全国第一个拥有全自动机器人设备的分拣中心，覆盖整个华南四省份的二级摆渡业务。

在提升自身业务效率的同时，京东还将自己的供应链技术对外开放，赋能整个行业的提速与增效。目前，京东物流与京东 Y 事业部联合打造了一个智慧供应链开放平台——诸葛智享，以提升商家供应链智能化管理能力。商家通过这一平台可以获取到存货布局、库存健康诊断和建议、智能调拨、智能补货及滞销处理等全供应链管控，实现最优库存租用、库存最低、现货最高以及极速履约的最佳体验。

2017 年的"双 11"备战充满了前沿科技色彩，京东借助科技物流、智慧物流有效提升了社会化物流效率，同时也能为广大商家和合作伙伴赋能。

（资料来源：https://baijiahao.baidu.com/s?id=1590708534051785611&wfr=spider&for=pc）

## 四、物流机器人的应用

### (一)运输配送环节的应用

从"无人超市"到"无人餐厅"再到"无人驾驶物流车"，人工智能已成功渗透到我们生活的方方面面，且正在一步步改变着我们的生活方式。近年来，无人驾驶技术在物流领域的运用可谓"遍地开花"。无人重卡被认为是无人驾驶未来可能最先商用的领域，因此引得物流、电商巨头纷纷加入试图分一杯羹。

近日，由 ET 物流实验室研发的菜鸟快递无人驾驶物流车在北京进行了实况路测，引发了路人驻足围观。为了解决快递"最后一公里"的配送难题，众多电商企业巨头同时锁定了无人驾驶物流车，阿里菜鸟、京东、苏宁都纷纷开始加码对无人驾驶物流车的研发。

**1. 阿里菜鸟无人驾驶物流车——小 Gplus**

ET 物流实验室自 2016 年成立之初就开始投身无人驾驶物流项目。作为较早涉足无人驾驶物流车领域的电商企业，该实验室先后研发了 3 款无人驾驶物流车。从一开始上门到末端的配送机器人小 G，到后来的提供园区环境末端配送服务的小 G2 代，再到专注于提供街道环境末端配送的小 Gplus，阿里无人驾驶物流车一直在不断适应环境需求进行迭代升级。

## 2. 苏宁无人驾驶快递车——"卧龙一号"

2018年4月16日，一辆印有苏宁logo的黄色小车"卧龙一号"在南京进行了社区无人快递车测试，代表着苏宁就此踏足无人驾驶快递车领域。

"卧龙一号"的工作原理是借助顶部的多线激光雷达，它好比人类的眼睛，通过扫描小区的三维地图，并标注建筑物的详细位置，同时再结合GPS导航，最后利用搭载人工智能芯片的"大脑"自主分析出所在的位置，就这样将快递送达客户的手中。

值得一提的是，"卧龙一号"是国内首个可与电梯进行信息交互、送货上门的无人车，完美地实现了户外与室内的无缝衔接。

## 3. 京东无人物流车

2017年，京东的无人分拣机"小黄人"在昆山正式亮相，其实现了从供包到装车，全流程无人操作模式。在"小黄人"之后，京东紧接着开始研发无人车。在2017年"6.18"期间，京东配送机器人在人民大学顺利完成了首单配送任务。京东无人物流车详见图10-11。

图10-11　京东无人物流车

京东无人物流车工作原理为：配送机器人通过双目传感器优化路线后，可自如穿梭在校园道路间，自动避开障碍物，全程无人跟踪引导。据了解，最新一台第三代小型无人车可放置5件快件，承重100公斤，充电一次能走20公里，一小时内可完成18个包裹的配送。

除了上述公司之外，在过去的2017年，美团与唯品会也先后加入无人驾驶物流车领域。先是美团成立了无人配送机器人团队，同年9月，唯品会对外宣布"智能快递无人车"正式亮相。

2018年4月，普洛斯和物联网科技公司G7、蔚来资本出资组建了无人驾驶新技术公司；5月，苏宁无人重型卡车完成了首次园区内路测；同月，京东正式发布全自主研发的L4级别自动驾驶重卡；11月19日，德邦快递与飞步科技合作研发无人驾驶货车在杭州街头进行试运营，这也是快递行业首台能够常态化运营的无人载重货车。

德勤中国发布的《中国智慧物流发展报告》预测，无人卡车、人工智能等技术将在未来十年左右逐步成熟，并广泛应用于仓储、运输、配送、末端等各个环节。刘强东也曾公开表示，大概5到8年时间，整个快递物流体系可能基本上实现全程无人化，百分

# 第十章 智慧物流新技术

之百的自动化。

中国物流学会特约研究员杨达卿曾向记者表示,物流企业在向科技化迈进的过程中,有诸多发展可能性,但技术研发投入高,企业还需量力而行,大型快递物流企业在无人车、无人机等方面具备大量真实的应用场景,如果在技术上实现抢位,就很容易凭借广泛的应用场景等实现卡位。

然而,无人驾驶技术实现在物流领域的全场景落地和商用依然面临较多难题。专注于物流领域无人驾驶科技的飞步科技创始人兼 CEO 何晓飞曾向记者坦言,现在仍处于无人驾驶非常早期的阶段,预计未来 3 年,无人驾驶货车或将全面开始商业化运营。

科技的发展大家也都是有目共睹的,那么科技的发展也可让我们现在的生活有日新月异的变化。很多人也会因为科技的发展而面临着淘汰的危机。那么现在也是当下最火的人工智能科技存在的残酷性比如说现在的无人科技的出现,致使很多工人开始下岗,取而代之的就是一些机器人。京东已经开始研制智能配送的机器人,未来的快递员将是由机器人来担任,那么人工智能时代真的要来临了。

智能配送机器人可以有效地躲避障碍物、辨别红绿灯,还可以驾驶、变更车道、识别车位等。

2017 年 6 月 18 日,京东配送机器人在中国人民大学顺利完成全球首单配送任务。

作为整个物流系统中末端配送的最后一环,配送机器人所具备的高负荷、全天候工作和智能等优点,将为物流行业的"最后一公里"带去全新的解决方案。

以京东的智能配送机器人为例(见图 10-12),京东的配送机器人不仅仅可以用来识别障碍物、躲避障碍物,还能够像人一样辨别红绿灯和自动地规划路线,主动换道等。到达目的地的时候,将会提醒后台将取货信息发送给用户。那么用户也可以自由地选择人脸识别,或者是输入取货验证码等方式进行取货,可以说是十分方便了。不仅仅是小型的无人配送车,还有一架重型的无人机,能够实现在 24 小时内把商品运往全国各地的愿望,可能这就是在 2018 年最高新的成果了。并且将货物送到智慧配送到顶端后就可以自动地进行卸货和入库,以及包装等操作,这些工作都不用很多人的操作,甚至有些时候根本不用进行手工操作。

图 10-12 京东智能配送机器人

## (二)装卸搬运环节的应用

### 1. 机械手臂

机械手臂是在机械人技术领域中得到最广泛应用的自动化机械装置,在工业制造、医学治疗、娱乐服务、军事、半导体制造以及太空探索等领域都能见到它的身影。尽管它们的形态各有不同,但它们都有一个共同的特点,就是能够接受指令,精确地定位到三维(或二维)空间上的某一点进行作业。

手臂一般有 3 个运动:伸缩、旋转和升降。实现旋转、升降运动由横臂和产柱完成。手臂的基本作用是将手爪移动到所需位置和承受爪抓取工件的最大重量,以及手臂本身的重量等。

机械臂中有一种大脑控制手臂,该机械臂由用户的头脑完全控制,灵巧到足以拿起一个玻璃杯,在没有其他人帮助的情况下喝掉一杯饮料。

科学家还研究出了橡胶机器手臂,可以抓起蚂蚁而不是捏死。目前这种机械手臂还处于研发阶段,科学家把电线浸入液体硅橡胶中,待凝固后抽出电线,得到一个长 5～8mm,头发丝细的触手。触手内部分为许多小格子,通过压缩空气流动来做出各种动作,可以毫无伤害地握起蚂蚁的腰部。

科学家认为这种触手将来会大有用武之地,当然不是抓蚂蚁玩儿,而是进行诸如精密的心脏及胚胎血管手术。

在物流的装卸搬运环节,需要大量重复的劳动,在车间、仓库、物流中心都需要一个不知疲倦可以 24 小时连续作业的机械臂,以完成物流的反复搬运。

### 2. 全自动码头自动导引车

全自动码头自动导引车(AGV)是近年来现代化集装箱码头使用的一种"智能搬运工",它拥有智能控制系统,能够实现自动导航、自动路径优化、自动躲避拥堵、全程无人驾驶、自动故障诊断等功能,可将集装箱码头基本变成无人码头,如图 10-13 所示。

图 10-13　全自动码头自动导引车

上海洋山深水港四期自动化码头在 2017 年 12 月开港试生产,这意味着上海建成全球最大的智能集装箱码头。从高空俯瞰,洋山港犹如一艘乘风破浪的巨轮。如此规模巨大的深水码头虽然每天货运吞吐量十分惊人,但几乎做到了"空无一人"。偌大码头如何做到几乎"空无一人"?全智能是洋山自动化码头最大的亮点。全自动码头自动导引车(AGV)就是自动化码头的重要组成部分。

工程师将 AGV 小车比作"快递小哥",它配有智能控制系统,可以根据实时交通状况提供最优路线,遇到运行路线拥堵,系统便会重新规划路线。除了无人驾驶、自动导航、路径优化、主动避障外,AGV 小车还能自主诊断故障、监控电量,是工作、生活能够自理的"优秀员工"。

AGV 小车可以全天候不间断作业,并且能耗很低,粮食是"电"。为了提高"用餐"效率,AGV 小车采用整体换电方式,电量不足时,车队管理系统将调度 AGV 小车自行到换电站换电。换电站犹如一个"自助餐厅",整个换电过程为全自动作业,一台 AGV 小车更换电池只需 6 分钟,大容量锂电池可以让 AGV 小车在满电后持续运行 8 个小时。

3. 巨型装卸机器人

一个集装箱从远洋货轮转移到陆路运输需要多个环节,而这一切都由"桥""台""吊"组成的"巨型机器人"协同完成。

"桥"是岸桥,它是码头前沿生产装卸的主力军。洋山四期即将投产 10 台岸桥,最大载荷 65 吨。其中 7 台主要用于大型干线船舶作业,起升高度 49 米,外伸距可达 70 米,并支持双吊具作业;"台"是岸桥中转平台,在这里安装机械臂和传送装置后,可以对集装箱锁钮进行全自动拆装;"吊"是轨道吊,主要用于堆场作业,与 AGV 小车和集装箱卡车进行作业交互。

洋山自动化码头的"大脑"是上海国际港务集团自主研发的全自动化码头智能生产管理控制系统——TOS 系统。这是自动化码头得以安全、可靠运行的核心。

从港口装卸用"机械抓斗"替代工人肩挑手提,到智能码头实现自动化操作,近年来,码头作业这个曾经的劳动密集型行业,正逐渐转向科技密集型。自动化码头可实现 24 小时作业,通过远程操控、自动操控,不仅码头效率比过去有质的提升,还能实现二氧化碳排放下降 10%以上。

20 世纪 90 年代,自动化码头在国外兴起,引发"机器夺取人的饭碗"争议。但人们逐渐认识到,码头作业是一项繁重且危险的工作,机器将码头工人从繁重的劳动中解脱出来,同时也增加了对操控岗位的需求。目前,国内外重要码头均有新建和改造自动化码头的计划。

(三)仓储环节的应用

1. Kiva 机器人

Kiva 机器人是亚马逊在 2012 年斥资 7.75 亿美元收购 Kiva systems 公司的机器人项目,这家公司专注于如何利用机器人在仓库里完成网上大量的订单派发工作。

自 2014 年开始,橙色机器人 Kiva 开始在亚马逊配送中心帮助运送产品。这些机器人在仓库里从事分拣工作,将货物带到工作人员身边,方便工作人员对物品进行快速打包,因而可节省工作人员在仓库里搬运货物的时间。

Kiva 机器人外观看起来像一个冰球，能够搬起超过 3000 磅的商品在物流中心自由"行走"。Kiva 重约 320 磅(145 公斤)，虽然体型小却是个大力士，其顶部有一个升降圆盘，可抬起重达 720 磅(340 公斤)的物品。Kiva 机器人会扫描地上条码前进，能根据无线指令的订单将货物所在的货架从仓库搬运至员工处理区，这样工作人员每小时可挑拣、扫描 300 件商品，效率是之前的 3 倍，并且 Kiva 机器人准确率达到了 99.99%。

Kiva 机器人作业颠覆了传统电商物流中心作业"人找货、人找货位"模式，通过作业计划调动机器人，实现"货找人、货位找人"的模式，实现了整个物流中心库区无人化，提高了物流效率，降低了人力成本。因此，自它出现后，国内众多企业开始效仿研发类似 Kiva 这样的仓储机器人，并且，越来越多的电商企业、快递公司都开始尝试应用仓储机器人，例如天猫、唯品会、亚马逊、京东、申通等。

#### 2. 货到机器人

随着智慧物流的发展，工业机器人作为智慧物流的核心设备，开始尝试在物流作业中最为复杂的拆零拣选环节进行应用，即"货到机器人"拣选系统。目前，行业内对于"货到机器人"拣选并没有明确统一的定义，约定俗成的说法是指拣选环节全部依靠自动化设备来实现，或者说，在货到人的基础上进一步采用机器人替代人力实现全自动拣选。

从系统构成来看，"货到机器人"拣选通常由智能仓储系统、AGV 或输送线等输送系统、机器人系统构成，以解决自动化搬运和自动化拣选两大问题。也就是说，在搬运环节，"货到机器人"和"货到人"系统的实现方式相同，即完成货物的自动搬运；在拣选环节，"货到机器人"拣选采用机器人替代人，即通过机器人来识别、抓取商品并放在指定位置。但值得注意的是，由于"货到机器人"采用的是与"货到人"系统完全不同的设计逻辑——通过上位信息系统或者管理软件将物流系统的各个组成部分进行串联，因此前者并不能简单地被视为后者的智能化升级，而是分属不同的拣选工艺。

与"货到人"拣选系统下的人工拣选方式相比较，"货到机器人"拣选系统下的机器人不仅能够长时间重复拣选动作，节省人力，还可以大幅度提高拣选效率，保证准确率。因此，在人力成本越来越高的趋势下，"货到机器人"拣选无疑具有独特优势。

## 任务四 物流大数据技术

### 一、大数据技术的内涵

#### (一)大数据技术的由来

最早提出大数据时代已经到来的机构是全球知名的咨询公司麦肯锡，麦肯锡在研究报告中指出，数据已经渗透到每一个行业和业务职能领域，逐渐成为重要的生产因素，而人们对于海量数据的运用将预示着新一波生产率增长和消费者盈余浪潮的到来。大数据是指需要通过快速获取、处理、分析以从中提取价值的海量多样化的交易数据、交互数据与传感数据。所涉及的数据量规模巨大到无法通过人工在合理时间内完成信息的采集、处理、管理,并将其整理成为人类所能解读的信息。维克托在《大数据时代》中指出大数据是指不用随机分析法(抽样调查)这样的捷径,而采用所有数据的方法。如图10-14所示。

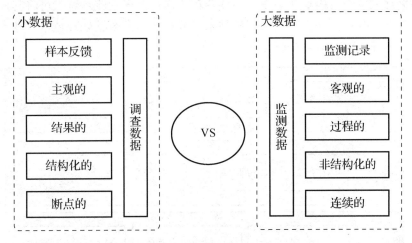

图 10-14　大数据与小数据的区别

当今世界经济中,企业为了发现新的盈利机会,更加依赖来自消费者的喜好和见解,在发现和挖掘这些喜好和见解的过程中,自然会产生数量巨大、结构复杂、类型众多的数据,这些数据通过集成共享,交叉复用,成为有价值的经济信息资源,形成一种智力资源和知识服务能力。Google 公司通过大规模集群和 MaReduce 软件,每个月处理的数据量超过 400PB。

百度的数据量:数百 PB,每天大约要处理几十 PB 数据,大多要实时处理,如微博、团购、秒杀。Facebook 注册用户超过 8 亿,每月上传 10 亿照片,每天生成 300TB 日志数据;淘宝网有几亿会员,在线商品 8.8 亿,每天交易数千万元,产生约 20TB 数据,如何从庞大的科学数据集中提取信息,发现其主要特征,并理顺其间的关系。其中涉及的技术,包括大规模并行处理(MPP)数据库,数据挖掘电网,分布式文件系统,分布式数据库,云计算平台,互联网和可扩展的存储系统等。美国知名信息技术研究咨询公司高德纳 Gartner 提到:大数据是高速、大量以及复杂多变的信息资产,它需要新型的处理方式去实现更强的决策能力以及优化处理。

## (二)含义

大数据是从海量的数据中提取出有用的数据进行处理,且这些数据存在一定的关联,具有分析价值,其核心技术可分为处理和分析两类:如模式识别技术、数据挖掘技术、分布式数据库技术、信号处理技术和云计算技术等。目前,大数据技术已普遍应用到各种信息系统中,主要是目前在人们的生活、工作和学习过程中产生了大量的数据,因此,使用大数据技术对企业经营、发展过程中所产生的大量数据进行挖掘、分析有助于企业提升工作效率,改善决策过程,推动企业管理工作的开展。

## 二、大数据关键技术分析

大数据技术系统结构复杂多变，功能各种各样，对于物流系统，可将其抽象为以下几个关键部分：分布式的大数据云存储技术、分布式的大数据处理技术以及大量数据运算及管理技术等，如图 10-15 所示。

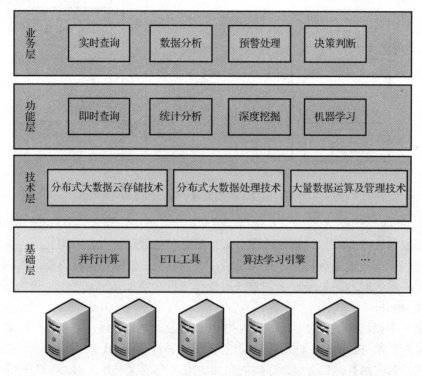

图 10-15　基于大数据技术的物流系统框架

### (一)分布式大数据云存储技术

数据存储是大数据的基础应用，大数据的云存储技术需要根据实际应用进行设计与分析，传统的数据管理系统无法满足这一点。该技术主要通过关联链接、分区存储对数据进行存储与管理，但是对于大批量的文件管理与存储尚不能满足。为了弥补这一缺陷，开发多个类 GFS 文件管理系统应用到分布式大数据云存储管理中，该技术使用内存加载元数据的方式提升数据的储存和获取效率，通过增加缓冲层，使分布式大数据云存储技术进入集群管理。目前，由 google 公司和阿里巴巴公司所创建的这一类大数据云存储管理技术，数据被存储在不同的区域，搭建一个可扩展的管理系统，能实时实现数据的共享。

### (二)分布式的大数据处理技术

大数据的处理方式主要有流程处理和批量处理两种。流程处理是将所需要处理的大量数据进行不间断处理，这样的处理方式极大地提高了系统的数据实时性，可实时地对大量数据进行处理并反馈结果。批量处理则是将需要处理的大量数据先执行存储操作，先将数据分割成多块数据，这些数据可同时由多个处理终端并行处理。显然，批量处理技术弱化了数据的关联性，但是极大地提升了数据的集体性和可调度性。该技术的核心在于数据的分块、分布以及处理。

### (三)大量数据运算及管理技术

由于传统的数据库大多数是关系型数据库，因此，传统的数据运算及管理在面对批量、多样化、低价值的大数据时存在不同程度的缺陷或不足，为实现大数据运算及管理则需采用更简单的数据库模型。如 Bigtable 技术将所管理的数据信息看作字符串进行管理，而不是直接对字符串进行解释，这样就简化了数据库系统，使被管理的数据结构化或半结构化特征更加明显。其他技术如 Dynamo 所用的键值存储、分布式哈希表等同样也可以实现大数据库的可靠高效管理，同样可以获得很好的效果。

知识拓展

物流企业应该如何用好大数据？

随着大数据的应用范围不断扩大，越来越多的企业开始部署大数据战略。通过大数据技术构建数据中心，挖掘出隐藏在数据背后的信息价值，为企业提供有益的帮助，从中获取利益。企业应该把大数据看作是一项战略资源，在战略规划、商业模式和人力资本等方面作出全方位的部署。

所谓物流的大数据，即运输、仓储、搬运装卸、包装及流通加工等物流环节中涉及的数据、信息等。通过大数据分析可以提高运输与配送效率、降低物流成本、更有效地满足客户的服务要求。将所有货物流通的数据、物流快递公司、供求双方有效结合，形成一个巨大的即时信息平台，从而实现快速、高效、经济的物流。信息平台不是简单地为企业客户的物流活动提供管理服务，而是通过对企业客户所处供应链的整个系统或行业物流的整个系统进行详细分析后，提出具有中观指导意义的解决方案。许多专业从事物流数据信息平台的企业形成了物流大数据行业。

目前，国家出台的与大数据相关的物流行业规划和政策包括：《第三方物流信息服务平台建设案例指引》《商贸物流标准化专项行动计划》《物流业发展中长期规划(2014—2020年)》《关于推进物流信息化工作的指导意见》等一系列政策，将大数据、信息化处理方法作为物流行业转型升级的重要指导思想。

此外，交通运输部正在编制的物流发展"十三五"规划，其中统筹谋划现代物流发展，指出要发展智慧物流，适时研究制订"互联网"货物与物流行动计划，深入推进移动互联网、大数据、云计算等新一代信息技术的应用；强化公共物流信息平台建设，完善平台服务功能。

物流大数据行业的生命周期比较长，一般要在5~8年，前期的数据积累和沉淀耗时耗力耗财。目前，中国物流大数据产业正处于起步阶段，未来2年有望快速发展，率先实现大数据增值。

企业如何应用大数据？

大数据在物流企业中的应用贯穿了整个物流企业的各个环节。主要表现在物流决策、物流企业行政管理、物流客户管理及物流智能预警等过程中。

**1. 大数据在物流决策中的应用**

在物流决策中，大数据技术应用涉及竞争环境的分析与决策、物流供给与需求匹配、物流资源优化与配置等。

在竞争环境分析中，为了达到利益的最大化，需要与合适的物流或电商等企业合作，对竞争对手进行全面的分析，预测其行为和动向，从而了解在某个区域或是在某个特殊时期，应该选择的合作伙伴。

物流的供给与需求匹配方面，需要分析特定时期、特定区域的物流供给与需求情况，从而进行合理的配送管理。供需情况也需要采用大数据技术，从大量的半结构化网络数据或企业已有的结构化数据，即二维表类型的数据中获得。

物流资源的配置与优化方面，主要涉及运输资源、存储资源等。物流市场有很强的动态性和随机性，需要实时分析市场变化情况，从海量的数据中提取当前的物流需求信息，同时对已配置和将要配置的资源进行优化，从而实现对物流资源的合理利用。

**2. 大数据在物流企业行政管理中的应用**

在企业行政管理中也同样可以应用大数据相关技术。例如，在人力资源方面，在招聘人才时，需要选择合适的人才，对人才进行个性分析、行为分析、岗位匹配度分析；对在职人员同样也需要进行忠诚度、工作满意度等分析。

**3. 大数据在物流客户管理中的应用**

大数据在物流客户管理中的应用主要表现在客户对物流服务的满意度分析、老客户的忠诚度分析、客户的需求分析、潜在客户分析、客户的评价与反馈分析等方面。

**4. 大数据在物流智能预警中的应用**

物流业务具有突发性、随机性、不均衡性等特点，通过大数据分析，可以有效了解消费者偏好，预判消费者的消费可能，提前做好货品调配，合理规划物流路线方案等，从而提高物流高峰期间物流的运送效率。

大数据已经渗透到物流企业的各个环节，面对大数据这一机遇，物流企业仍需给予高度的重视和支持，正视企业应用大数据时存在的问题。

(资料来源：https://www.csdn.net/gather_2b/MtTacgysOTM3Ni1ibG9n.html)

## 三、基于大数据的智慧云物流信息系统

### (一)智慧云物流概念

智慧云物流是在现代物流管理模式中引入大数据云计算技术的理念，基于标准化的作业流程、大数据的处理能力、精确的环节控制、智能的决策支持、灵活的业务覆盖能

力以深入的信息共享，建立基于大数据的服务平台，完成物流行业的各个环节活动。

该模式是一种介于直营和加盟之间的探索性模式，吸收了直营的快递企业和加盟快递企业的优点，将终端放出去，以人为平台的核心部分，以直营的方式进行管理，同时提供一个公共的信息集成平台，让商家和各电子商务企业能加盟该平台以进一步实现信息共享。这种方式也被称为"云快递"，是由星辰急便董事长陈平先生最先提出来的。云物流主要针对目前的物流服务无法满足客户在时间和空间上的需求，由政府、电子商务企业、物流承运商和客户共同参与构建，处理商品从运输、装卸、包装、仓储、加工、拆并、配送等各个物流环节中所发生的各种信息，通过物流信息平台使信息能够快速准确地传递给相关企业和消费者，如图10-16所示。

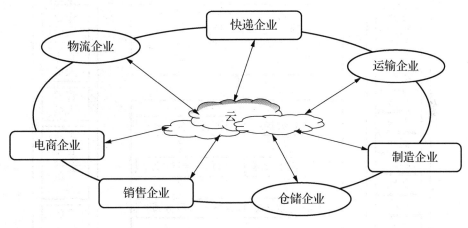

图 10-16　云物流体系

其实施的思路主要包括：①整合大量的订单信息，形成物流资源池。基于"云物流"管理模式，构建"云物流"信息平台，这里不仅需要充分利用大量的客户订单，还需要集成众多快递公司、物流承运商、加盟商、配送站、代送点等，建立起规模效应，使企业通过计算机连接到"云物流"信息平台时，即可查看所有信息；②统一标准，保证物流透明化。通过对云物流信息平台建立统一的平台标准，对运单流程查询、产品服务、收费价格、售后服务、保险费用等都制定相应的标准，解决目前物流行业标准不一的问题，在降低物流成本的同时提高物流服务质量和客户满意度。

## (二)基于大数据的智慧云物流信息系统架构

智慧云物流系统是对传统物流系统的改良，是对传统信息平台的更新换代，在技术定位上，采用云计算、物联网、3网融合等新一代技术，打造出智慧物流体系的云物流服务营运平台，其物流平台架构如图10-17所示。

智慧云物流服务平台是物流信息管理的一种新模式，基于"云计算"与"物联网"技术，具有强大的信息交换、数据分析、智能处理、海量存储等能力；以超大规模计算资源，同时结合RFID射频技术、条码技术、GPS/GIS技术、移动通信及3G网络，实现高效、准确、快速的作业管理能力，全面提高物流行业的服务水平。首先，该平台建立以智慧云服务资源池为基础架构的超大型资源信息中心,以实现云物流服务提供端的各公司、各单位、机构、部门与云物流服务接收端各作业、管理、客户人员之间的数据交换与统一管理,保证各类物料信息一致,实现平台内信息的快速响应。其次,利用 RFID 射频技术、条码技术、GPS/GIS 技术、移动通信及 3G 网络,丰富物流操作管理方式,提高操作管理的智能化。最后,在云计算资源池上统一部署各类通用软件,通过对物流资源的描述,服务需求的管理、模式检索匹配,服务组合和推荐,QoS 监控与管理以及云服务调度等方式提高各个系统的交互性。

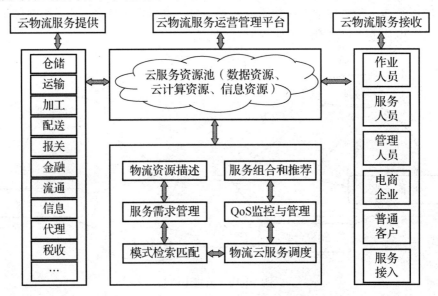

图 10-17 基于大数据的智慧云物流信息系统架构

# 本 章 小 结

通过本章的学习,学生可以了解目前最新的智慧物流信息技术。本章分为四个任务,包括对目前最新的智慧物流介绍、物流机器人技术介绍、物流虚拟增强现实技术及其物流大数据的介绍。

# 习　题

一、填空题

1. 当 AR 技术应用到物流中后,眼镜上的摄像头可以不间断地扫描任何可见的_____或条形码,并以_____的方式显示其信息。

2. 增强现实技术包含了多媒体、三维建模、实时视频显示及控制、多传感器融合、实时跟踪及注册、场景融合等新技术与新手段,它不仅展现了_____的信息,而且将_____的信息同时显示出来。

3. 机器人的组成部分与人类极为类似，一个典型的机器人有一套_____结构、一部类似于马达的装置、一套_____系统、一个电源和一个用来控制所有这些要素的计算机"大脑"。

4. 物流机器人就像人一样，需要有_____和自动条码扫描，相当于人的眼睛；需要_____，相当于人的手，除此以外还有比人更特殊的功能，自动化数量检测让其具有更强的计算和记忆功能，和不知疲劳的身体。

## 二、简答题

1. 叙述 AR 通过哪几个步骤把现实变成增强现实？
2. 简述 AR 技术在仓储中的应用。
3. 什么是智慧物流？

# 案 例 分 析

**教学案例应用：AR 技术赋能教学之仓储规划与设计**

**1. AR 智慧仓储规划平台介绍**

为了让仓储规划与设计的学习过程更加互动化、更具展示性、效果更突出，络捷斯特引入国内最前沿的 AR 交互技术和多屏互动技术，研发出一套匹配仓储规划系统的新产品——AR 智慧仓储规划平台，将二维的仓储设计进行实时三维还原，并增强了交互设计。该系统主要由以下三个部分组成。

(1) 虚拟仿真交互触控台。

虚拟仿真交互触控台运用增强现实技术，由虚拟现实引擎、感知识别模块、AR 模块、触摸交互系统和信息处理系统等核心部分组成，打破常规教学中使用鼠标键盘等传统且复杂的操作方式，而使用手势触控或者令牌识别交互完成操作，提升了教学的趣味性和便捷性。如下图所示。

虚拟仿真交互触控台

(2) 仓储规划系统。

仓储规划系统以仓储布局规划和设计学习为目标，运用 B/S 架构进行研发，学生可依据需求运用该系统完成平面的仓库规划设计，包括仓库中区域设计、货架设备设计和作业动线设计等。设计完成，系统将根据各个环节中学生的真实布局情况，给出布局成绩，使学生及时掌握自己所设计仓库的作业效率。保存自己设计的仓储布局平面图，系统会自动上传服务器，以供教师进行查看或者使用 AR 智慧仓储规划平台进行三维仿真还原，促进师生之间关于设计的教学互动。如下图所示。

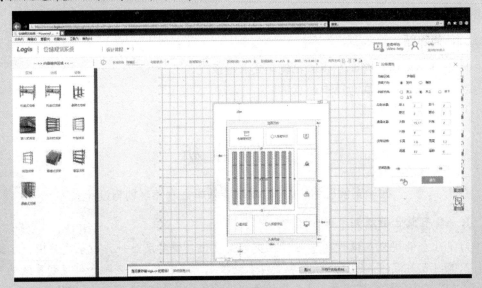

仓储规划系统

(3) AR 智慧仓储规划平台。

基于虚拟仿真交互触控台所研发的 AR 智慧仓储规划平台能够将 2D 平面仓储设计图按照实际尺寸，1:1 还原成逼真的 3D 仓库，并具备设计结果实时评价功能，使仓储布局的结果不再是一张图纸，而是一个逼真的、可交互并自由浏览的三维仓库。该产品既可以满足在教学中仓储规划平面图绘制的需求，进行仓储区域设计、货架货位设计、作业动线设计、设计效果评估，不仅可以将绘制好的平面图实时进行三维还原，而且能以第一视角在设计完成的仓库中进行漫游和修改编辑，便于教师在课堂上讲授仓储布局规划的内容，最大化地满足仓储教学课堂中的各种需求。如下图所示。

AR 智慧仓储规划平台

**2. AR 智慧仓储规划平台的优点**

(1) 实时设计建模。

实时设计，实时建模，将 2D 平面仓库设计图 1:1 还原为真实 3D 仓库，在设计优化的过程中，实时评估出设计规划效果。

(2) 更加直观表现。

打破了传统教学模式中只能从图纸中学习仓库布局知识的局限性，使学生能够在三维空间中更直观地感受仓储布局中晦涩难懂的知识点，获得更深刻的理解。

(3) 场景逼真还原。

学生向教师提交设计方案，教师可以直接查看学生提交的项目数据，并通过场景还原功能查看学生的真实布局情况，方便教师了解学生对于学习内容掌握的状况。

(4) 多个实用案例。

产品内置多个来自企业的真实设计案例，供教师教学和学生学习使用，教师可对案例内容进行修改，以获得更好的教学效果。

(5) 简易人性化设计。

实用触控屏幕的方式即可操作交互，实用简易人性化的操作方式，有助于学生更好地学习，教师更好地教学。

(资料来源：http://www.soo56.com/ 物流搜索网)

**思考题**

AR 智慧仓储规划平台可以解决哪些问题？

# 参 考 文 献

[1] 李忠国. 物流信息技术应用 [M]. 北京：中国劳动社会保障出版社，2012.

[2] 初良勇. 物流信息系统 [M]. 北京：机械工业出版社，2012.

[3] 侯彦明. 物流信息技术与管理 [M]. 北京：高等教育出版社，2009.

[4] 王晓平. 物流信息技术 [M]. 北京：清华大学出版社，2011.

[5] 郎为民. 大话物联网 [M]. 北京：人民邮电出版社，2011.

[6] 张铎. 物联网大势所趋 [M]. 北京：清华大学出版社，2010.

[7] 吴功宜. 智慧的物联网 [M]. 北京：机械工业出版社，2010.

[8] 刘云浩. 物联网导论 [M]. 北京：科学出版社，2010.

[9] 黄迪. 物联网的应用和发展研究 [D]. 北京：北京邮电大学，2011.

[10] 孙其博，刘杰，黎羴，等. 物联网：概念、架构与关键技术研究综述[J]. 北京邮电大学学报，2010.

[11] 林玲. 物联网技术在物流行业中的应用及构建研究 [D]. 北京：北京邮电大学，2011.

[12] 刘卫国. 数据库基础与应用教程 [M]. 北京：北京邮电大学出版社，2006.

[13] 萨师煊，王珊. 数据库系统概论 [M]. 3 版. 北京：高等教育出版社，2000.

[14] 何玉洁. 数据库基础及应用技术 [M]. 2 版. 北京：清华大学出版社，2004.

[15] 杨昕红，高宇. 数据库基础——ACESS [M]. 北京：电子工业出版社，2005.

[16] 张树山. 物流信息系统 [M]. 2 版. 北京：人民交通出版社，2009.

[17] 刘承良. 计算机网络技术 [M]. 天津：天津大学出版社，2010.

[18] 陈晴. 计算机网络技术 [M]. 武汉：华中科技大学出版社，2003.

[19] 李波，王谦. 物流信息系统 [M]. 北京：清华大学出版社，2008.

[20] 牛东来. 现代物流信息系统 [M]. 2 版. 北京：清华大学出版社，2011.

[21] 黄有方. 物流信息系统 [M]. 北京：高等教育出版社，2010.

[22] 黄宁. 第三方物流企业信息化建设的策略研究 [J]. 企业科技与发展，2009(14).

[23] 王济. 第三方物流信息管理系统的设计与实现 [D]. 大连：大连理工大学，2005.

[24] 许胜余. 物流配送中心管理 [M]. 成都：四川人民出版社，2002.

[25] 别文群. 物流信息管理系统 [M]. 广州：华南理工大学出版社，2006.

[26] 洪德智. 第三方物流信息系统应用研究——以 DHL 物流(中国)公司为例 [D]. 中国农业大学，2007.

[27] 刘红军. 企业资源计划(ERP)原理及应用 [M]. 2 版. 北京：电子工业出版社，2012.

[28] 唯智信息技术有限公司. 国美电器物流管理信息系统案例[EB/OL]. http://wenku.baidu.com/view/a3f1od49fe4733687e21aaf1.html，2012.

[29] 任春丽. 思达商业连锁超市物流管理信息系统的研究 [D]. 西安：西安理工大学，2004.

[30] 白雪. 我国物流信息平台商业模式分析[J]. 产经透视，2011(5).

[31] 耿如花. 物流公共信息平台的构建及运行策略研究——以陕西省为例 [J]. 探索与研究，2012.

[32] 王孝坤，杨东援，张锦，等. 物流公共信息平台需求分析及其系统定位研究 [J]. 交通与计算机，2007(2).

[33] 张志坚. 物流公共信息平台研究综述 [J]. 科技管理研究，2011(8).

[34] 中国应急物流网：http://60.12.202.163:8012/.

[35] 四川省物流信息平台：http://www.scswl.cn/.

[36] 林云，田帅辉. 物流云服务面向供应链的物流服务新模式 [J]. 计算机应用研究，2012.

[37] 曲建华，徐广印，应继来. 基于 SOA 的物流公共信息平台设计研究 [J]. 河南农业大学学报，2012.

[38] 丁志勇. 基于 Agent 的物流联盟智能决策支持系统研究 [D]. 广州：广东工业大学，2007.

[39] 贡祥林，杨蓉. "云计算"与"云物流"在物流中的应用[J]. 中国流通经济，2012.

[40] 王献美. 基于大数据的智慧云物流理论_方法及其应用研究[D]. 浙江理工大学，2015.